了解原理與使用方式

圖解 Docker & Kubernetes 的知識與使用方法

本書的範例檔案下載網址

http://books.gotop.com.tw/download/ACA026900

- 請在連線環境下載範例檔案
- 所有範例檔案的利用請基於自身責任，關於使用範本檔案、影片所衍生的損害、損失及其他各種事態，請恕本書作者、出版社無法擔負任何責任。
- 範例檔案中的資料、程式、檔案皆為著作物，其著作權分屬於各著作者，本書購買者僅限用於個人學習閱覽，嚴禁營利目的、超出個人使用範圍的資料複製、轉貼。
- 本書收錄的範本僅供學習之用，並未考慮實務情況，還請各位諒解。

關於本書的動手實作

本書想要讀者實際操作的地方，會如下標記鉛筆圖示（✎）。當遇到標記該圖示的指令、檔案，不妨動手輸入看看。

✎ 輸入的內容

```
docker version
```


注意事項

- 本書的說明是根據Windows 10 Pro ／ Home、macOS（10.14）、Ubuntu server 20.04.1，可能因作業環境而有不同的畫面、無法執行的情況，還請多加留意。
- P.47收錄了實作本書內容的使用要求，請自行參閱。
- 本書需要在連線環境下學習。
- 本書使用的軟體、網址資訊是2020年12月時的資料，相關細節今後可能有所變更。
- 在本書的製作方面，作者與出版社致力於正確的記述，但皆不對本書內容做任何保證，對於相關內容的運用結果不負任何責任，還請各位諒解。
- 本書中的公司名稱、商品名稱皆為各家公司的商標或者登錄商標，正文會直接省略™與®等符號。

前言

本書是針對年輕工程師、不熟悉後端技術者的 Docker 入門書籍，收錄許多的圖解、動手實作內容，期望即便缺少 Linux 知識、伺服器建置經驗，也能夠輕鬆理解吸收。在學習新技術時，過多的背景知識會讓人逐漸失去耐心，所以，本書只會隨時補充最低限度的知識，幫助「雖然不是很瞭解，但想要嘗試 Docker」的人也能夠輕鬆挑戰嘗試。

有些人可能對「即便缺少伺服器的建置經驗」的敘述感到不對勁，Docker 本來就常用於伺服器，缺乏伺服器的知識卻想要學習 Docker，就好比不曉得 ABC 的讀法卻想要閱讀英文書籍。但是，說缺乏伺服器知識也沒關係是有原因的。

其實，本書改編自筆者私人的非商業書籍《後天就能運用 Docker 的入門》。明明已經出版眾多商業書籍，為何還要著手非商業書籍呢？其契機是在某書店與年輕系統工程師的談話。某天，筆者在 Docker 分類書架前翻閱書籍時，突然被詢問：「請問您瞭解 Docker 嗎？」對方表示自己前來尋找 Docker 的參考書，但卻不曉得該選擇哪本才好。

她本身是位系統工程師，由於不是伺服器工程師，所以對 Docker 不甚瞭解。於是，筆者為她稍微講解了 Docker 是什麼樣的技術之後，推薦了幾本適當程度的書籍。雖然不曉得有沒有幫助到她，但這讓我想起自己還是新手時，也不知如何是好，結果買了好幾本相同類型的書籍。

想要讓新手掌握 Docker 技術的概要，其實不是一件容易的事情。首先，在缺乏伺服器、Linux 的知識下，本來就不好理解 Docker，更不用說瞭解容器技術（Containers）的概念。然而，隨著容器技術的普及，Docker 逐漸變成必備知識，既然無法逃避，何不以正面的態度接受呢？

筆者基於這樣的理念，完成這本即便沒有相關知識，也能夠輕鬆學習 Docker 的書籍。

對於熟悉伺服器、Linux 的人來說，可能會覺得本書的內容拖泥帶水、不夠乾淨俐落。然而，這些讀者並非「新生」而是「插班生」，好比高專學生插班大學，不被歸類為懵懂無知的新生。本書是以新手為主要對象撰寫的書籍。根據讀者的程度不同，可能會覺得內容有些過與不及，但這是幫助新手踏入 Docker 世界的書籍，還請讀者在閱讀時稍微調整心態。

2021 年 1 月 小笠原種高

Contents

Contents

Contents

Contents

何謂Docker？

CHAPTER

1

本章將簡單說明「Docker是什麼東西？該怎麼樣使用？」沒有動手實作的內容。在學習Docker概要的同時，瞭解Docker是什麼東西，並認識對自己來說是具有什麼意義的技術。

何謂 Docker？

SECTION

01

手中拿著本書的讀者，可能對 Docker 抱有「好像很方便但不很瞭解」的印象。的確，Docker 難以簡單描述，但我們能夠概略地說明其要點。

Docker藏身於雲霧背後的真面目是？

「Docker」是什麼東西？

Docker 起初是伺服器工程師用於開發環境的軟體平台，但現在也廣泛用於正式環境、前端工程師的開發環境。因此，許多人都有「必須瞭解 Docker 才行！」的焦慮感，卻不曉得它是何方神聖。

即便向稍微熟悉的人請益，也僅是得到「容器技術……」、「鯨魚……」等回覆，沒有清楚描述相關細節，宛若藏身於雲霧的背後般，但我們想要知道的卻不是這樣的答案。

本書將在講解「何謂 Docker」的同時，說明其優勢與用法。當然，筆者會避免「鯨魚……」等藏身於雲霧背後般的說明，還請各位放心。

圖 1-1-1　藏身於雲霧背後的 Docker！？

Docker 是「可隔離資料、程式」的工具

簡單來說，Docker 是「可隔離資料、程式」的工具。它可用於伺服器、用戶端電腦，但現階段主要是用於伺服器。

電腦、伺服器可執行多個程式，各位在使用電腦時會同時執行 Word、Excel、郵件軟體。同理，伺服器也會同時執行 Apache※1、MySQL※2 等多個程式（軟體）。

Docker 可將多個程式、資料，隔離至各自獨立的環境。而且，除了程式、資料外，Docker 也可隔離（類）作業系統。

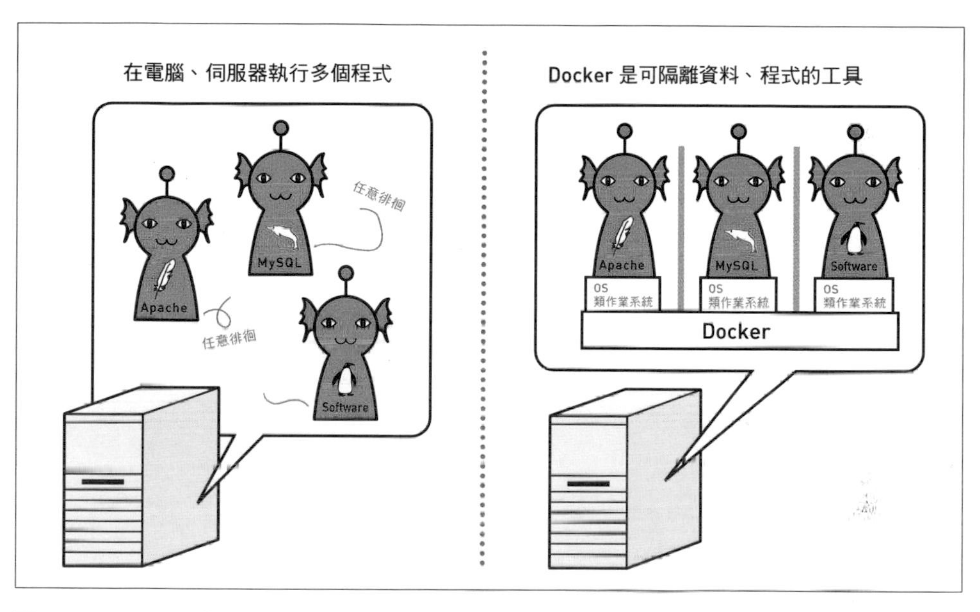

圖 1-1-2　Docker 是「可隔離資料、程式」的工具

容器（container）與 Docker Engine

具體而言，Docker 好比將電腦、伺服器上的環境，如 INABA、YODOKO 的置物櫃般分成多個空間，在獨立的置物空間中放入資料、程式。這個置物櫃就稱為容器（container），而使用容器的工具就是 Docker 。

在使用 Docker 之前，需要安裝 Docker 軟體（Docker Engine），安裝後便可建立、運行容器。

※1　提供網路伺服器功能的軟體，是具代表性的伺服器軟體。
※2　提供資料庫功能的軟體，其他知名的 DBMS 還有 PostgreSQL。

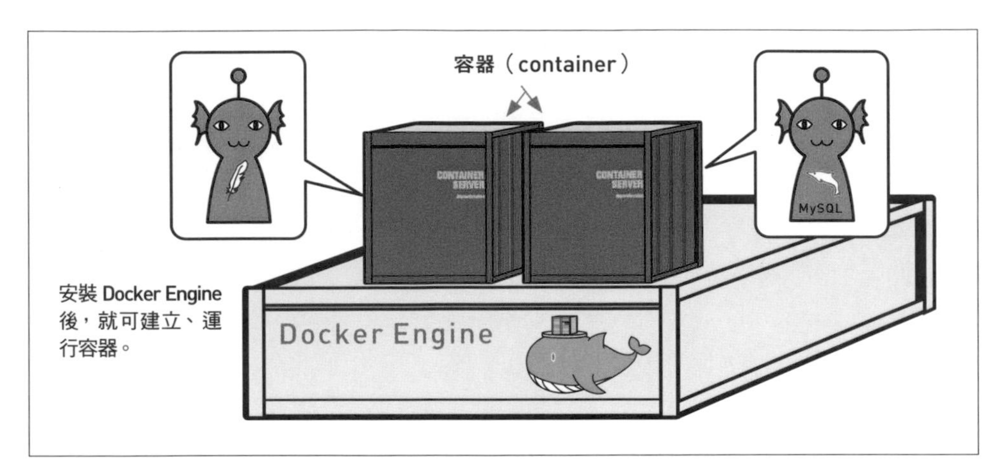

圖 1-1-3　容器好比獨立的置物櫃

 以映像檔（image）建立容器

操作 Docker Engine 建立容器時，會由名為映像檔（image）[※3] 的容器要素來建立。

映像檔存在許多種類，根據裝載的軟體使用不同的既存映像檔，如使用 Apache 的映像檔建立 Apache 的容器；使用 MySQL 的映像檔建立 MySQL 的容器。

Docker 的容器沒有數量限制，可於電腦資源的允許範圍內裝載多個容器。

圖 1-1-4　以映像檔建立容器

※3　映像檔可想成 ISO 檔來幫助理解，ISO 檔是儲存 CD、DVD 檔案內容的資料格式，讀取 ISO 檔可還原 CD、DVD 的內容，常用於安裝伺服器的作業系統、軟體。通常是使用自己的電腦將網路上發布的 ISO 檔燒成 CD、DVD，再於伺服器讀取該 CD、DVD 來安裝。Linux 系統的發布現在仍多採用此種形式。

Docker 要在 Linux 主機使用

不過，使用 Docker 有以下限制：

第一，需要以某種形式使用 Linux 系統 ※4。雖然 Windows、Mac 系統也可執行 Docker，但肯定會在某些地方用到 Linux 系統。

第二，容器中的程式需為 Linux 版程式。

Docker 的使用是以 Linux 系統為前提，雖然以 Windows、Mac 系統運行 Docker 容易讓人忘記這件事，但基本上肯定會在某些地方用到 Linux 系統。

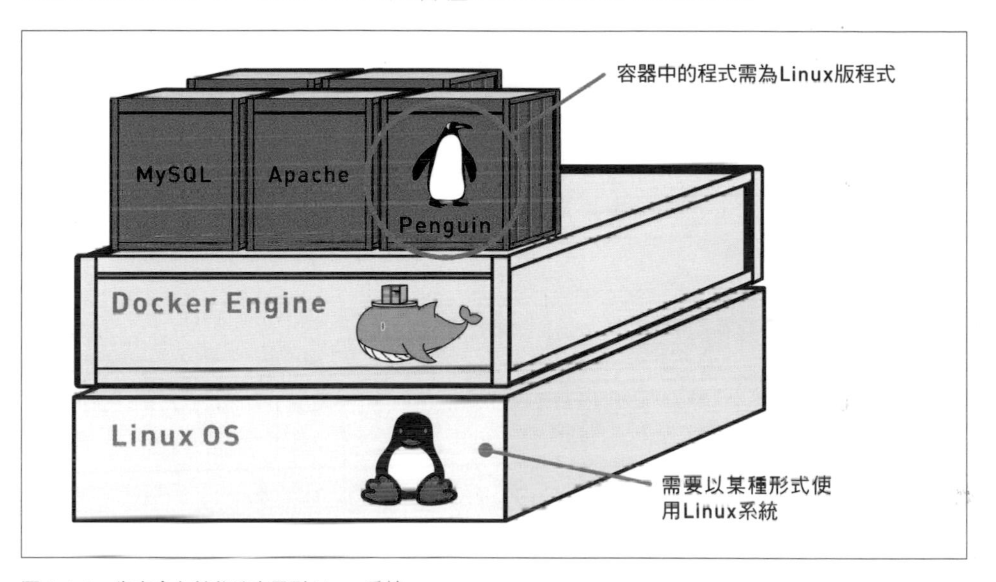

圖 1-1-5　肯定會在某些地方用到 Linux 系統

為什麼需要隔離資料、程式？

瞭解 Docker 主要是用來隔離伺服器的工具後，接著討論為何需要隔離資料、程式。

隔離資料還能夠理解，但隔離程式感覺好像沒有什麼意義。其實，多數程式不是單獨運作，還需要某種執行環境、函式庫、其他程式。例如，以 PHP 編寫的程式需要 PHP 的執行環境（runtime），而以 Python 編寫的程式通常會用到函式庫（**圖 1-1-6**）。

※4　伺服器上常用的作業系統。

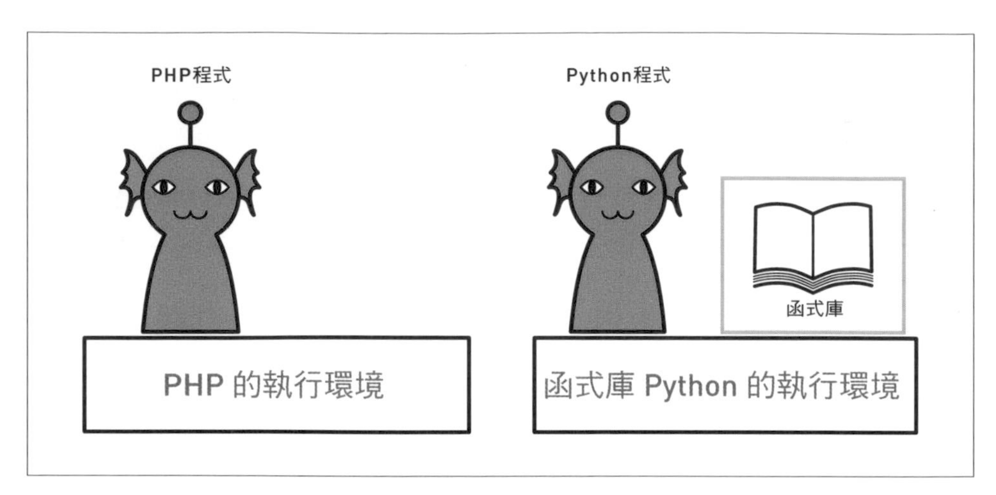

圖 1-1-6 程式的執行需要相應的執行環境、函式庫

軟體通常也不是單一程式，而是由多個程式所構成，如 WordPress 需要另外準備 MySQL 等資料庫軟體。然後，軟體有時需要與其他程式共用特定資料夾、目錄[※5]；在相同位置儲存設定資訊。因此，當一個程式更新時，可能會影響到其他程式。

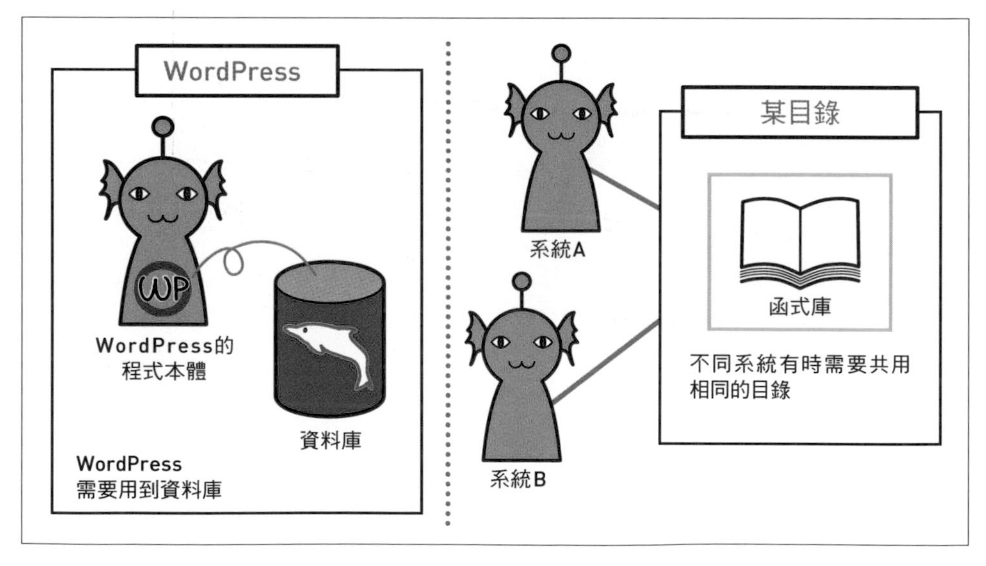

圖 1-1-7 軟體可能由多個程式所構成、需要與其他程式共用資料。

※5 在 Windows、Mac 系統稱為資料夾（folder）、檔案夾（directory）；在 Linux 系統稱為目錄（directory）。

舉個簡單的例子，假設系統 A 和系統 B 皆與「喵羅程式」聯動 ※6。明明系統 A 的規格僅可執行喵羅程式 ver.5，卻為了增進系統 B 的方便性，將喵羅程式更新成 ver.8 會如何呢？系統 A 會沒有辦法執行而遇到困難。

這是使用共通軟體的情況，但執行環境、函式庫、目錄、設定檔案也會遇到同樣的問題，僅考慮其中一方的方便性而變更共用部分，可能導致其他程式發生故障。

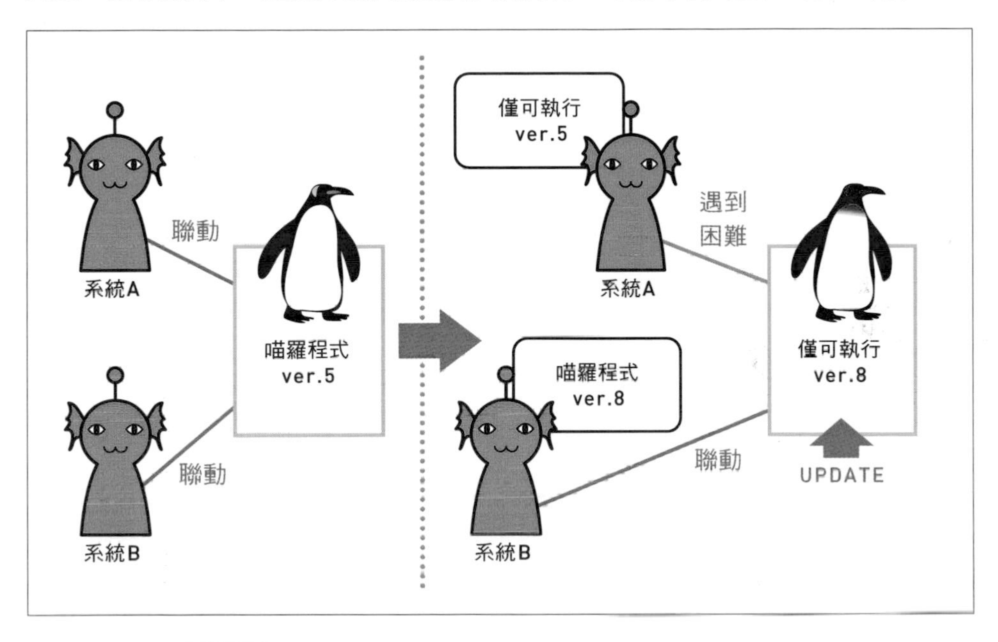

圖 1-1-8　程式不是單獨運作

這並非僅發生於更新時的問題。在伺服器上共存某種程式時，建置前本來就得審慎檢討。即便設計時認為沒有問題，也經常在實際共存後發現不順利。原因大多發生在共用的部分。

根據程式的不同，1 個伺服器僅可裝載一種版本，需要版本一致才有辦法執行。雖然新開發的軟體可要求版本一致，但與既有的軟體共存時，聯動程式的版本可能就無法一致。目錄也有類似的問題，系統 A 和系統 B 設定使用相同目錄，可能發生檔案混雜、彼此覆寫的情況。所以，程式的共存是相當費神的事情。

※6　常見的例子還有，系統 A 和 B 想要更新共用的 MySQL、PostgreSQL 版本等。Apache、作業系統的版本更新，也容易發生同樣的問題。

實際隔離程式

Docker 的容器可完全與其他的容器分離，裡頭裝載的程式會與其他的程式隔離開來。透過 Docker 容器隔離程式後，可解決大部分的共存問題。例如，想要系統 A 使用程式 ver.5、系統 B 使用程式 ver.8 的時候，只需要分裝隔離開來就行了。

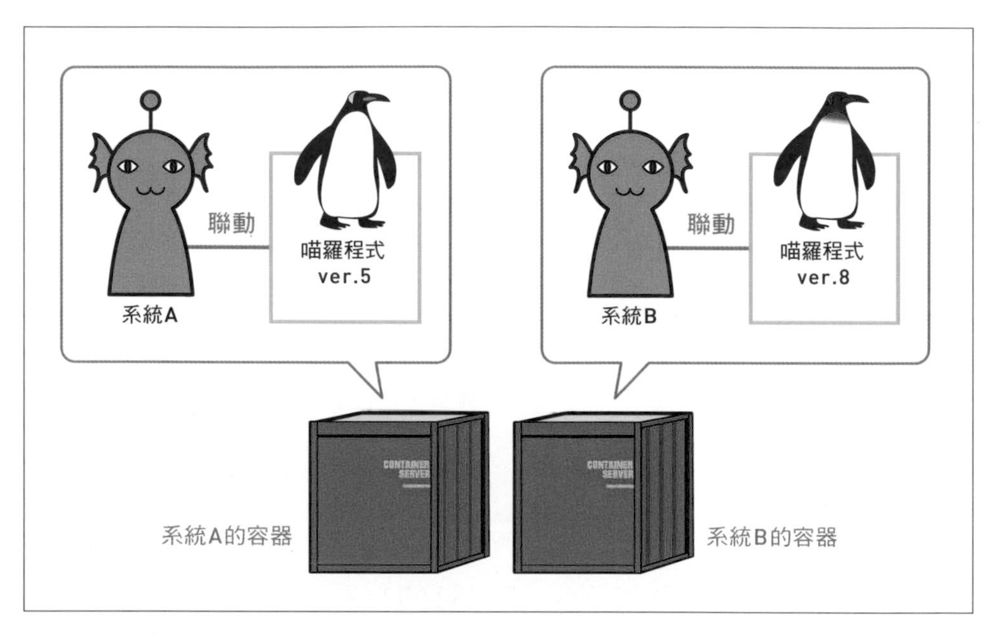

圖 1-1-9　實際隔離程式

在一般環境下，1 台伺服器、電腦通常僅可裝載一種版本的軟體。雖然平常以電腦使用 Word、Excel 等軟體，有時會遇到更新後存在多種版本的情況，感覺好像沒有限制，但這屬於例外的情況。

然而，使用 Docker 完全獨立分開容器後，多個容器可裝載相同的程式。除了不同的版本外，也可裝載多個相同版本的軟體。

SECTION 02

伺服器與 Docker

討論 Docker 的時候，一定也會提到伺服器。本節會將重點放在 Docker 的相關事項，並說明伺服器是什麼樣的東西。

伺服器有兩種意思

Docker 是在伺服器上使用的工具。

雖然也可用於用戶端電腦，但現階段主要是用於伺服器。因此，在講解 Docker 的內容之前，先來瞭解有關伺服器的基礎知識。自認已經很瞭解伺服器的人，可直接跳到 P.14 的「以容器安全地共存多個伺服器功能」。

何謂伺服器？如同英文「Server」字面上的意思，伺服器是指「提供（Serve）某種服務（Service）的裝置」。本身任職於 IT 企業的人，對承載已開發系統的網路伺服器應該不陌生。即便是非任職於 IT 企業的人，利用公司的檔案伺服器、在遊戲中選擇伺服器等，應該多少曾經聽聞過才對。然而，具體來說是什麼東西，卻意外鮮少人知道。

圖 1-2-1　何謂伺服器？

功能伺服器與實體伺服器

在開發現場所說的「伺服器」有兩種意思，一種是「功能伺服器」，另一種是「實體伺服器」。

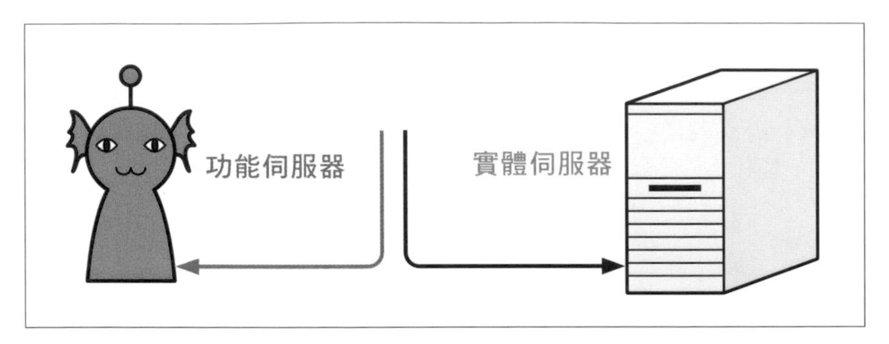

圖 1-2-2　伺服器的角色

當說道「幫忙上傳至網路伺服器」、「郵件伺服器沒反應」，是指提供某項功能（扮演某種角色）的伺服器。

「喵羅伺服器」意味「提供喵羅功能」的伺服器，所以網路伺服器是「提供網路功能的伺服器」；郵件伺服器是「提供郵件功能的伺服器」。其他常見的伺服器種類，還有資料庫伺服器、檔案伺服器等。

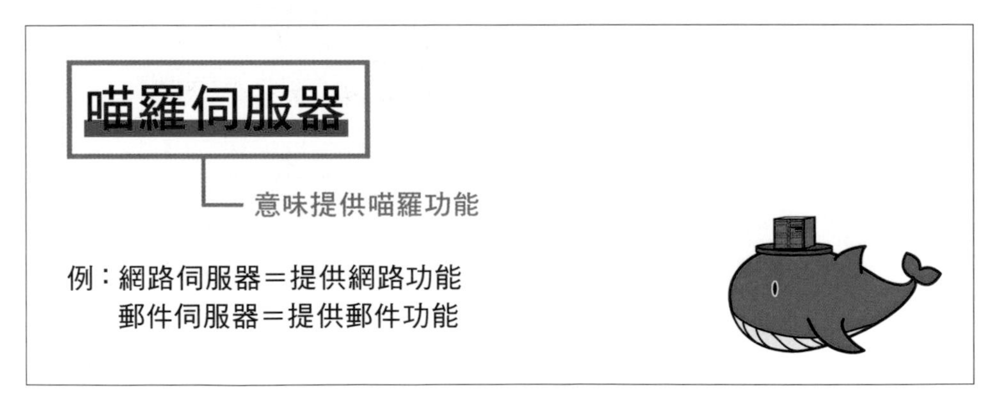

圖 1-2-3　功能伺服器的範例

另一方面，實體伺服器是指實際存在的伺服器，如「新進職員等會就要來了，收拾一下桌子上的伺服器」、「前幾天，執行長拔掉了伺服器的網路線」等。最近，將伺服器設置於公司的情況逐漸減少，有些公司甚至看不見其蹤跡，但如同桌上型電腦，實體伺服器肯定存在於某個地方。

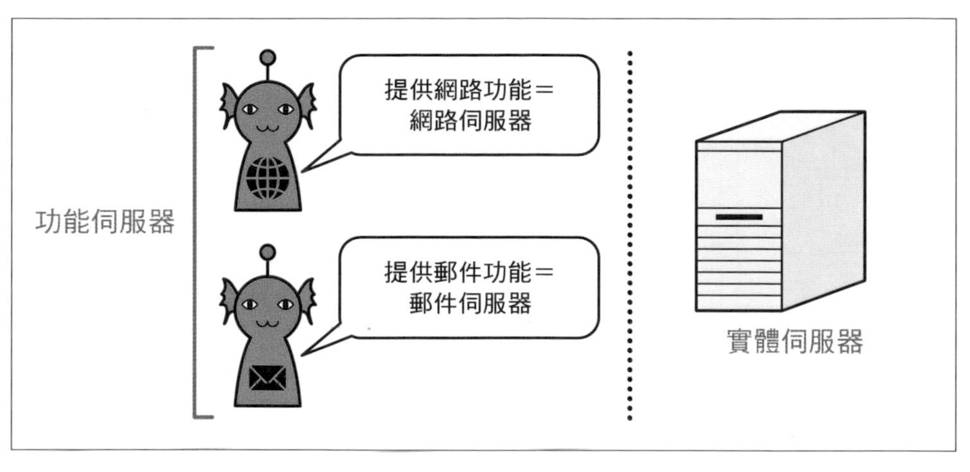

圖 1-2-4　功能伺服器與實體伺服器

有些人可能認為：「伺服器就是伺服器啊！」為何要特地區分兩種伺服器呢？ 因為「實體」伺服器可共存多個「功能伺服器」。

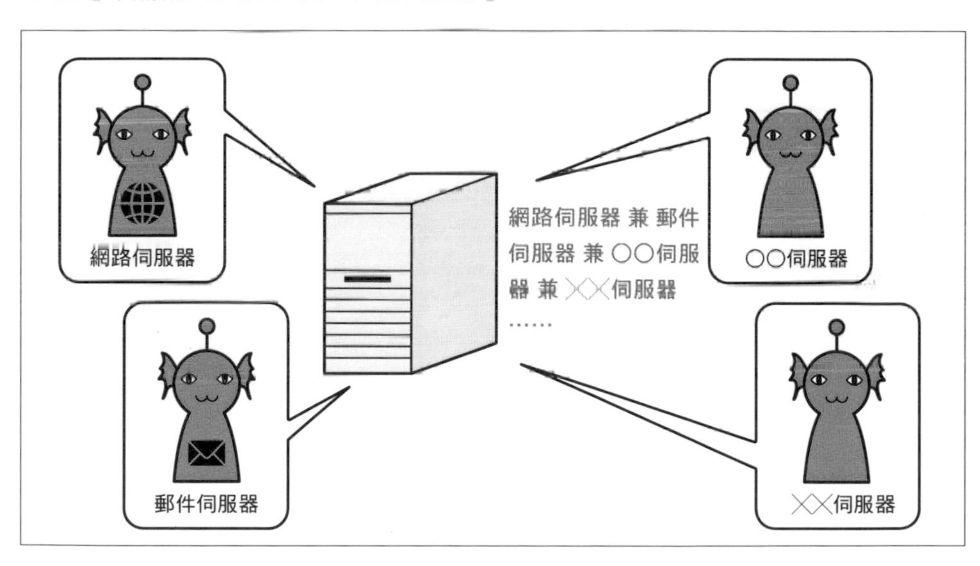

圖 1-2-5　實體伺服器內可共存功能伺服器

伺服器一詞聽起來像是複雜難懂的特別事物，但其真面目跟普通電腦沒有兩樣，差別僅在於普通電腦供個人使用；伺服器供多人存取使用。

當然，規格、講求的功能因該差異而與個人電腦有所不同，但基本的運作機制類似，如平常慣用的電腦，伺服器也要搭載作業系統來執行軟體（**圖 1-2-6**）。

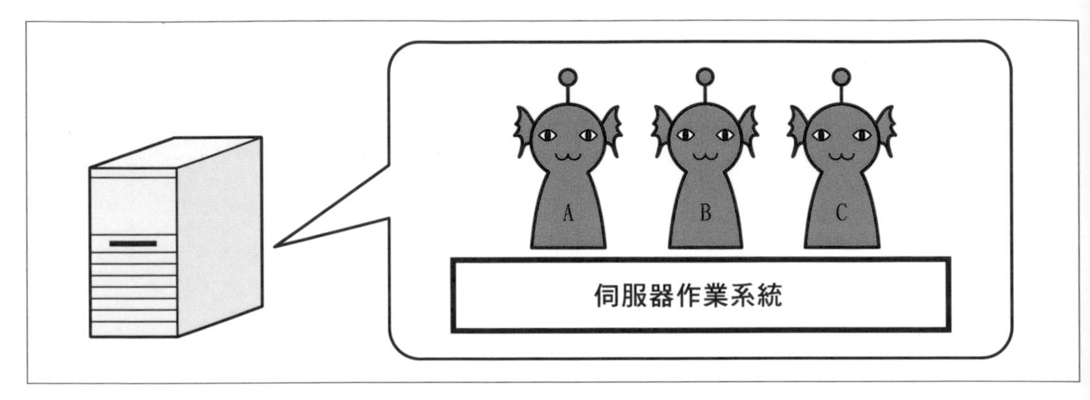

圖 1-2-6　伺服器也要搭載作業系統來執行軟體

 伺服器的功能取決於軟體

因此，想要具備「伺服器」的功能，並不需要特別的處理。

「伺服器」的功能取決於軟體，只要安裝軟體就具備「伺服器」的功能。例如，安裝 Apache 等網路伺服器軟體後，就具備網路功能；安裝 Sendmail 等郵件伺服器軟體後，就可當作郵件伺服器；安裝「喵羅」軟體後，就變成喵羅伺服器。

安裝網路伺服器軟體 → 變成網路伺服器
安裝郵件伺服器軟體 → 變成郵件伺服器

換言之，「建置喵羅伺服器」等同於「安裝喵羅軟體，讓伺服器具備該功能」。

伺服器的功能取決於軟體，亦即 1 台伺服器可安裝多個軟體。例如，經常聽聞伺服器兼具網路伺服器、郵件伺服器與 FTP 伺服器的功能；也有伺服器兼具系統伺服器與資料庫伺服器的功能。因此，實體伺服器內可共存功能伺服器。

 具代表性的伺服器

各位有看出伺服器共存跟 Docker 隔離容器的關聯性嗎？

下頁的表格是「功能伺服器」的種類，不用現在馬上記起來，但請稍微過目留下印象。

具代表性的伺服器種類

伺服器	特徵
網路伺服器	提供網站功能的伺服器，存放HTML檔、圖像檔、程式等檔案。用戶端可由瀏覽器存取這些檔案。 具代表性的軟體：Apache、Nginx、IIS。
郵件伺服器	郵件伺服器通常包含負責發送郵件的SMTP伺服器，與用戶端接收郵件的POP伺服器。其他還有不下載郵件直接於伺服器閱讀的IMAP4伺服器。 具代表性的軟體：Sendmail、Postfix、Dovecot。
資料庫伺服器	存放資料庫的伺服器，可用來儲存、搜尋資料。 具代表性的軟體：MySQL、PostgreSQL、MariaDB、SQL Server、Oracle Database。
檔案伺服器	儲存檔案並與他人共用檔案的伺服器。 具代表性的軟體：Samba。
DNS伺服器	具備連接IP位址、域名功能的伺服器。
DHCP伺服器	具備自動分配IP位址功能的伺服器。
FTP伺服器	以檔案傳輸協定收發檔案的伺服器，通常與網路伺服器共存，用於檔案的設置。
代理伺服器	具備中繼通訊功能的伺服器總稱，用於由公司內網等隔離的網域連線至外網的伺服器。另外，代理伺服器可對連線網域隱藏訪問源頭，也用於想要隱藏自己身份的時候。
驗證伺服器	用於驗證使用者的伺服器，如登入Windows網路的「Active Directory」伺服器；驗證無線內網、遠距連線使用者的「Radius伺服器」等。 具代表性的軟體：OpenLDAP、Active Directory。

伺服器的作業系統多為 Linux

平常使用的電腦和伺服器主機，兩者差異不大。

伺服器通常具備耐熱、非圖像介面等特色，但跟電腦一樣有實體主機，需要搭載作業系統執行安裝的軟體。個人電腦與伺服器的差別僅在功能不同而已。因此，我們可將手邊的電腦改成伺服器。如前所述，伺服器的功能取決於軟體，只需要安裝軟體就可完成改造。

不過，根據想要的伺服器功能，通常得選擇伺服器專用的作業系統。然後，伺服器專用的作業系統一般採用 Linux 系列、UNIX 系列，伺服器專用的軟體也多為 Linux 版軟體。雖然 Windows 系統也有伺服器專用的版本，但市占率仍以 Linux、UNIX 為大宗。Linux、UNIX 系統存在許多種類，常見的 Linux 系列有 Red Hat、CentOS、Ubuntu 等。

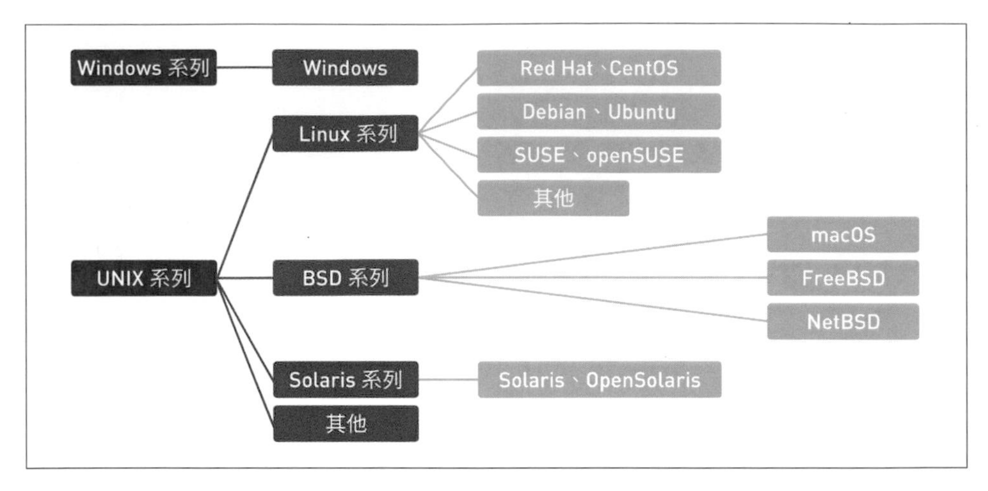

圖 1-2-7　伺服器作業系統的種類

以容器安全地共存多個伺服器功能

本節要回頭討論 Docker 的內容。前面提到，Docker 環境可完全隔離容器。這樣的話，就可將為節省預算而兼容的網路與郵件伺服器、系統與資料庫伺服器，隔離至個別的空間安全運用。即便更新升級，也不會彼此影響。

通常，一台伺服器主機僅搭載一個網路伺服器（1 個 Apache），但透過容器技術，可建置、承載多個網路伺服器，非常方便。

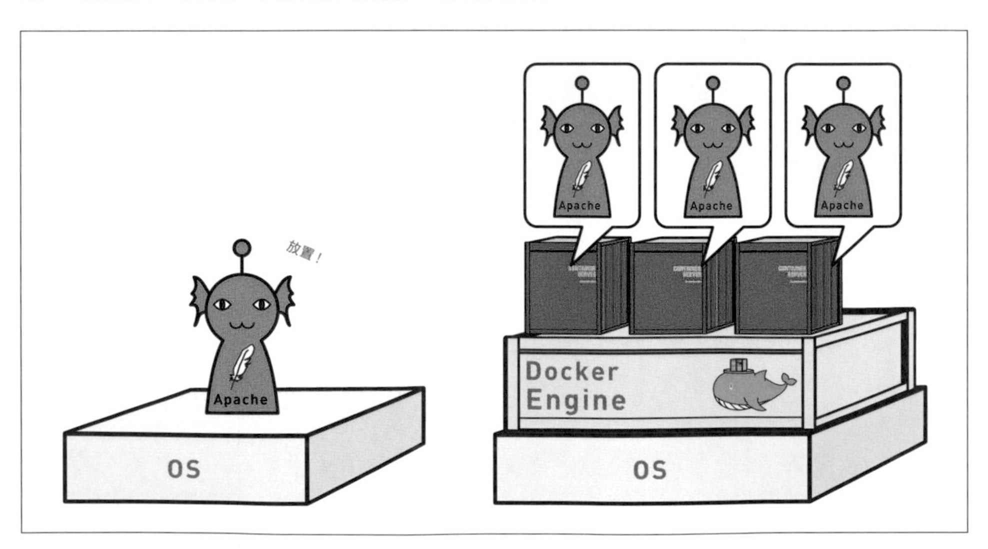

圖 1-2-8　可承載多個伺服器

另外，「一台主機裝載多個相同的伺服器功能」，也可節省伺服器主機的添置。例如，假設某開發公司有管理專案 A 和 B 的網路伺服器，明明兩網路伺服器占用的電腦資源不多，卻要分別準備一台伺服器，顯得浪費。若可用一台伺服器主機共存兩個網路伺服器的話，一個專案負擔的伺服器主機費用就只需要一半。

不使用容器技術兼容，專案 A 的成員可能會影響專案 B 的作業環境，由於僅裝載 1 個 Apache，需要搶奪網路伺服器的功能。使用容器技術的話，可避免這類風險來共存 ※7 伺服器。

就開發現場而言，開發環境一致、易於移轉正式環境等，也是容器技術的優點。除了隔離的作用外，容器也具有搬運移轉的優點。

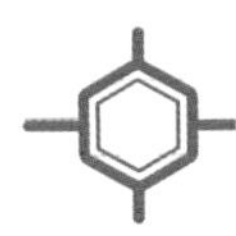

容器可搬運移轉

容器可搬運移轉。如同實際搬運置物櫃，編寫的程式碼可於其他 Docker 上重新建置（rebuild），就像在 Docker 之間移轉容器。

因此，向所有成員發布相同狀態的容器，不但可統整開發環境，也可將開發伺服器上完成的容器直接移轉至正式伺服器。只要伺服器安裝 Docker，即便作業系統不同，也可不需顧慮地移轉容器。當正式環境與開發環境稍有不同，就常發生無法順利運作的情況，但 Docker 可無視實體環境的差異、伺服器結構的差異，一次解決這類麻煩問題。

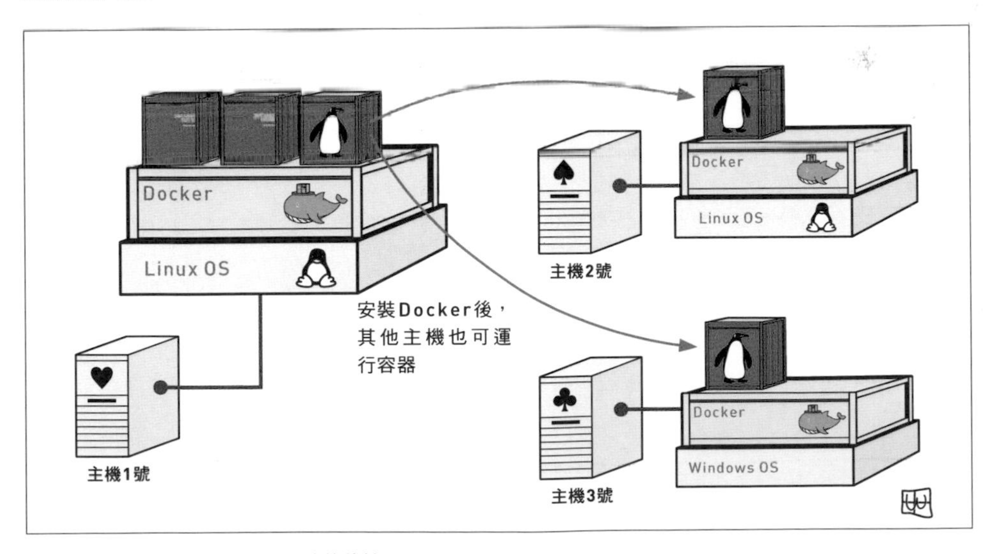

圖 1-2-9　Docker 可簡化容器環境的移轉

※7　除了容器技術外，也有其他巧妙共存的方式，細節請見專欄「Docker 與虛擬化技術的差異」（P.16）。

COLUMN：Level ★★★ Docker與虛擬化技術的差異

Docker與虛擬化技術的性質相似，兩者經常被拿來比較。然而，Docker並非將伺服器虛擬化，而是「隔離執行環境的容器」。

Docker與虛擬化技術的差異

VirtualBox、VMware等虛擬化環境是，虛擬地準備實體主機的環境。所謂的虛擬化，並非如星際大戰莉亞公主（Leia Solo）的全像投影（holography），而是透過軟體模擬實體事物的功能。

換言之，以軟體模擬主機板、CPU、記憶體※……等實體元件的功能。

由於實質上相當於實體主機，可搭載各種作業系統、安裝任意軟體。

另一方面，Docker容器上搭載的OS（Linux）僅只是「類作業系統」，並非完整的作業系統，會將部分的OS功能交由實體主機執行，減少本身占據的電腦資源。

換言之，容器得仰賴主機實現一部分的OS功能，所以實體主機需要具備Linux功能，容器中的作業系統也得是Linux才行。

主機板、CPU、記憶體：組裝電腦的主要元件。

Docker與AWS EC2的差異

AWS的EC2具有類似Docker容器的功能——「執行個體（Instance）」。

EC2也是虛擬化環境，可當作完全獨立的主機來執行。因此，EC2與Docker的差異，就好比VirtualBox、VMware與Docker的差別。不過，跟容器一樣，執行個體是由名為AMI的映像檔建立，其發布方式也與Docker類似。

Docker與主機租借服務

使用AWS的EC2等主機租借服務，可不建置伺服器，直接運行完成的容器映像檔。

Docker的運作機制

CHAPTER

2

本章也沒有動手實作的內容，但會再稍微深入討論Docker、容器的內容。

一起學習Docker、容器在實體主機中的定位與運作機制、容器的建立方式以及使用上的思維與訣竅。

Docker 的運作機制

SECTION 01

前一章闡述了 Docker 的概要，但你可能還是對 Docker 一知半解吧？
為了更深入瞭解，本節將會解說「Docker 是如何運作」，慢慢揭開其神秘的面紗。

Docker的機制

這邊再稍微詳細討論 Docker 的機制。

伺服器中的 Docker 和容器，其結構通常如下圖所示。實際情況會更為複雜，但請先理解大致是這樣的結構。

首先，假設手邊有 1 台實體主機，跟前面的普通伺服器一樣搭載 Linux 系統。

一般的伺服器會直接於作業系統上裝載程式、資料，但使用 Docker 時，作業系統得先承載 Docker Engine，再於上頭運行容器。容器裡頭裝載程式、資料 ※1。

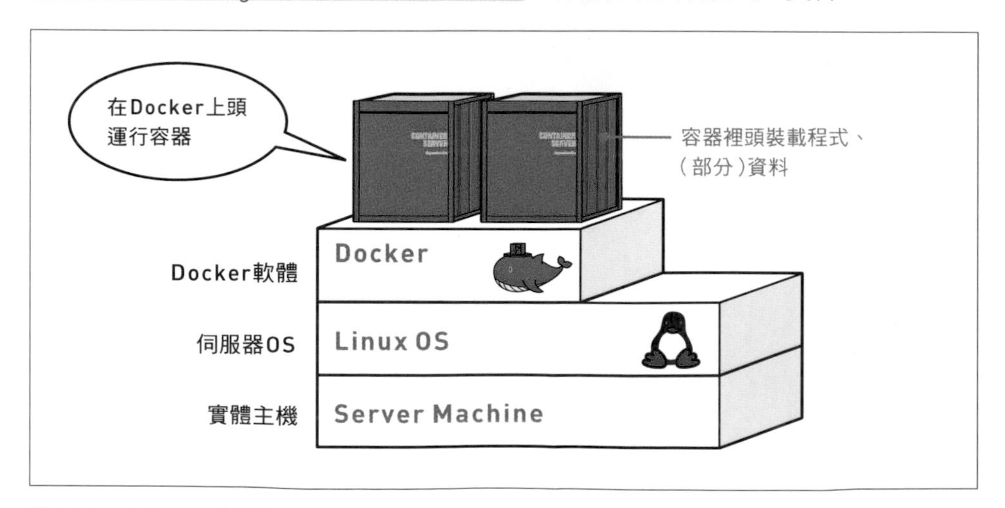

圖 2-1-1　在 Docker 上頭運行容器

※1　資料可裝載於容器裡頭，也可置於容器外部，細節請見後面詳述。

容器裡頭搭載類作業系統！

那麼，容器中是裝入什麼東西呢？

「容器中裝入什麼」的描述感覺好像是把什麼裝進空的容器，但「基本上不會使用」什麼都沒有裝載的「真・空容器」※2。雖然不是不存在，但我們幾乎不會接觸到真・空容器。

那麼，容器裡頭究竟如何呢？容器一定會搭載「類 Linux 系統」。如同居酒屋尚未點菜就會先出開胃小菜，搭載「類 Linux 系統」的容器通常是最小的容器。雖然稱之為「空容器」，裡頭其實還是有裝載東西。

不過，「類作業系統」這種拐彎抹角的説法，可能會令人覺得莫名其妙。由於這是近似 OS 的系統，但又不是完整的作業系統，所以才説得如此不乾脆。

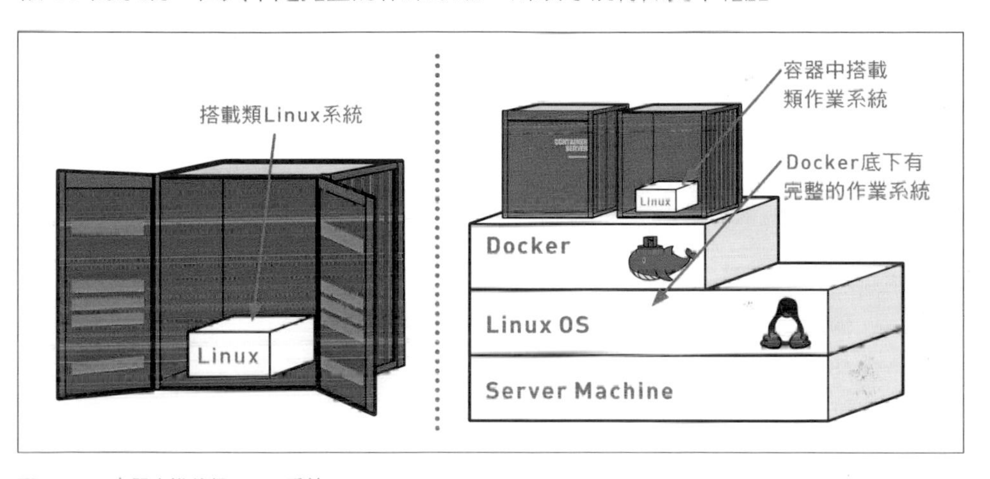

圖 2-1-2　容器中搭載類 Linux 系統

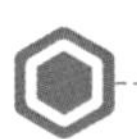

OS 究竟有什麼作用？

若要進一步描述的話，OS 扮演著將軟體等程式的命令傳達給硬體的角色。人類看來覺得縝密複雜的程式，對硬體（主機）來説卻是粗略籠統的命令。人類能夠從一句話判斷多個動作，但硬體缺乏自主判斷、視情況變通的能力，僅會聽命行事而已，一舉一動都需要人類的指示。

例如，看著桌子上的橘子説道：「請吃橘子。」人類會毫不猶豫地行動，但對象是硬體的話，「請拿起桌子右上方的橘子，剝開外層的果皮後，食用裡頭的果肉。」必須下達具體的指示才行。程式編寫的內容只有「請吃橘子」，後續需要 OS 轉成硬體容易理解的指示。

※2　可用 scratch 映像檔建立空容器，但新手通常不會用到。

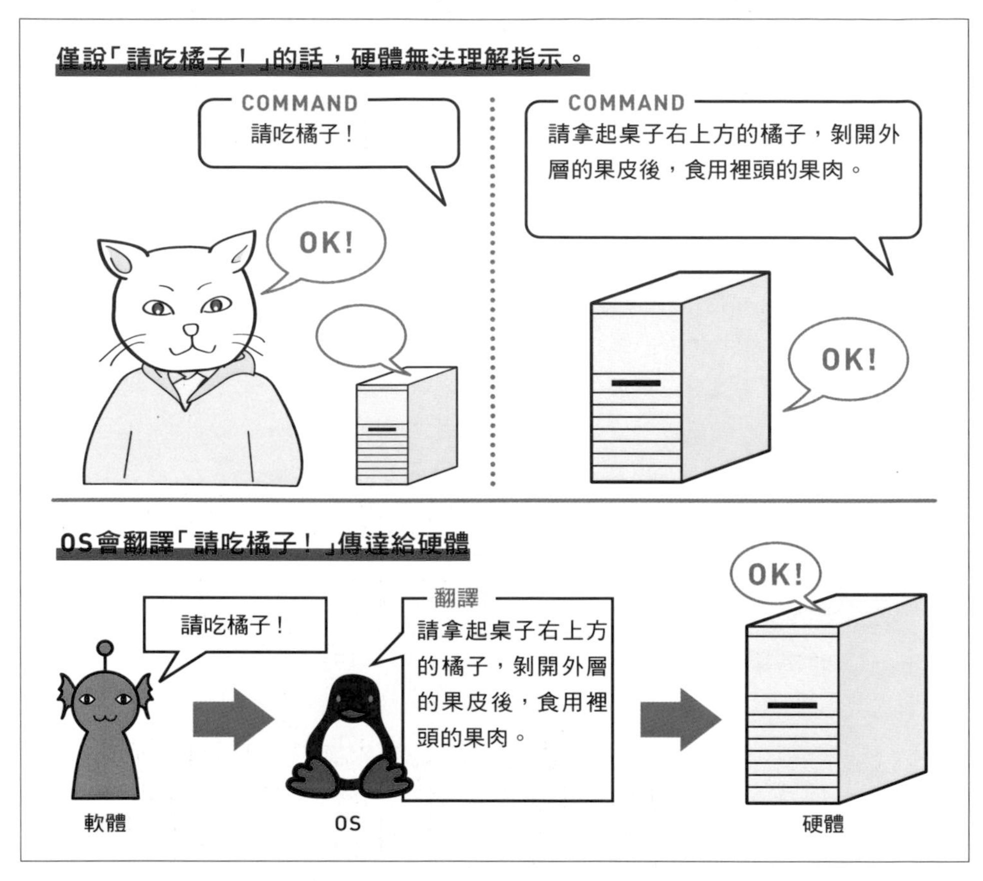

圖 2-1-3　OS 的作用

瞭解 OS 的作用後，回頭繼續討論容器。

請見**圖 2-1-2**，明明 Docker Engine 已經有底層的 Linux 系統，容器中卻又搭載(類)Linux 系統，呈現奇妙的構成。

然而，這是 Docker 的重要特徵之一。

OS 本來就是由「核心部分（kernel）」與「外殼部分（shell）」※3 所構成。外殼部分將來自程式的訊息傳達給核心部分，再由核心部分操作硬體。

而 Docker 會完全隔離容器，底層 Linux 系統的外殼部分無法接收容器中的程式命令。因此，容器得搭載 OS 的外殼部分，接收程式的命令後再傳給底層的核心部分。

※3　外殼部分可接收程式的命令，並向程式傳達核心部分的執行結果。例如，接收鍵盤輸入的內容，於螢幕顯示繕打的文字。「外殼部分」的套裝軟體即為所謂的發行版（distribution），如常見的 Red Hat、CentOS、Ubuntu 等。一般幾乎不會只用到 Linux 核心，而是會與發行版搭配使用，所以「Linux 系統使用 Red Hat」等，描述時會直接稱呼發行版的名稱。

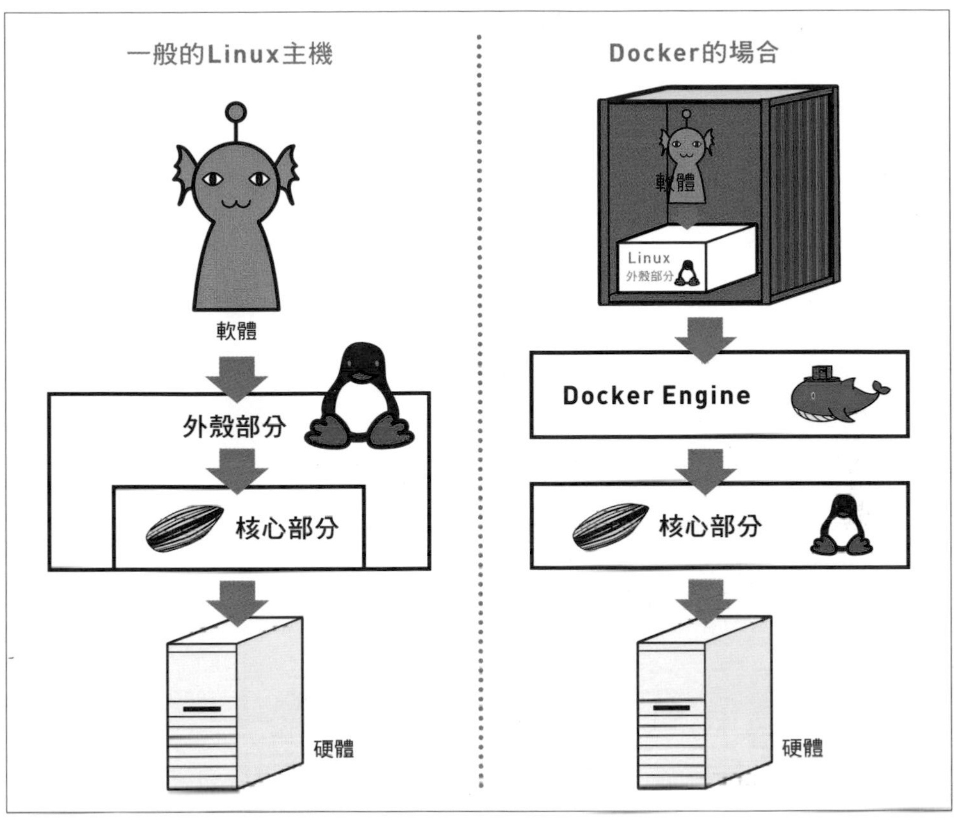

圖 2-1-4　由於容器被完全隔離，裡頭需要搭載外殼部分

因此，容器中不必安裝完整的 Linux 系統，僅需搭載最低限度的「類 Linux 系統」。由於僅裝入外殼部分，所以才加上「類」這個含糊的前綴詞。

有些人可能會認為：何必這麼麻煩，直接安裝完整的 Linux 系統不就好了。然而，多虧僅搭載外殼部分，將核心部分交給底層的作業系統，才得以實現 Docker 的重要特徵——「占據的電腦資源少」。

Docker 基本上是 Linux 版軟體

Docker 基本上必須在 Linux 系統上運行。

理由應該不難察覺。沒錯，Docker 是以利用底層的 Linux 系統為前提，勢必得在 Linux 系統上運行。因此，容器中的 OS 外殼部分也得是 Linux 系統的外殼部分。所以，容器中裝載的軟體（程式）必須是 Linux 版軟體，即便安裝 Windows 版、Mac 版的軟體，也無法正常執行。

換言之，Docker 是在 Linux 主機中建立隔離環境，只能在 Linux 系統運作，容器執行的程式也是 Linux 版程式。

Docker 的討論多以伺服器為前提，這是因為 Linux 系統通常用於伺服器，Linux 版軟體也常與伺服器有關。

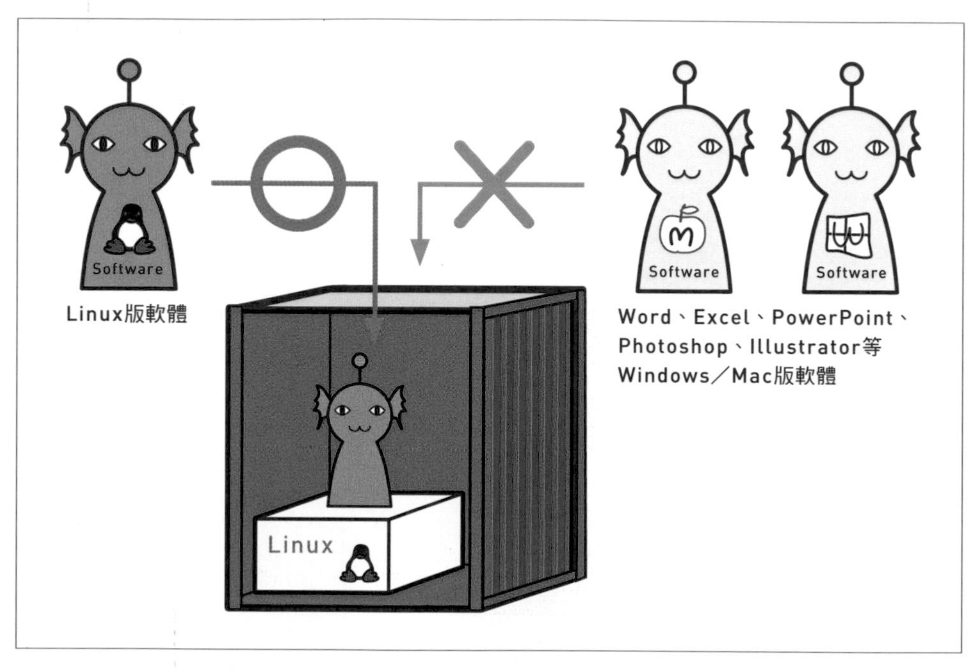

圖 2-1-5　容器中需要安裝 Linux 版程式

 在 Windows、Mac 系統執行 Docker

如上所述，Docker 是以 Linux 為前提的工具，理應無法在常用的 Windows、Mac 電腦上執行 ※4。然而，實際上卻有人在 Windows、Mac 系統使用 Docker。

他們是怎麼做到的呢？有些人是在 VirtualBox、VMware 等虛擬環境上安裝 Linux 系統，再於該系統執行 Docker；有些人是安裝套裝軟體「Docker Desktop for Windows」或者「Docker Desktop for Mac」等，裡頭包含執行 Docker 所需的 Linux。簡言之，就是在 Windows、Mac 等作業系統上，強硬安插 Linux 系統來執行 Docker。

無論是哪種方式，使用 Docker 時都得以某種形式準備 Linux 環境。

※4　當然，也無法在其他常見的 OS 上執行，例如 UNIX、BSD。

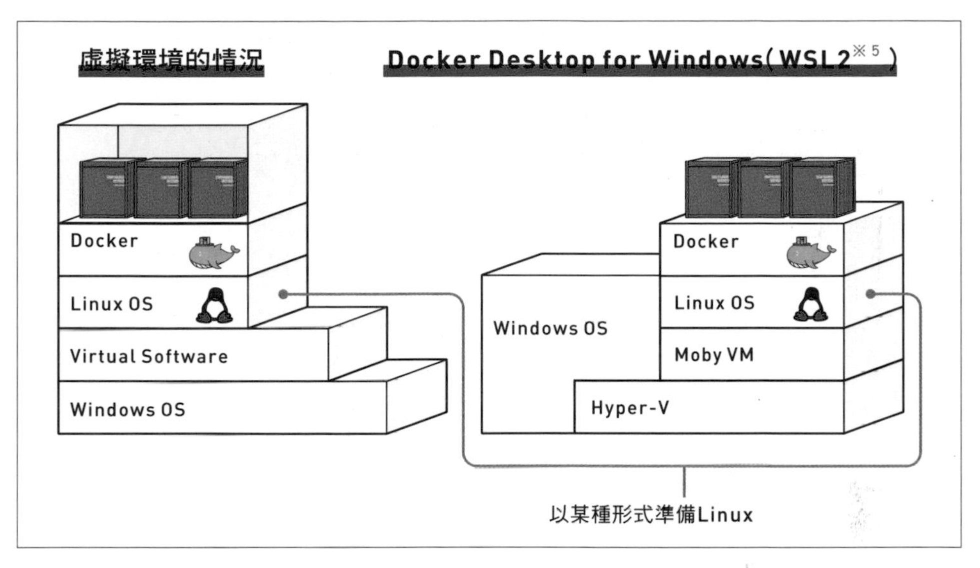

圖 2-1-6　Docker 基本上是 Linux 工具

※5　「WSL2（Windows Subsystem for Linux 2）」是在 Windows 系統使用 Linux 的軟體，細節請見 P.46 詳述。

Docker Hub、映像檔與容器

SECTION 02

本節將會討論 Docker 的映像檔和 Docker Hub。簡單來說，映像檔是容器的「要素」，而 Docker Hub 是集結眾多映像檔的網路空間，它們為 Docker 帶來許多優點。

映像檔與容器

Docker 是以映像檔建立容器，而映像檔相當於容器的要素，就好比容器的設計圖※6、建立超合金玩具的金屬模具

映像檔好比金屬模具

對想玩超合金玩具的人來說，給他金屬模具並未滿足其需求。同理，單獨僅有映像檔沒有任何幫助，需要以映像檔建立可利用的容器。我們要的是容器，而不會直接使用映像檔。

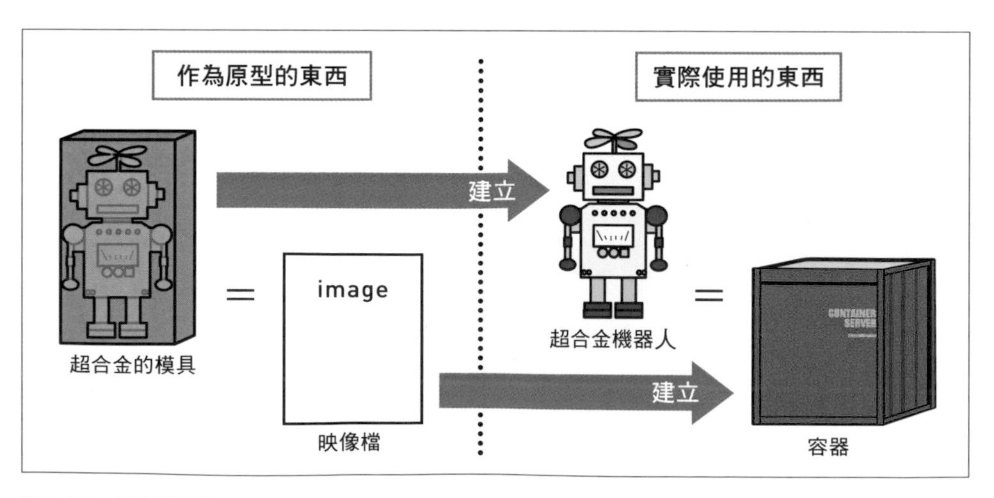

圖 2-2-1 以映像檔建立可利用的容器

※6 類似安裝作業系統、軟體時的 ISO 檔。

映像檔好比金屬模具，一個模具可量產相同的東西。因此，在需要部署多個相同的容器時，建立映像檔會非常方便。

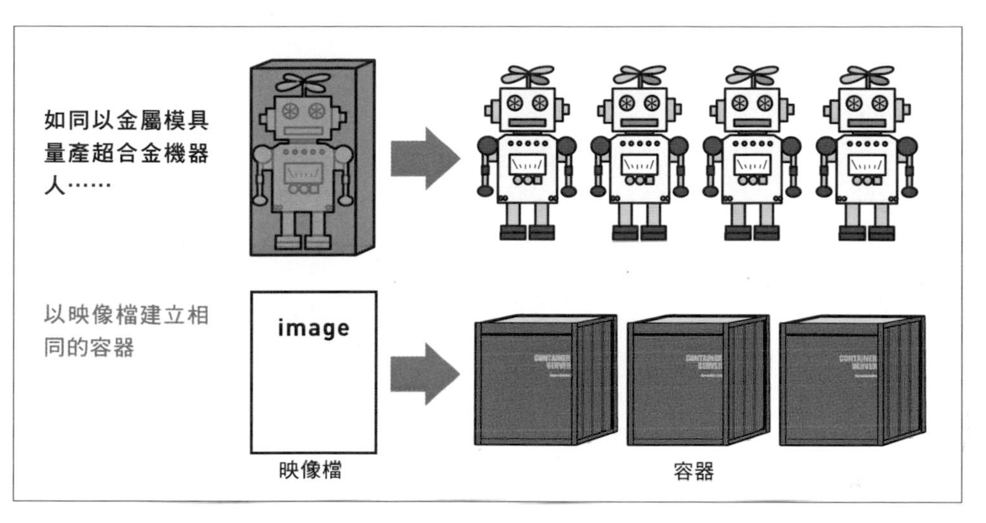

圖 2-2-2　1 個映像檔可建立多個相同的容器

也可以容器建立映像檔

除了以映像檔建立容器外，也可以容器建立映像檔。以映像檔建立容器尚可理解，但反過來好像沒有什麼優點。以容器建立映像檔，亦即加工完成的容器再建立新的金屬模具。

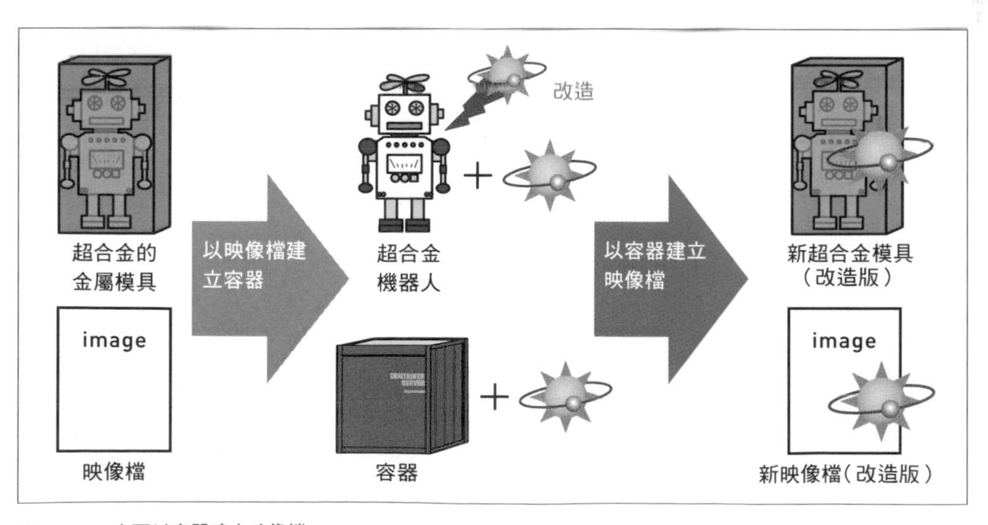

圖 2-2-3　也可以容器建立映像檔

若無法以容器建立映像檔的話，當遇到建立多個容器後卻想要修改時，就得逐一改造，處理起來非常麻煩。

如果可以改造後的容器建立映像檔，就能夠由新的映像檔量產改造後的容器。雖然「改造」可能僅是「稍微加工一下」，但裝載軟體、系統後再建立新的映像檔，可大幅減輕建置大量伺服器的作業負擔。

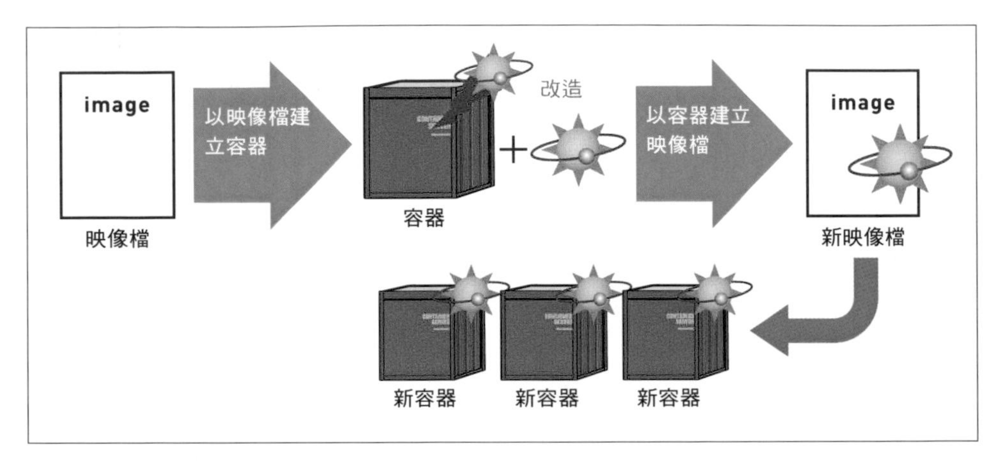

圖 2-2-4　新映像檔可量產改造後的容器

由 Docker 移轉至 Docker

即便沒有想要量產容器，也可利用該特性將容器由當前的 Docker 移轉至其他的 Docker。容器需要在 Docker Engine 上運行，想要移轉至其他的伺服器、電腦時，可先在準備移轉使用的主機上安裝 Docker Engine，再使用以原容器建立的映像檔重新製作相同的容器。實際上不必搬運容器本身，只需要移轉建立的映像檔即可。

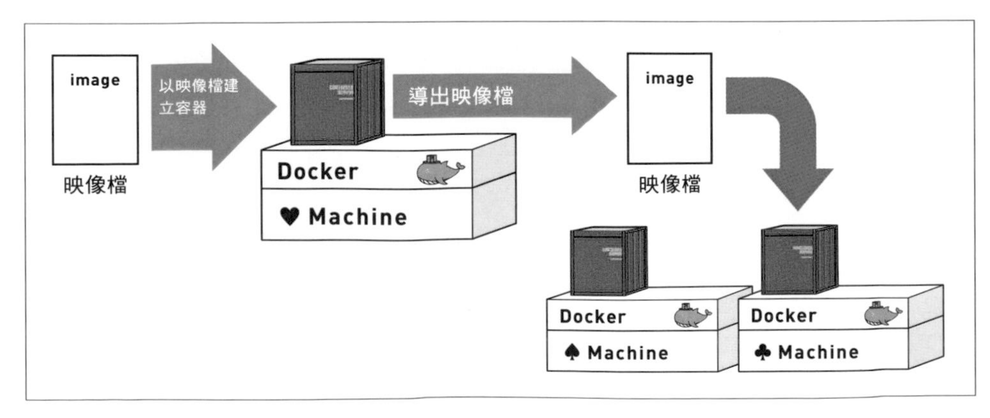

圖 2-2-5　以容器建立映像檔後，再於其他環境重新製作。

Docker Hub與映像檔

除非相當特殊的情況，新手不需要從頭建立容器的映像檔。真的需要建立時，可用空容器搭載（類）作業系統來建立，但常用的映像檔都已經存在。

那麼，該從哪裡取得既存的映像檔呢？答案是「Docker Hub」。Docker Hub是官方提供的Docker Registry（Docker映像檔的發布場所）。

任誰皆可輕鬆利用。

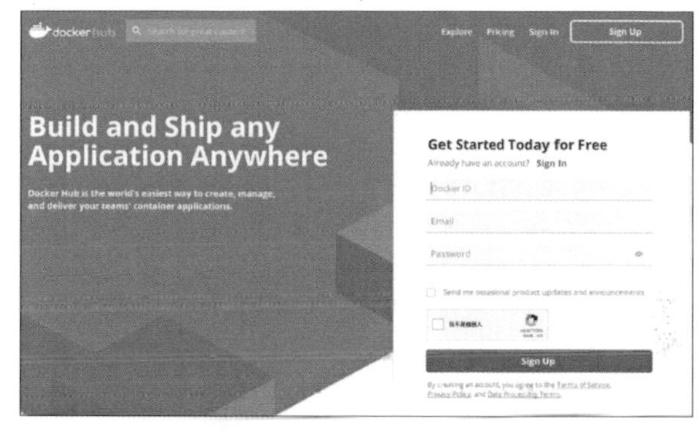

圖 2-2-6　Docker Hub

- **Docker Hub**
  https://hub.docker.com

如同智慧手機中的Google Play，Docker Hub是集結眾多既存容器映像檔的場所※7，可取得想要使用的容器映像檔※8。容器的映像檔已經發布許多種類，由於僅需註冊即可公開發布，註冊會員想要建立多少，就有多少種容器的映像檔。數量多得可觀！

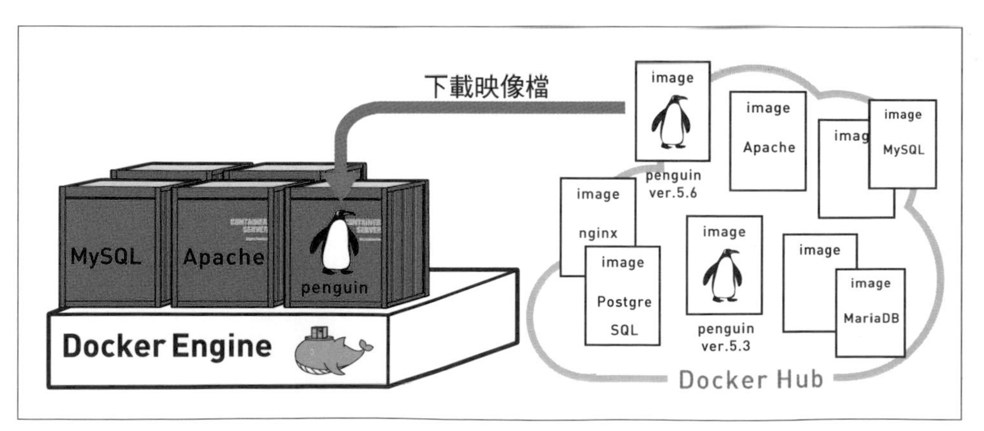

圖 2-2-7　由 Docker Hub 下載映像檔

※7　另外，也可於公司內網伺服器建置 Docker Registry。
※8　實際的操作方式請見 4-3 節「容器的建立、刪除、啟動與停用」。

任何映像檔 Docker Hub 都有公開嗎？

在 Docker Hub 上公開的映像檔，從僅搭載（類）作業系統到裝載多個軟體的映像檔，種類應有盡有。想要自行改造的人，可下載陽春類型的檔案；想要簡單開始的人，可下載設定完成的檔案，根據用途選擇不同的映像檔。

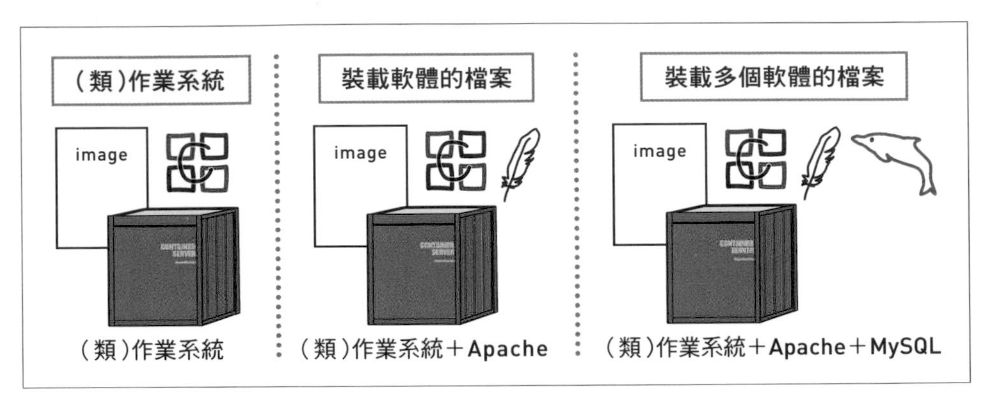

圖 2-2-8　Docker Hub 有各種不同的映像檔

此外，即便是裝載相同的軟體，也有各式各樣類型的映像檔。例如，Linux 存在不同的發行版（種類）※9，Docker Hub 網羅了大部分的版本。而且，發行版各自存在不同的版本，也有許多僅搭載（類）作業系統的容器。

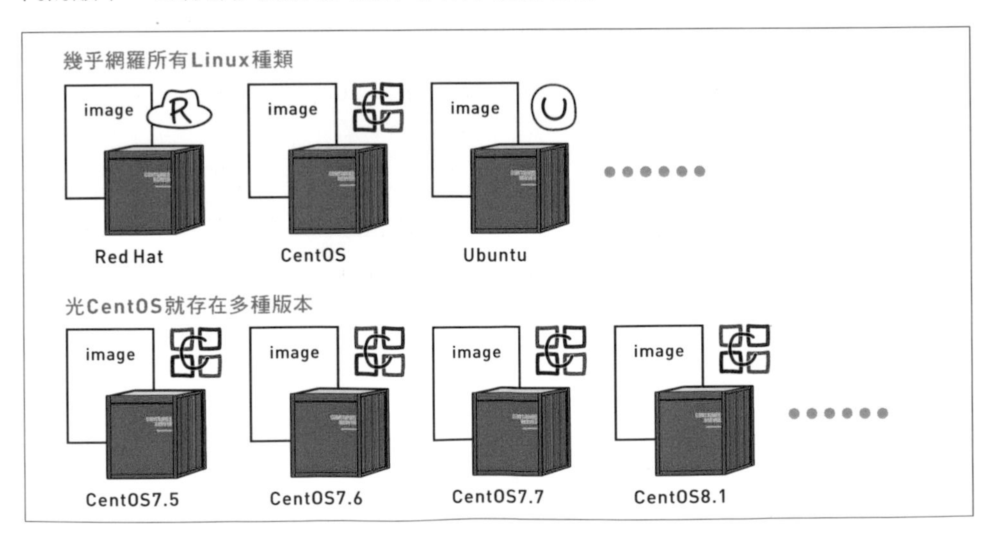

圖 2-2-9　光僅裝載（類）作業系統的容器，就有許多不同的版本。

※9　參見 P.20 的註腳 ※3、P.50 的內容。

進一步裝載軟體（程式）後，搭配組合無窮無盡。如**圖 2-2-10** 所示，光是裝載官方提供的容器映像檔 Apache（網路伺服器軟體）、MySQL（資料庫管理軟體），就存在多種類作業系統 ※10 與版本的搭配組合。

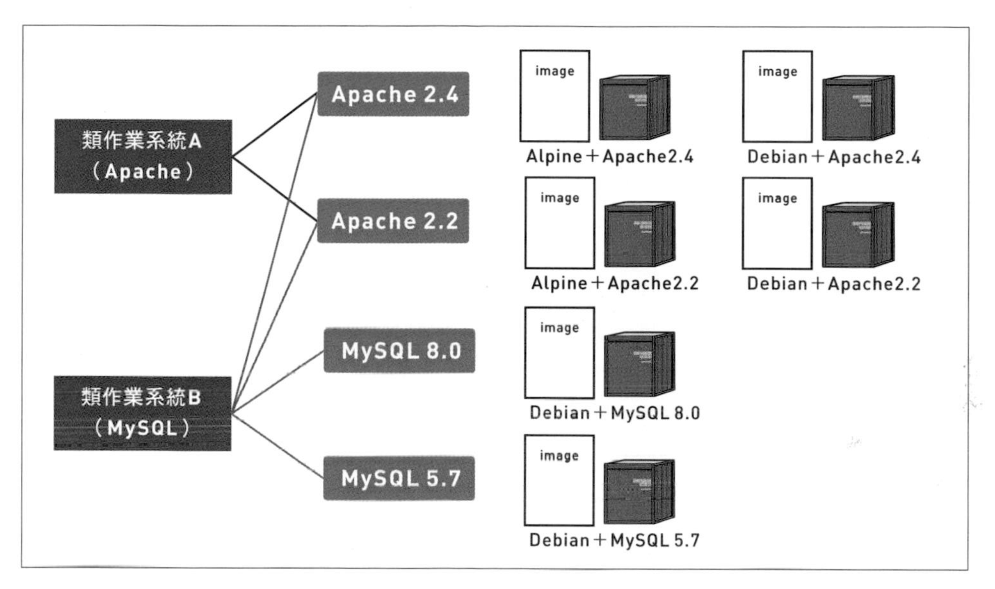

圖 2-2-10　類作業系統與軟體存在不同版本的搭配組合

除了 Apache、MySQL 外，nginx（網路伺服器軟體）、Sendmail（郵件軟體）、PostgreSQL（資料庫管理軟體）等開源軟體，Docker Hub 也提供了大部分的映像檔。

如何選擇安全的容器映像檔

存在如此眾多的種類，反而不曉得該選擇哪種容器映像檔。如前所述，任誰都能夠上傳至 Docker Hub 公開，當中也可能有不安全的映像檔。

下面就來討論選擇時的重點。

使用官方提供的映像檔

首先，容器映像檔有許多官方釋出的檔案，Docker 官網、建立管理軟體的企業團體都有提供映像檔。若有自己想要使用的映像檔，選擇官方檔案是既安全又方便。

不過，有些軟體會限定容器中的（類）作業系統使用特定的 OS、版本，無法自由地選擇映像檔。使用時，需要自行多加留意。

※10　Alpine、Debian 也是具代表性的 Linux 發行版，占用的電腦資源皆小，Apache、MySQL 的官方軟體也可搭配這兩種發行版。

自行定義設定

容器可自行定義設定，也可選擇最低限度的容器，再自己安裝軟體。雖然不推薦自建搭載（類）作業系統的容器，但安裝軟體並不困難，能夠簡單完成。非官方的容器映像檔也未必會造成立即性的危險。善良的有志之士會公開許多官網未提供的映像檔。然而，在自己熟悉映像檔之前，不要輕易下判斷，建議先觀察看看情況，再決定是否使用。

各種組合形式的容器

除了選擇方式外，容器也得考量組合形式。

Docker 具特徵性的用法之一，可舉「1 容器＝1 應用程式」，亦即 1 個容器僅裝載 1 個應用程式，由於具有資安防護、容易維護等優點 ※11，容器大多採取此種運用方式。因此，在建置 WordPress 時，存在不同的搭配組合。

使用 WordPress 時需要 Apache（網路伺服器軟體）、MySQL（資料庫管理軟體）與 WordPress 本體等三項軟體。以 Docker 分別建立裝載不同軟體的容器，也可全部裝載至同一個容器 ※12。

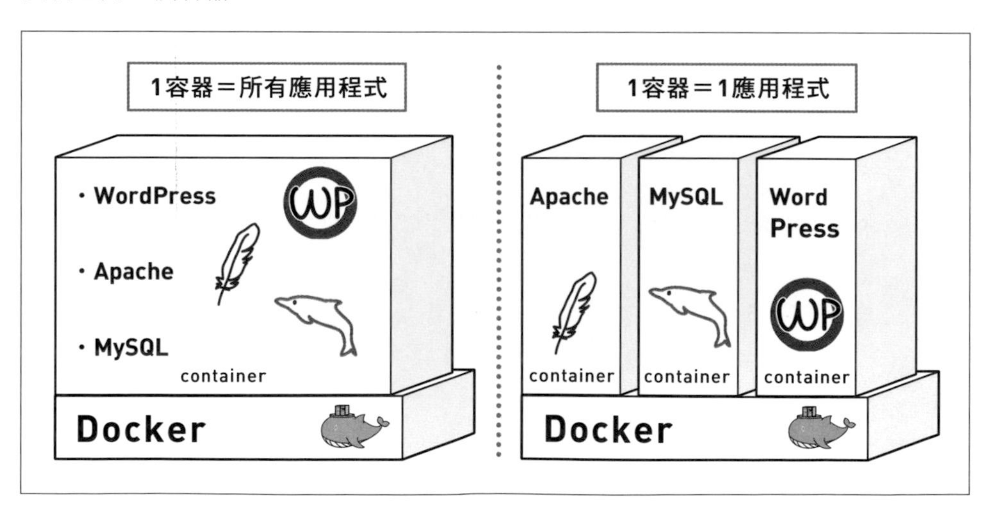

圖 2-2-11　應用程式可裝載至單一容器或者不同的容器

※11　如第 1 章所述，由於與其他軟體互相獨立，具有資安防護、不易受其他軟體影響的特徵；由於本身容易更新，可輕鬆進行維護。多虧（類）作業系統等容器完全隔離、占用的電腦資源小，才得以展現這些的優點。

※12　然而，考量到維護、Docker 的優勢，不建議裝載至同一個容器。

COLUMN：Level ★★★

建立旗艦版的容器

容器有許多種建立方式，內容物更有眾多組合搭配。其中，裝載全部要素的容器，因可立即驅動而被視為至寶。

雖然交付客戶的成品、想要特殊環境的場合，用不到這種全方位的容器，但從事與IT相關的職業，經常會遇到「想要稍微執行看看」的情況。此時，可立即驅動的旗艦版容器，就顯得非常方便。

COLUMN：Level ★★★

需要統一「類作業系統」嗎？

使用Docker時，底層的實體主機、容器都搭載了Linux系統。換言之，一個實體主機中含有多個作業系統，但如P.28所述，Linux存在不同的種類（發行版），底層主機、容器的作業系統種類不需要統一嗎？

就結論來說，底層主機和容器的發行版、系統版本，不一樣也沒關係。容器之間可搭載相異的發行版，也是Docker的魅力之一。

以Docker建立容器，本來就鮮少做細瑣的操作，在選擇映像檔時，不太會意識安裝了哪種（類）作業系統，通常是直接取用「Latest（最新版）」。

然而，想要登入容器裡頭操作時，或者如部分的資料庫管理軟體（RDBMS），不同作業系統可能發生問題的時候，就建議選擇相同的發行版。

SECTION 03

Docker 容器的生命週期與資料儲存

本節要說明 Docker 容器的使用流程。其實，容器不是「長期愛護使用」而是「建立用完即捨棄」。是否理解這件事，將會影響自己能否熟練容器技術。

Docker容器是建立用完即捨棄

討論容器技術的時候，肯定會談到「容器的壽命與生命週期」。這是因為容器具有「建立用完即捨棄」的特性。「建立」姑且不論，「捨棄」可能會讓人感到不對勁。

如前所述，Docker 可簡單建立裝載軟體的容器。因此，並非不斷更新、愛護使用同一個容器，而會另外建立裝載新版軟體的新容器。

換言之，我們會不斷更換新的容器。

容器的使用一般是預設同時執行多個容器，所以不可能一一更新眾多的容器。容器具有簡單建立的特性，維護時卻採取一一更新的方式，只會讓工作事倍功半而已。比起直接重新建立，一一維護更新反而缺乏效率。

因此，我們會直接捨棄舊的容器，重新以映像檔建立新的容器。這樣的做法比較省時省力。

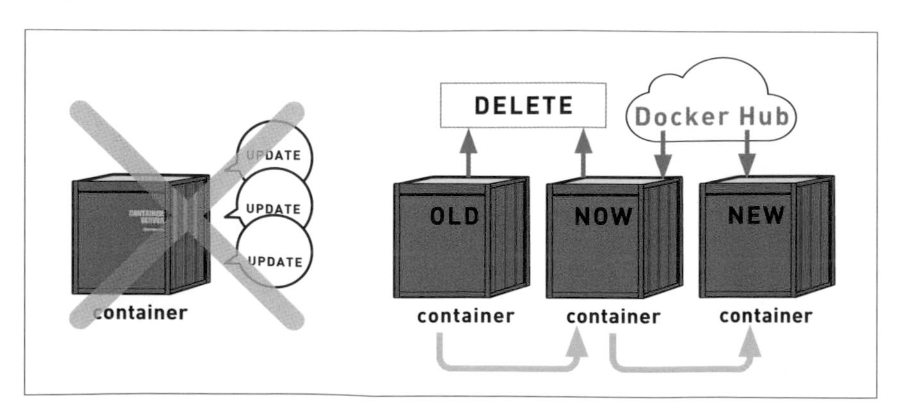

圖 2-3-1　容器是建立用完即捨棄

如上所述，容器的「建立」➡「啟動」➡「停用」➡「捨棄」➡「建立」……，這一連串的流程稱為「容器的生命週期」。

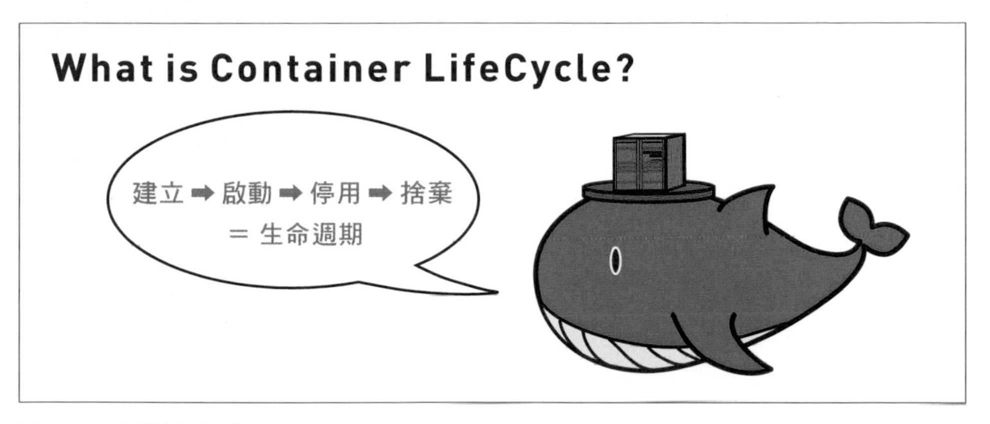

圖 2-3-2　容器的生命週期

資料儲存

容器捨棄後，裡頭的資料會如何呢？

容器捨棄後，因為檔案存於容器裡頭，資料理所當然會跟著消失。資料消失就麻煩了。因此，大多會掛載 Docker 實體主機（電腦）的硬碟，將資料存放於該硬碟。

掛載（mounting）是指「可讀寫的連接狀態」，如同在平常使用的用戶端電腦插入外接 USB、HDD，Docker 的容器也可連接實體主機的磁碟來讀寫資料。

如此一來，即便捨棄容器，資料會存於安全的外部，不會跟著消失不見。即便 Docker 本身發生問題，資料也能夠安然無恙。為了預防電腦發生故障的情況，我們會將資料存於外接硬碟，這樣來想掛載會比較容易理解。

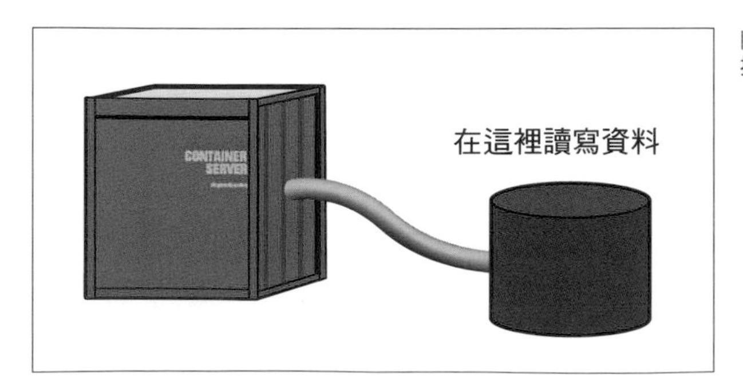

圖 2-3-3
掛載至實體主機儲存資料

另外，像這樣將資料存於外部，除了不必擔心捨棄容器時的資料問題外，資料也可與其他的容器共用，非常方便。

各位理解了 Docker 的「建立用完即捨棄」嗎？

簡單來說，容器僅裝載作業系統、軟體，反覆建立後捨棄，而資料存至其他位置，持續沿用相同的資料。同理，自己定義的設定檔，也建議存於不會消失的位置。

不過，在開發程式的時候，也有不存於其他儲存空間的情況。因此，在捨棄容器之前，務必檢查裡頭有沒有重要的資料。

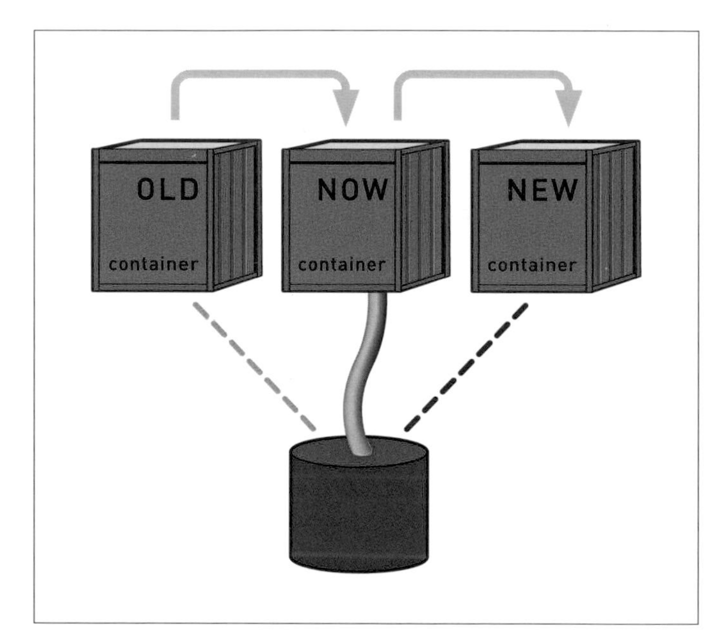

圖 2-3-4
即便改變容器，也可沿用存於外部的資料

SECTION

Docker 的優缺點

本章從許多面向討論了 Docker 的內容，本節將會統整前面提到的性質，歸納出 Docker 的優缺點。

Docker的構成、性質與優缺點

先來統整 Docker 的構成與性質。由前面幾個實例，各位應該已經大致理解 Docker 的性質，但這裡再另外統整成樹狀圖。

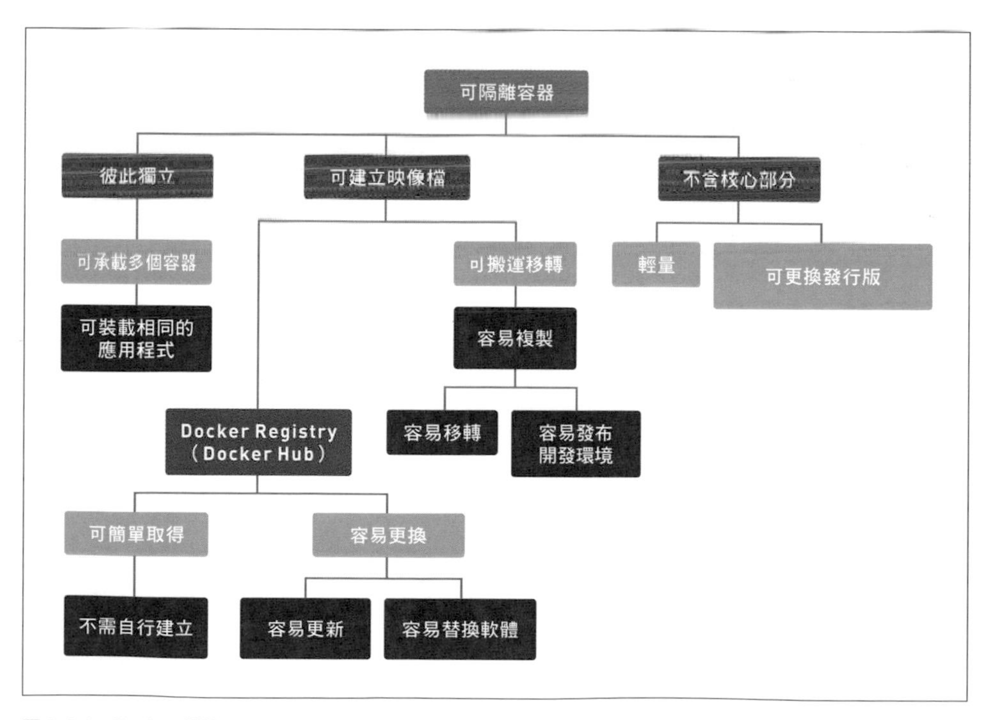

圖 2-4-1 Docker 的性質

「可隔離容器」是最根本的性質

首先，「可隔離容器」是最根本的性質。因為可隔離容器，所以①「彼此獨立」、②「可建立映像檔」、③容器「不含核心部分」。

彼此獨立

彼此獨立代表「可承載多個容器」，進而衍伸「可裝載相同的應用程式」的優點。這也表示可僅替換部分容器，安全地進行修正。

「可建立映像檔」

由於可建立映像檔「從 Docker Hub 發布」，不需要自己從頭建立，也「可簡單取得」映像檔來使用容器。然後，由建立的簡便性衍生「容易替換軟體」、「容易更新」的優點。建立映像檔也代表「可搬運移轉」。而「容易複製」的性質有助於移轉、架設開發環境。

容器「不含核心部分」

由於不含核心部分（作業系統的核心部分），可減少占據的電腦資源，也方便更換不同的發行版。少有機會個別討論優點、「為何產生該優點、性質」，是 Docker 不好理解的原因之一。像這樣轉成樹狀圖後，應該能夠看出「可隔離容器」是所有優點的源頭，瞭解彼此獨立等各項性質與優點之間的衍生關係。

Docker的優缺點

下面就伺服器管理的觀點，具體說明 Docker 的優缺點。

Docker 的優點關鍵字，包含「多個」、「移轉」、「建立」、「安全」。在各種運用情境，基本上都容易感受到這些優點。

Docker 的優點

一台實體主機可承載多個伺服器

若要用一句話概括 Docker 的優點，那就是一台實體伺服器可安全搭載眾多功能。雖然一般的伺服器也可搭載多項功能，但 Docker 可安全地隔離容器，實現一般無法做到的搭配組合（裝載多個相同的軟體等）。

而且，由於容器本身不含核心部分、各項功能交給底層的實體主機與其安裝的 OS，相較於以軟體模擬主機的虛擬化技術，占據的電腦資源壓倒性地少很多。

容易管理伺服器

各項軟體可透過容器隔離，不會影響到其他軟體。軟體也容易更新，可時常保持最新的狀態。另外，容器可自由替換、變更，簡單地搬運移轉。因為容易建立、捨棄，初期設定也不需花費太多的工夫。改造容器後，可建立映像檔來量產新的容器。

非伺服器專家也容易操作

僅一個指令就可建置伺服器，雖然同樣「需要輸入指令」，但除此之外就沒有其他障礙。即便不是伺服器專家，只要記住輸入的指令，外行人也能夠建立容器。

Docker 的缺點

為了公平起見，這裡也來列舉 Docker 的缺點。

首先，由於 Docker 是使用 Linux 系統的技術，理所當然需要安裝 Linux 版軟體。伺服器大多使用 Linux 系統，沒辦法選擇 UNIX 專用的軟體，也不支援 Windows 伺服器。而且，由於是單一實體主機承載眾多的伺服器，當主機發生故障時，所有的容器皆會受到影響。

虛擬化技術、多人共用租賃伺服器、租賃雲端、虛擬基礎架構等，皆會遇到相同的問題，但相較於 1 伺服器 1 主機的情況，實體主機發生故障的影響比較嚴重，需要確實擬定解決對策。

此外，由於 Docker 是以運行多個容器為前提，長期使用單一容器沒辦法展現其優勢。而且，使用 Docker 時需要安裝 Docker Engine，若僅使用單一容器的話，安裝 Docker Engine 反而顯得多餘。

Docker的用途

瞭解 Docker 的優點後，接著討論「可用在什麼地方」。

向全員提供一致的開發環境(＝建置多個相同環境)

就開發環境上的用途而言，可向全員提供一致的開發環境。尤其在參與多個專案的第一線，每個專案都可使用容器。由於是與正式環境相同的環境，可從開發環境無縫移轉至正式環境。

由架設正式伺服器的人建立容器，再將該容器發布給所有人員。雖然共用同一個開發伺服器時，可能發生編輯衝突等情況，但採取相同的開發環境，可每到一個段落進行後再套用，一面與相關人員調整；一面邊推進作業。

方便測試新的版本（＝利用完全隔離的性質）

作業系統、函式庫等推出新的版本，需要先在開發環境測試，再移轉至正式環境的時候，容器是相當便利的技術。只要裝載至容器中，就可保證與底層 Docker 的關係，不必考慮與實體主機的相容問題。除了測試新的版本外，也可測試改變系統環境。

容易建置多個相同的伺服器(＝利用彼此獨立的性質）

在需要多個相同的伺服器時，可於 1 台實體主機建置多個相同的伺服器。除了方便管理外，共用多個伺服器也可降低成本。

僅一個指令就可建置所需的伺服器，省去反覆搭載 OS、登入、安裝軟體之類麻煩的步驟。若再使用相同的套裝軟體，作業流程將會更加便利。

除此之外，由於容易擴增縮減規模，也有利於建置網路伺服器、API 伺服器等，使用方式相當豐富，不妨自行尋找實際案例看看。

COLUMN：Level ★★★ Docker的檔案容易消失？Docker的相關迷思

不太瞭解Docker的人常會有錯誤的觀念。其中，「Docker的檔案容易消失」是常聽聞的迷思之一。「容易消失」的敘述可能招致誤解，可解讀為「有消失的情況，也有不消失的情況」。換言之，「容易消失」是指，因意外事故或者其他原因，「極有可能消失」的情況。

那麼，Docker的檔案「容易消失」嗎？

正確來說，應該是「經常捨棄」。

Docker容器中的檔案。捨棄容器後當然會跟著消失，而容器基本上是「建立用完即捨棄」，所以「需要留意不可捨棄的檔案」。Docker的檔案並非「容易消失」，而是「經常捨棄」。

使用Docker

CHAPTER

3

終於要來安裝Docker了。

如前所述，Docker的環境建置存在多種選擇。本書將使用Windows系統的Docker Desktop來說明，而其他系統的安裝方式請見附錄，根據自身作業系統翻閱相應的內容。

使用 Docker

SECTION 01

現在終於要實際安裝、操作 Docker。如前所述，Docker 的環境準備存在多種方式，本節就來詳細說明。

Docker除了Linux外，也可於Windows、Mac系統使用

第 2 章解說了 Docker 的相關內容，本章終於要進行大家期待已久的動手實作。

本章會說明 Docker 的安裝方式和 Docker 的操作方式，再於第 4 章進行指令操作。

在使用 Docker 之前，得安裝免費 ※1 的 Docker Engine 軟體。如第 2 章所述，「Docker 基本上需要 Linux 系統」。

雖說如此，主機並非一定要 Linux 系統才有辦法使用。如第 2 章所述，在 Windows、Mac 系統下，可用 Virtual Box、VMware 等虛擬主機部署 Linux 環境，或者直接使用 Windows 版／ Mac 版的 Docker。

Docker 主要有三種使用方式。

Docker 的三大使用方式

① 在Linux系統下使用Docker
② 在Windows、Mac系統下，以虛擬主機、租賃環境操作Docker
③ 使用Windows版、Mac版的Docker

※1 Docker Engine 也有付費版本，細節請見 P.59 的專欄。

簡言之，①在 Linux 系統下使用；②在 Windows、Mac 系統下，巧妙部署 Linux 環境；③使用 Windows 版、Mac 版的 Docker。

根據情況選擇適合的方式，但僅有準備的部分不一樣，Docker 的操作指令相同。

圖 3-1-1　根據 Linux、Windows、Mac 等系統環境來準備

本書主要是③使用 Windows 版的 Docker 來說明，並隨時補充其他方式的細節，若能夠自行準備作業環境，也可用①、②的方式來學習。

以①、②的方式學習時所需的相關知識，可參考本章最後的專欄詳述（P.66～）。附錄也統整了簡單的安裝方式，請讀者自行參考翻閱。

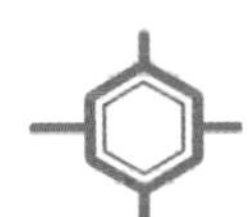

使用 Windows 版、Mac 版的 Docker

Docker 的三大使用方式中，最簡易的方式是使用 Windows 版、Mac 版的 Docker。本書主要也是解說這個方式。

Windows、Mac 使用裝載 Linux 系統的套裝軟體（桌面版）

Windows 版 的「Docker Desktop for Windows」、Mac 版 的「Docker Desktop for Mac」，皆是官方提供的 Docker 套裝軟體，本書會統稱為「桌面版 Docker」。

使用 Linux 系統裝載 Docker 時，僅需要安裝 Docker Engine，而 Windows、Mac 系統還需要安裝其他東西，所以才推出用來支援的套裝軟體。除了 Docker Engine 外，「使用 Docker 所需的東西」還有 Linux 系統等執行環境。

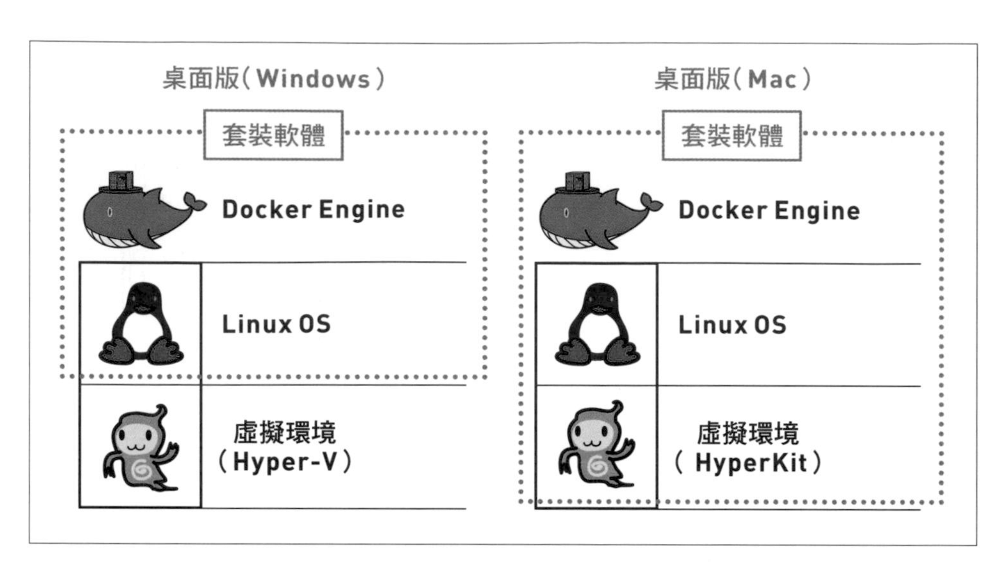

圖 3-1-2　桌面版 Docker 包含了全部所需的東西

Windows 版 ※2、Mac 版的 Docker 並非完全的 Windows、Mac 軟體，而是在 Windows、Mac 系統中，另外部署虛擬的 Linux 環境來運行 Docker Engine。

從這個角度來看，與 P.40 介紹「②在 Windows、Mac 系統下，以虛擬主機、租賃環境操作 Docker」，使用虛擬主機的方式 ※3 極為相似，但虛擬化的部分不太一樣。

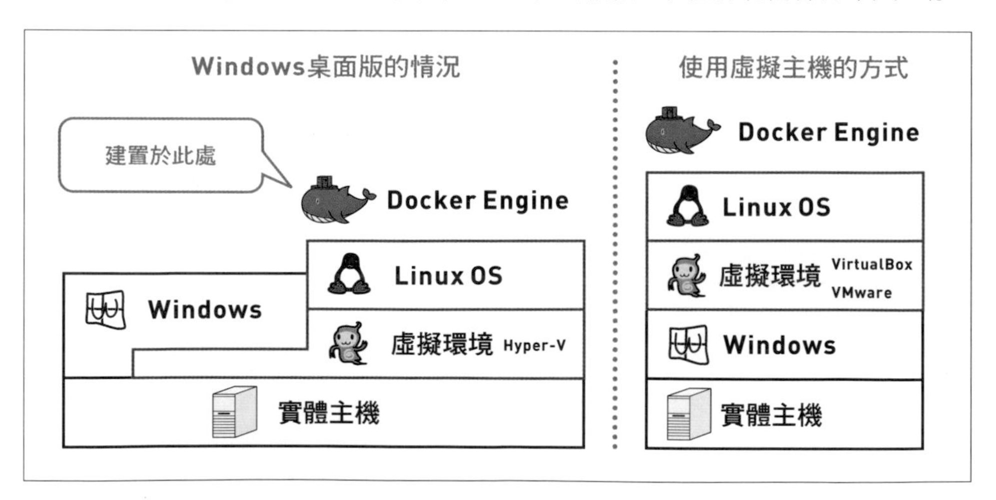

圖 3-1-3　桌面版與虛擬化軟體的使用差異

※2　關於利用 Windows WSL2 的桌面版，請見後面詳述。
※3　細節請見 p.68 的專欄。

②使用虛擬主機的方式是，使用者有意識地「以虛擬化軟體部署 Linux 系統，再於該虛擬環境安裝 Dcoker……」，而桌面版 Docker 是使用者無意識地於虛擬環境、Linux 系統使用。

然後，兩者使用的虛擬化軟體不同。②的虛擬主機是使用 VirtualBox、VMware 等的軟體，而 Windows 桌面版是使用 Hyper-V；Mac 桌面版是使用 HyperKit 等不一樣的軟體。Hyper-V 是 Windows 內建的虛擬環境，而 HyperKit 含於 Docker 套裝軟體。

桌面版 Docker 宛若普通的軟體

如上所述，桌面版 Docker 除了可簡易安裝的特徵外，使用時不會意識到虛擬化軟體、Linux 系統的存在。由於宛如 Windows、Mac 的普通軟體，不必刻意啟動虛擬化軟體運作 Linux 系統。安裝至平常使用的電腦後，可一如使用普通軟體般雙擊啟動。

然而，啟動、實際執行 Docker 後，無法做拖放等的滑鼠操作 ※4，需要使用指令操作，相關細節請見第 4 章詳述。指令操作並沒有想像中的困難，即便是新手也能夠掌握。順便一提，Linux 主機跟虛擬主機的環境一樣，都得使用指令操作。

可裝載兩種作業系統！？

桌面版 Docker 是共存常用的 Windows、Mac 系統與 Linux 系統。聽起來好像很厲害。1 台主機裝載兩種作業系統，好像容易搞混。

其實，沒有使用 Docker 時不用特別意識 Linux 系統，既不會感到困擾也不會覺得混亂，就像是部署 Docker 專用的隱藏作業系統。當不再需要使用 Docker 的時候，卸載套裝軟體就可一併刪除 Linux 系統。

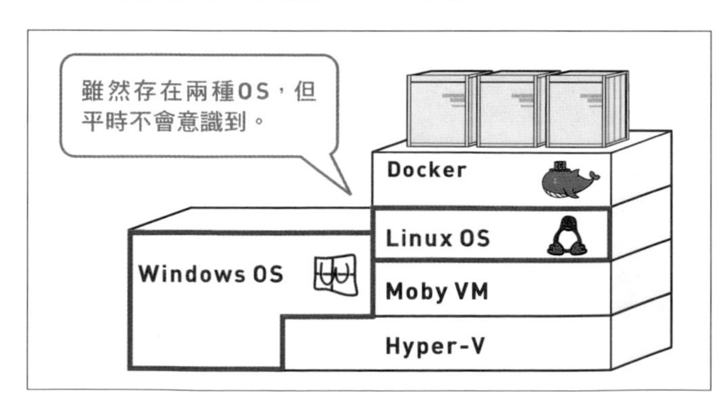

圖 3-1-4
桌面版 Docker 不用特別意識兩種 OS（圖例是使用 Windows 桌面版搭配 WSL2 的情況）

※4　除了安裝外，可用滑鼠進行幾個操作。

桌面版 Docker 的使用要求與不穩定的情況

真正需要注意的是，桌面版 Docker 的使用要求和運作不太穩定的情況。就使用要求而言，Windows 系統需要啟用 Hyper-V（Windows 的虛擬環境），而 Mac 系統僅需要注意使用要求 ※5 即可。就不穩定的情況而言，包括占據巨量的電腦資源、Windows 系統與 VirtualBox、VMware 等虛擬環境衝突 ※6。

這是執行桌面版 Docker 的虛擬環境（Hyper-V）不穩定所造成的問題，安裝最新版 ※7 的 Windows、虛擬主機軟體，應該就能夠排除不穩定的問題，但仍有可能發生版本衝突的情況。若工作上需要使用虛擬環境的話，建議安裝前先向團隊領導人、前輩等熟悉虛擬環境的人請益。

有些人覺得 Mac 桌面版 ※8 占據的電腦資源較多。而且，最新版 Mac（2020 年 12 月）因更換新的 CPU，無法使用舊的 Mac 版軟體，雖然官方有釋出 M1 版本、β 版本，但可能暫時還是會有不穩定的情況。

雖說如此，只要滿足使用要求的話，最簡易的方式當屬使用桌面版 Docker。因為既不需要安裝 Linux 系統，也不用擔心連線的問題。

當某方式進行得不順利，身為工程師的各位可再嘗試其他方式。這樣的經驗非常重要，以虛擬主機、租賃環境學習 Docker 也是不錯的選擇。當操作上遇到困難時，請見本章最後的專欄（P.66）。

Windows版、Mac版Docker的使用要求

- 滿足使用要求的Windows、Mac電腦

注意事項

- 使用虛擬主機的時候，需要安裝最新版的Windows和虛擬主機軟體

※5 請見 P.49 詳述。
※6 使用 P.40 之②的虛擬主機裝載 Docker 不會有問題，僅啟用 Hyper-V 的使用方式③會出現問題。
※7 2020 年 7 月的版本。
※8 Mac 版的 Docker 軟體，可於 macOS 10.10 Yosemite 以後的 Hypervisor.framework 上使用 HyperKit 虛擬環境。

COLUMN：Level ★★★ 桌面版與Toolbox版的差異

Toolbox版是Windows版、Mac版等桌面版Docker的前身，但如今已是「過時的產物」，不推薦使用該版本。

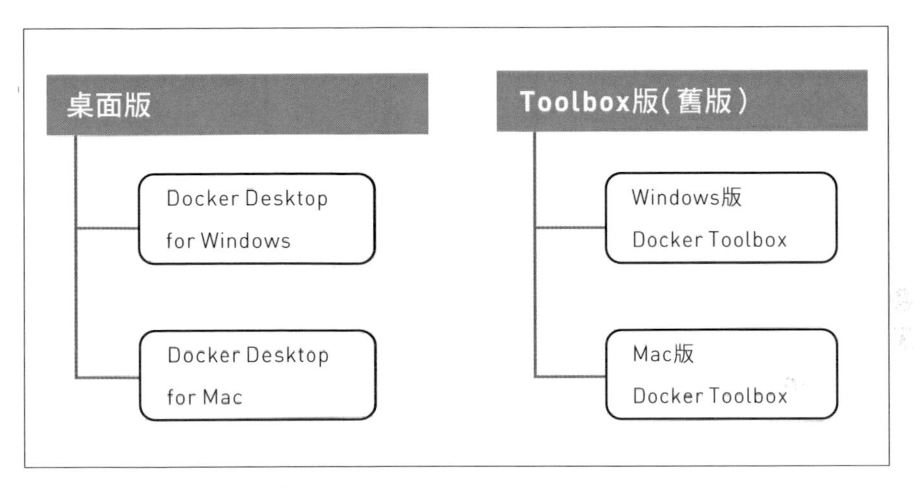

圖 3-1-5　桌面版與 Toolbox 版的差異

但是，桌面版推出初期不太穩定，所以，即便不推薦，還是有許多人堅持使用Toolbox版。

桌面版和Toolbox版的構成相似，主要差在虛擬化的軟體，桌面版是使用Hyper-V（Windows）、HyperKit（Mac），而Toolbox版是使用VirtualBox。

項目	桌面版		Toolbox版
對應OS	Windows	Mac	Windows　Mac
虛擬化軟體	Hyper-V	HyperKit	VirtualBox

桌面版不穩定的原因大多是虛擬環境。虛擬環境有問題的話，那就更換虛擬化的軟體，許多使用者基於這個原因選用Toolbox版。不過，這個「過時的產物」可能無法順利執行本書後半部的內容，所以不推薦使用Toolbox版本。

COLUMN：Level ★★★

何謂WSL2？
Windows家用版能否使用Docker？

雖然以前就有桌面版Docker，但Windows 10家用版無法使用，需要專業版以上的系統。因為專業版以上的系統才有內建Hyper-V。

然而，Windows自2020年春季更新（通稱「2020春季版」）後，新增WSL2的功能。WSL2是「Windows Subsystem for Linux 2」的簡稱，亦即在Windows執行Linux軟體的虛擬環境。過去無法使用Docker的家用版Windows，可透過該功能執行桌面版Docker。換言之，所有Windows的使用者都能夠利用桌面版Docker。

對家用版以外的使用者來說，WSL2的功能也帶來深遠的影響。

前面因過於複雜而未深入討論，但Windows的桌面版Docker其實含有兩種Linux系統。由於安裝方式一模一樣，使用者不會意識到其中的差異，分為Docker官方提供的Linux系統（舊版）與微軟公司提供的Linux系統（WSL2）。

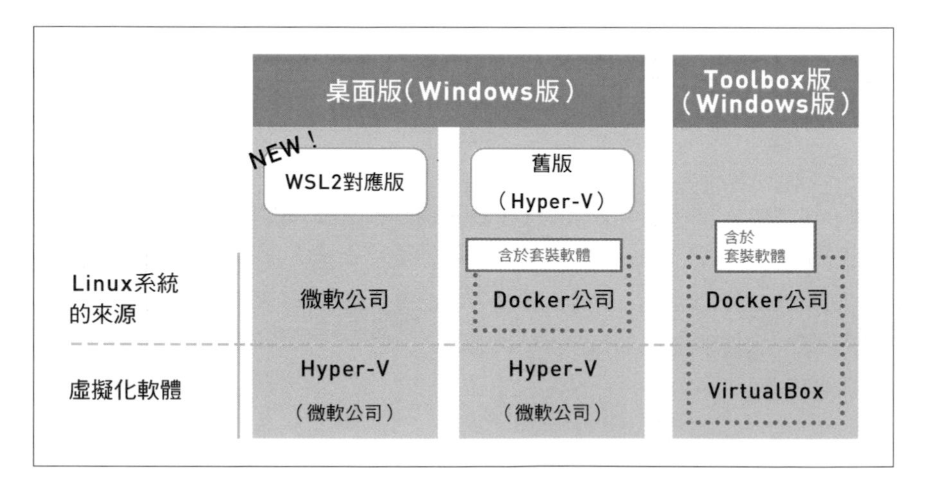

圖3-1-6　兩種桌面版軟體

桌面版套裝軟體內含Docker官方提供的Linux。由於Linux為開源軟體，可用此方式提供作業系統。

另一方面，自WSL2問世後，也可下載使用微軟公司提供的Linux。換言之，同時裝載Docker官方提供含於套裝軟體的Linux，與微軟公司提供可透過WSL2使用的Linux，再加上主機的Windows，竟然搭載了三套作業系統！兩種Linux可由Docker的管理畫面來切換（**圖3-1-7**）

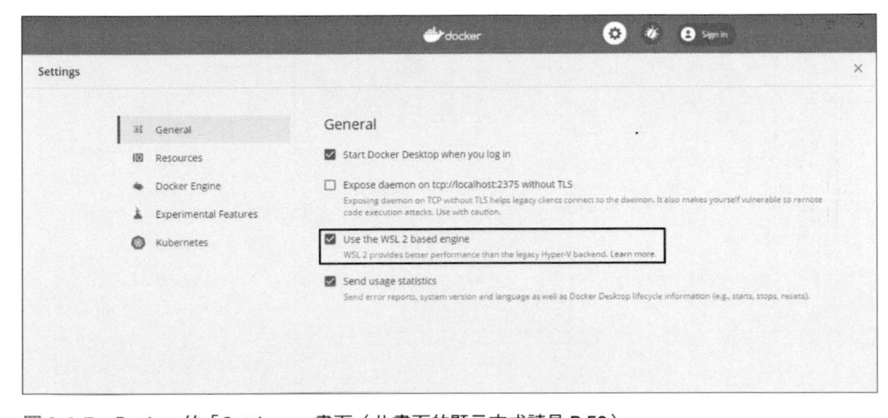

圖 3-1-7　Docker 的「Settings」畫面（此畫面的顯示方式請見 P.58）

本書使用Docker官方推薦的WSL2，除了啟用後運作比較穩定外，也因為這將是今後的主流形式。

另外，WSL2也支援2020年春季版以後的版本，若電腦搭載舊版※的Windows，請先升級作業系統。

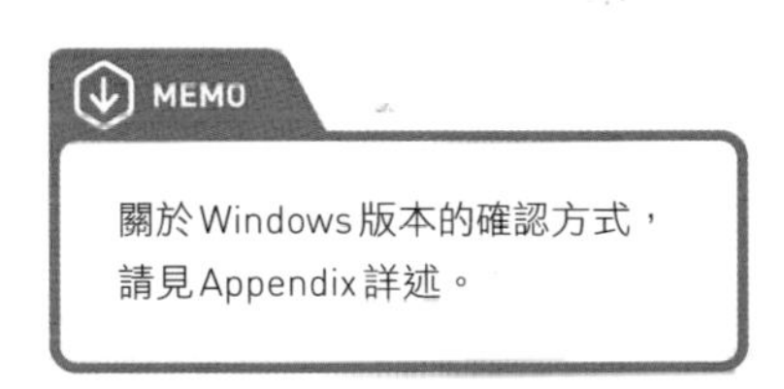

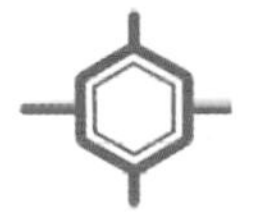

Docker的使用要求

在安裝 Docker Engine 的時候，需要注意硬體、OS 是否符合使用要求。Docker 僅能於 64bit 版的作業系統運行，細節請見 P.49 詳述。總而言之，請先確認自家電腦是否為 64bit 版的系統。

不清楚是否滿足其他使用要求時，建議直接嘗試安裝，若不符合要求自然無法安裝，此時再來想辦法解決問題。

查看是否為 64bit 版

簡單來說，電腦系統分成 32bit 版與 64bit 版。就粗略區別方式而言，Windows Vista 以前的電腦多為 32bit 版系統；Windows 8 以後的電腦多為 64bit 版系統。

Vista 以前的電腦基本上無法使用 Docker，而過渡期的 Windows 7 混雜了兩種系統，需要查看是哪種版本。平板電腦、電腦棒等的 Windows 10，需要留意也有 32bit 版的機種。

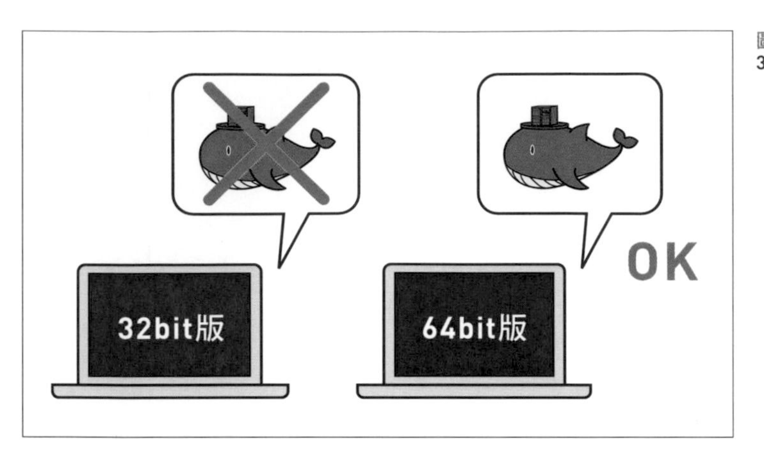

圖 3-1-8
32bit 版無法使用 Docker

具體的確認方式[※9]可查詢 Windows 的〔設定〕，若〔系統〕中的〔關於〕顯示「64 位元作業系統[※10]，x64 型處理器[※11]」，則該電腦系統是 64bit 版本。重點是前半段的「64 位元作業系統」，若前半段為「32 位元作業系統」，即便後半段是「x64 型處理器」，仍舊不符合使用要求[※12]。

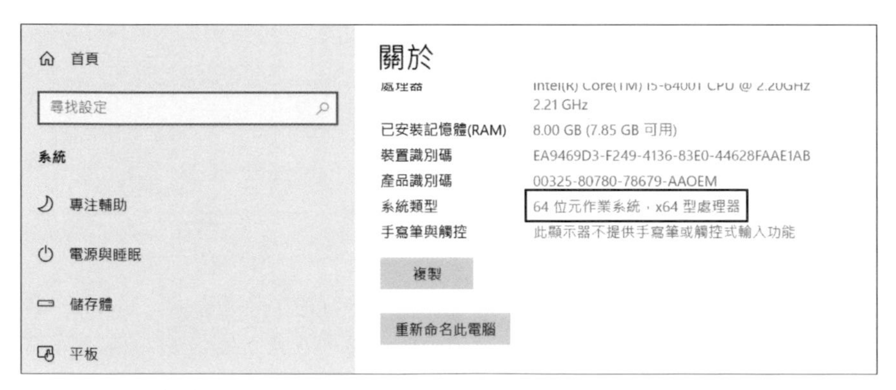

圖 3-1-9　**確認「關於」**

Mac 系統的區分方式更為複雜。

Mac OS X v10.6（Snow Leopard）以後採用混合版本的核心，所以大致上沒有什麼問題，不過近幾年的機種應該都是 64bit 版本。請點擊桌面左上角的蘋果圖示，確認「關於這台 Mac」中的「處理器」。

※9　參見附錄的「01」。
※10　作業系統＝OS，亦即 OS 為 64bit 版本。
※11　〇〇型處理器，簡言之就是 CPU，亦即 CPU 為 64bit 版本。
※12　若將 Windows 系統改成 Linux 系統，就沒有問題，此時重要的反而是「x64 型處理器」。

Windows 版的使用要求

作業系統的規格

- Windows 10 64bit 版：專業版、企業版或者教育版，選擇 Build 16299 以後的版本 ※13
- Windows 10 64bit 版：家用版啟用 WSL2 的功能（ver 2004 以後的版本）
- 啟用 Hyper-V ※14 以及容器功能（Containers）

硬體規格

- CPU 是支援 SLAT 功能的 64 位元處理器
- 記憶體 4GB 以上
- 透過 BIOS 啟用虛擬化功能（virtualization）

Mac 版的使用要求

- 2010 年以後的機種
- MacOS 10.13（High Sierra）以後的作業系統
- 記憶體 4GB 以上

Linux 版的使用要求

- OS 為右表中的發行版 ※15 或者更新的版本
- Linux 核心部分為 3.10 以後的版本
- iptables 為 1.4 以後的版本
- Git 為 1.7 以後的版本
- XZ Utils 為 4.9 以後的版本
- 建立 procps 和 cgroups 階層架構

Linux 的發行版與版本

發行版	版本
CentOS	CentOS 7 以後
Ubuntu	Ubuntu 16.04 以後
Debian	Debian 9（stretch）以後
Fedora	Fedora 30 以後

※13 家用版以外的版本，也建議啟用 WSL2 的功能。
※14 可於安裝時的對話框啟用。
※15 發行版即為 Linux 的類型。

COLUMN：Level ★★★

Linux的發行版

使用者可能會煩惱該選哪種Linux發行版，基本上只要選擇可支援軟體、自己喜歡的發行版即可，若不是非常瞭解Linux的話，不妨選用Ubuntu發行版。發行版可粗略分為Red Hat系列※與Debian系列※，雖然兩者的差異不大，但指令、細節部分有幾個地方不同。

細節會在後面詳述，透過Docker操作容器※時，通常是使用Debian系列的類Linux系統※，在新手階段使用Debian系列比較不會感到混亂。因此，在尚未習慣Linux的操作之前，建議使用Debian系列中最常見的Ubuntu。

當然，習慣Red Hat系列的人，也可直接使用熟悉的作業系統。此外，CentOS、Ubuntu、Debian、Fedora皆為免費的作業系統。

MEMO

Red Hat系列：
Red Hat Enterprise Linux、CentOS等

Debian系列：
Debian 、Ubuntu、Fedora等

MEMO

透過Docker操作容器：
官方發布的最小容器多搭載Alpine系統。Alpine是最簡易、輕量的Linux發行版。

MEMO

類作業系統：
容器中的作業系統搭載「類作業系統」。

SECTION 02

安裝 Docker

本節將會示範安裝 Docker，除了這邊介紹 Windows 版的安裝方式，附錄也有收錄 Mac、Linux 的安裝方式，請根據自身作業系統翻閱內容。

Docker的安裝很簡單

下面會示範安裝 Docker，安裝本身並不困難。尤其在 Windows、Mac 系統下，會跟普通軟體一樣彈出對話框，只需要遵照指示用滑鼠點擊即可（**圖 3-2-1**）。很簡單吧？像這樣視覺化操作的 UI（使用者介面），稱為「GUI（圖形使用者介面）※16」。

另一方面，Linux 系統則需要「CUI（字元使用者介面）※17」，以輸入指令（命令）的方式操作。許多人可能不熟悉這種方式，但僅需要輸入固定的 1 行內容再按下〔Enter〕鍵，一點都不困難（**圖 3-2-2**）。這裡直接照打本書所寫的簡短指令就行了。

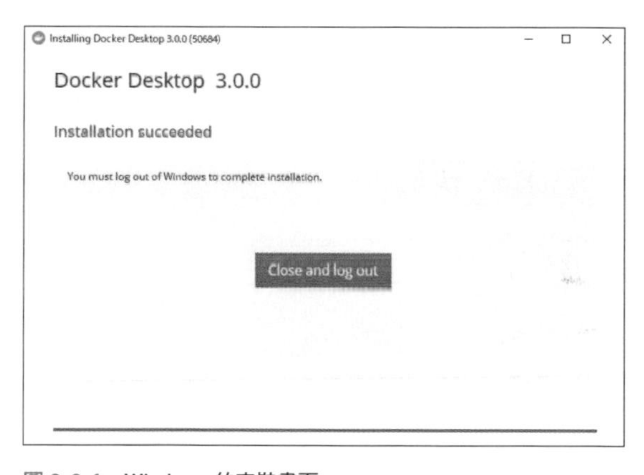

圖 3-2-1　Windows 的安裝畫面

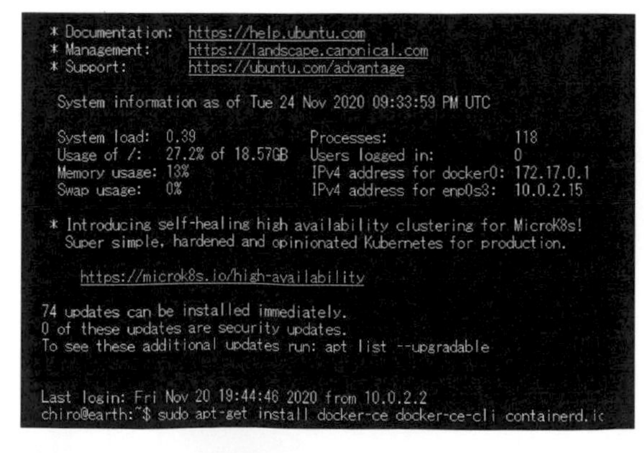

圖 3-2-2　Linux 的安裝畫面

※16　Graphical User Interface。
※17　Character User Interface。

本節會詳細說明 Windows 桌面版的安裝步驟，但附錄也有收錄 Mac 版、Linux 版的簡易安裝說明，若使用 Windows 桌面版以外的版本，則請見附錄內容。

現在來親自動手試試吧！

〔步驟〕安裝桌面版 Docker（Docker Desktop for Windows）

本書的 Windows 桌面版會用到 WSL2※18。因此，我們得先啟用 WSL2 的功能、更新 Linux 核心後，再來安裝 Docker。操作基本上都是 GUI，請各位不用擔心。如果想要使用 WSL2 時，Windows 必須是 1903/1909 以後的版本。開始安裝前，先將系統升級成最新版本。

安裝流程

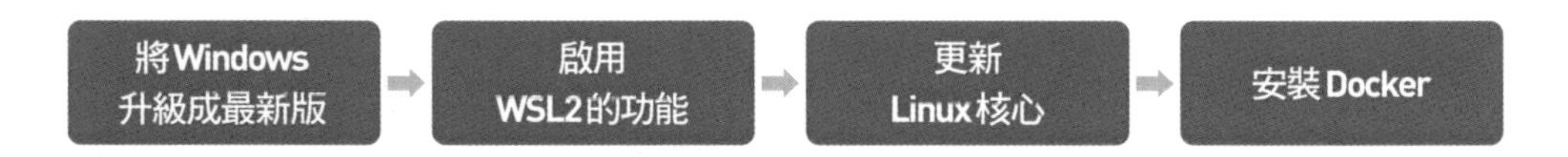

Step 0 事前準備

將 Windows 升級成最新版，確認升級後為「1903/1909 以後」的版本。確認方式請參見 Appendix 的「01」。

Step 1 點擊「開啟或關閉 Windows 功能」

由 Windows 的開始功能表，打開〔Windows 系統〕→〔控制台〕→〔程式集〕→〔程式和功能〕，點擊〔開啟或關閉 Windows 功能〕。

圖 3-2-3 點擊〔開啟或關閉 Windows 功能〕

※18 若不使用 WSL2 的話，可僅啟用 Hyper-V 來安裝

Step 2 啟用兩項功能

勾選「Windows 子系統 Linux 版」和「虛擬主機平台」，再點擊〔確定〕按鈕。

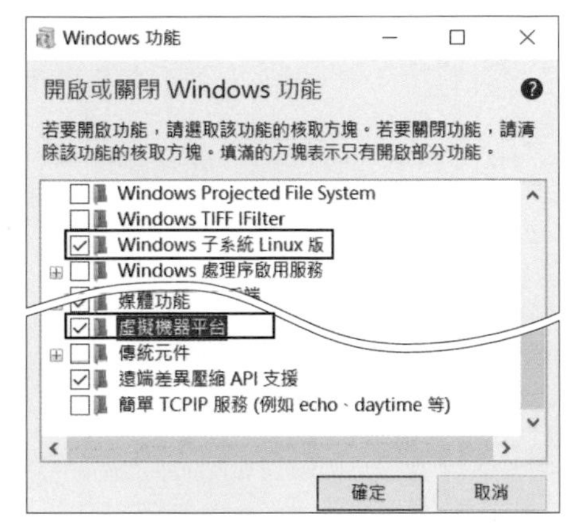

圖 3-2-4　勾選兩個項目

Step 3 重新啟動

遵照畫面指示重新啟動電腦。

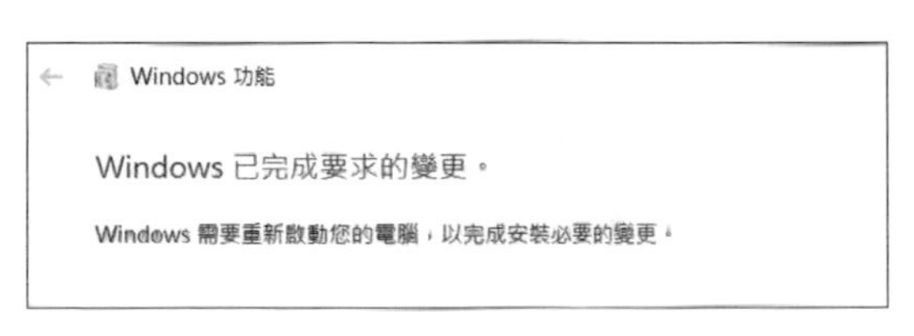

圖 3-2-5　要求重新啟動

Step 4 下載並安裝 Linux 核心

在瀏覽器輸入下述網址，下載 Linux 核心（若不方便輸入網址的話，可用 Google 等搜尋關鍵字「wsl update download」）。

下載完成後，啟動檔案安裝 Linux 核心。

- https://wslstorestorage.blob.core.windows.net/wslblob/wsl_update_x64.msi

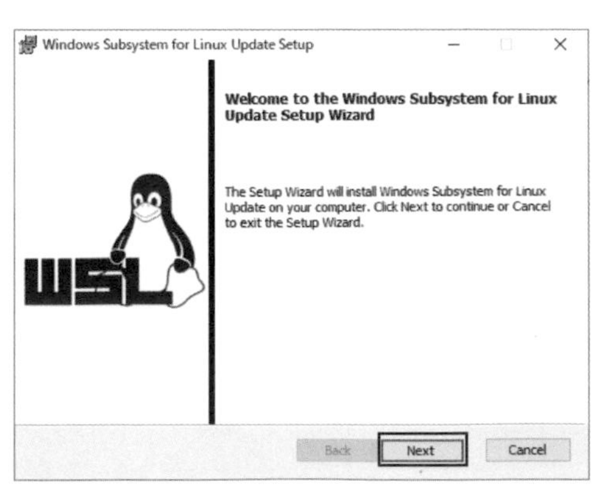

圖 3-2-6　安裝 Linux 核心

Step 5 下載 Docker for Windows

在瀏覽器輸入下述網址，下載 Docker for Windows。

- **Docker Desktop for Windows**
  https://docs.docker.com/docker-for-windows/install/

圖 3-2-7
下載 Docker for Windows

Step 6 執行安裝檔

執行下載完成的安裝檔。

圖 3-2-8
雙擊安裝檔

Step 7 確認環境

在環境設定的對話框中，勾選所有選項、點擊〔OK〕按鈕後，便會下載所需的檔案，完成安裝。

圖 3-2-9　執行 Docker Desktop for Windows

Step 8 安裝完成與重新啟動

安裝完成後，點擊〔Close and log out〕重新啟動電腦。

結束所有步驟後，桌面會新增〔Docker Desktop〕的圖示。

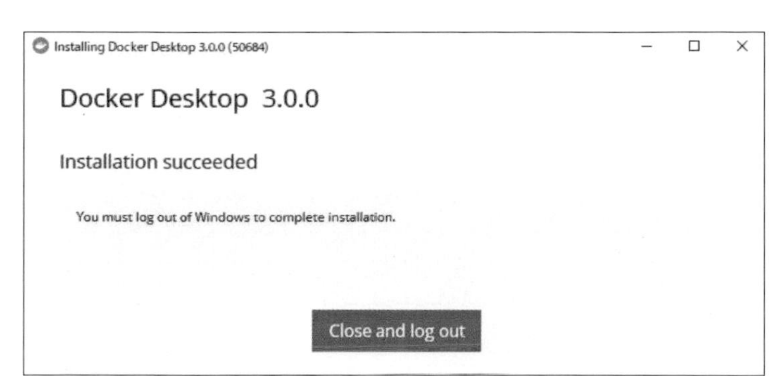

圖 3-2-10
安裝完成

〔步驟〕初次啟動桌面版 Docker 與確認開始畫面

順利安裝完成後，接著啟動 Docker。

初次啟動時會顯示導引教學，但可直接略過沒有關係。

Step 1 初次啟動桌面版 Docker

桌面會新增〔Docker Desktop〕的圖示，雙擊啟動程式。

圖 3-2-11
雙擊〔Docker Desktop〕的圖示

Step 2 確認工作列

工作列會新增鯨魚的圖示，請確認看看。

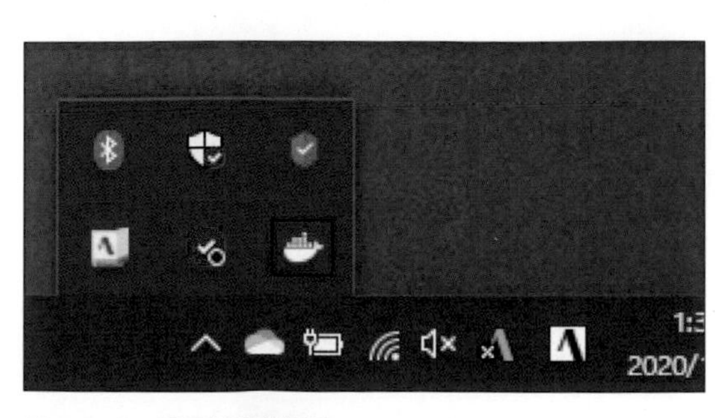

圖 3-2-12　顯示鯨魚的圖示

Step 3 略過導引教學（tutorial）

初次啟動會顯示開始畫面、主畫面，我們直接略過開始畫面的導引教學（當然，也可選擇觀看教學）。

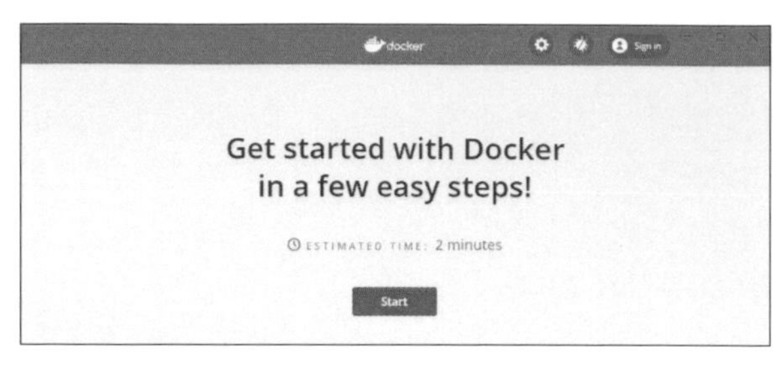

圖 3-2-13　顯示開始畫面

COLUMN：Level ★★★　安裝Docker會占據過多的電腦資源嗎？

結束安裝後，Docker會進入常態執行的狀態。有些人聽完後，可能會擔心：「常態執行不會占據過多的電腦資源嗎？」

Docker的確是常態執行，但只要沒有運行容器，就不會占據過多的電腦資源。

本書在各學習項目都會捨棄容器，沒有占據過多電腦資源的問題，還請各位放心。另外，關於Docker的關閉方式，請見第4章的開頭詳述。

確認桌面版Docker的畫面

Docker 基本上是以指令操作，但桌面版會以 GUI 顯示容器清單等，各位可確認看看。

完成初次啟動後，就會顯示主畫面。主畫面的左側有〔Containers/Apps〕和〔Images〕的分頁。啟動桌面上的 Docker Desktop 圖示、開始功能表中的 Docker Desktop 後，就會顯示主畫面。

確認 Containers/Apps 畫面

先點擊〔Containers/Apps〕分頁，畫面會顯示運行中的容器清單。

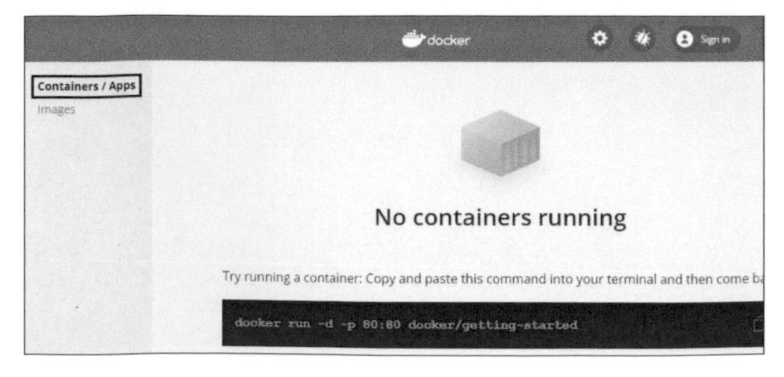

圖 3-2-14　Containers/Apps 畫面

確認 Images 畫面

點擊〔Images<〕分頁，畫面會顯示下載完成的映像檔清單。

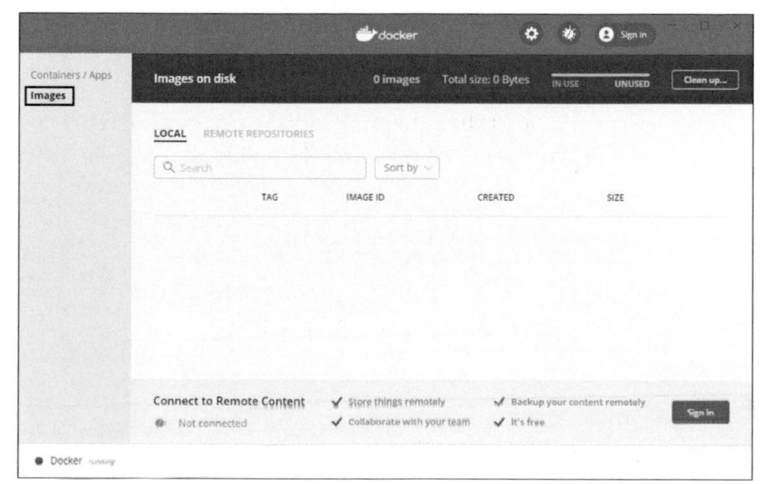

圖 3-2-15
Images 畫面

確認 Docker 的運行情況

畫面左下角的「綠色標記」代表 Docker 正常運行，若非綠色或者未顯示 running 的字樣，則 Docker 有可能未正常運行。

圖 3-2-16　正常運行的情況

圖 3-2-17　更新、停用等未正常運行的情況

確認 Docker 的設定

點擊 Docker Desktop for Windows 的〔Settings〕(⚙圖示)，在「Settings」的畫面可確認、變更 Docker 的設定。

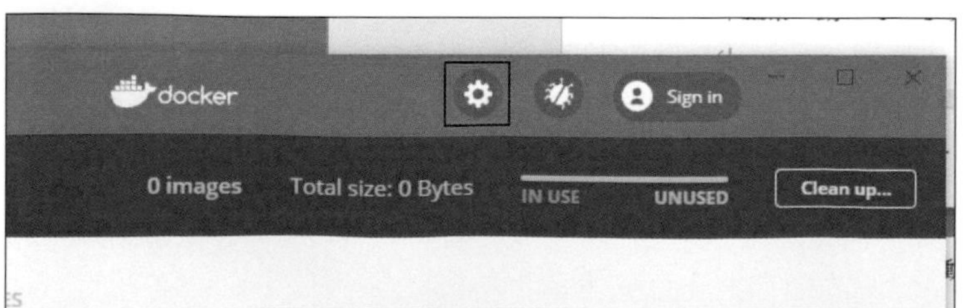

圖 3-2-18
由〔Settings〕按鈕確認設定內容

確認 WSL2 的運行情況

開始操作Docker之前，也建議確認WSL2的運行情況。

請在〔Settings〕中的〔General〕設定畫面，確認有勾選〔Use the WSL 2 based engine〕的選項。另外，若勾除該選項的話，會轉成以Hyper-V運行Docker。

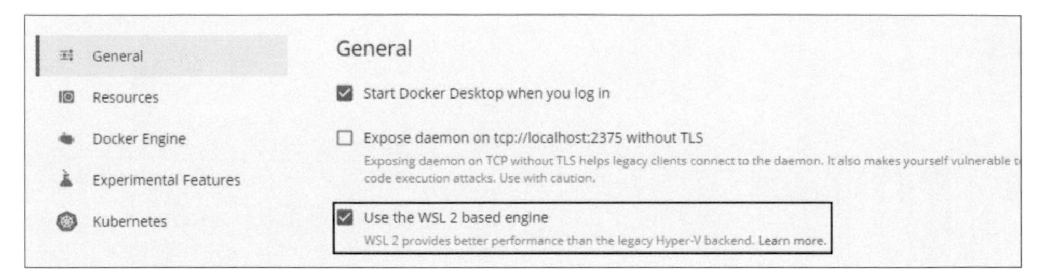

圖 3-2-19　確認 WSL2 的運行情況

COLUMN：Level ★★★　Windows 無法順利運行 Docker 的解決辦法

若Windows顯示「Cannot enable Hyper-V service」、「Not enough memory to start Docker Desktop」等錯誤訊息，無法順利運行Docker的話，請先檢查下述幾點：

顯示「Cannot enable Hyper-V service」的情況

- 啟用Hyper-V
- 在BIOS畫面啟用「Virtualization Technology」

顯示「Not enough memory to start Docker Desktop」的情況

- 電腦是否搭載足夠的記憶體大小。
- 若WSL2版、舊版本（Hyper-V版）已經配備4GB以上的記憶體，卻仍出現該錯誤訊息，則需要變更版本、調整記憶體配額。使用WSL2版時，可能發生記憶體管理的問題，不防嘗試改用舊版本。勾除「General」中的「Use the WSL 2 based engine」再重新啟動Docker，就可切換成舊版本的使用環境。

  若舊版本出現錯誤訊息，則需要調整記憶體配額。點擊工具列中的Docker圖示，打開「Settings」選取「Resources」中的「ADVANCED」，調低「Memory」的值（**圖3-2-20**）。

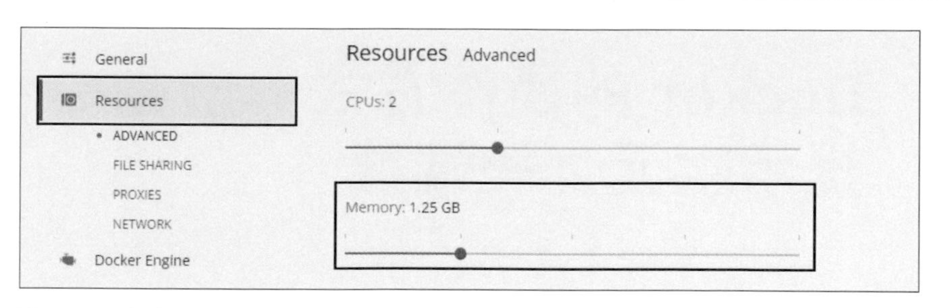

圖 3-2-20　在〔Resources〕調低〔Memory〕的值

顯示其他的錯誤訊息、上述解決辦法無效的情況

- 若顯示其他的錯誤訊息、上述解決辦法無效的話，**最新版軟體可能有重大的更動**，請前往本書的支援網站（P.ii）進行確認。
- 根據建置環境的不同，Docker Engine等軟體常有無法順利運行的情況，而讀者的系統環境千差萬別，筆者難以全數預測各環境下的問題。雖然筆者也想盡可能協助讀者，但由於無法預測個別的問題，如果身邊有可靠的上司、前輩，向他們求助也不失為好方法（記得事後請對方喝一杯、準備答謝的點心）。

COLUMN：Level ★★★　付費版的Docker Engine「Enterprise Edition」

是否順利完成安裝了呢？

前面安裝的Docker Engine是免費使用的「**Community Edition**（通稱CE）」，不過也有付費版的「**Enterprise Edition**（通稱EE）」。

兩者的差異在於，Enterprise版具有**安全保障**，提供**已驗證的基礎架構、外掛程式**、**資安檢測功能**等。

因此，使用Red Hat Enterprise Linux、SUSE等付費版的Linux系統、Windows Server※，或者想要綜合管理的時候，通常會選擇付費版的Docker Engine。這裡要特別說明的是，Windows Sever僅支援Enterprise版，無法使用Community版。

MEMO

Windows Server：
一種Windows的伺服器作業系統，常用於驗證伺服器、檔案伺服器、以.NET Framwork或者C#語言編寫的網路App伺服器等。

SECTION 03

Docker 的操作方式與啟動命令提示字元／終端機

然後，在安裝完成的 Docker 上，輸入幾個指令操作看看。指令的輸入也可利用快捷鍵、履歷輸入，一起找出容易操作的方式。

以命令提示字元／終端機操作 Docker

Docker 安裝完成便會常態執行，不過操作方式相當奇特。

安裝 Windows、Mac 桌面版的使用者，要從使用滑鼠的 GUI 操作，轉為輸入指令（命令）的 CUI 操作（Linux 版的使用者起初就是指令操作）。由於許多人不熟悉 CUI 操作，本節將會詳細說明。已經熟練指令操作的人可忽略後面的內容，直接跳到第 4 章繼續閱讀。

Docker 軟體沒有專門輸入指令的畫面，需要使用其他軟體傳送命令。

Windows 系統需要使用「命令提示字元」；Mac 系統需要使用「終端機」。

不熟悉的人看到這個「黑畫面」，可能會認為是邪惡的駭客工具，但這並非如此厲害的東西。這類向電腦傳送命令的軟體，統稱為「終端軟體」。

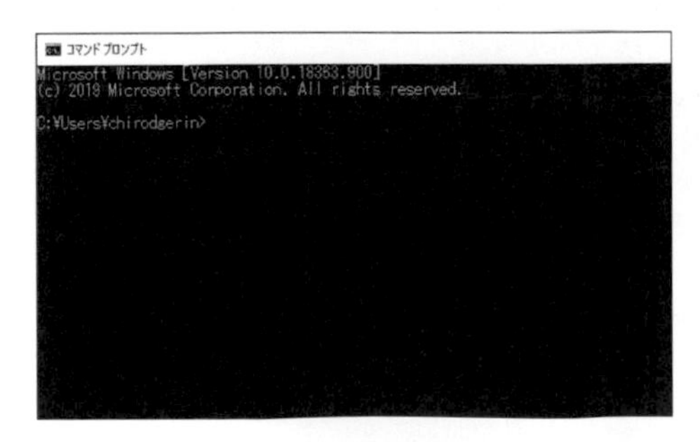

圖 3-3-1　終端軟體

命令提示字元、終端機皆是內建軟體，可直接從開始功能表（Windows）、Launchpad（Mac）開啟。

嘗試啟動終端軟體。

命令提示字元的啟動方式（Windows）

①點擊Windows的開始功能表

②點擊「W」項目中的〔Windows系統〕

③點擊〔命令提示字元〕

```
命令提示字元
Microsoft Windows [版本 10.0.19043.1110]
(c) Microsoft Corporation. 著作權所有，並保留一切權利。

C:\Users\emiya>_
```

圖 3-3-2　命令提示字元

終端機的啟動方式（Mac）

①打開〔Launchpad〕中的〔其他〕檔案夾※19

②點擊〔終端機〕

```
mynavip — -bash — 80×24
Last login: Thu Sep 10 10:18:34 on console
mynavip:~ mynavip$ 
```

圖 3-3-3　終端機

命令提示字元／終端機的注意事項

是否順利啟動了呢？接著，嘗試使用命令提示字元、終端機。命令（指令碼）並沒有想像中的困難。例如，假設已經建立「penguin（企鵝）」容器，想要啟動容器時，僅需要輸入「docker run penguin」；想要停用容器時，僅需要輸入「docker stop penguin」。沒錯，非常簡單。儘管沒有想像中的困難，但初次使用還是會感到生疏吧（順便一提，由於尚未建立該容器，即便輸入指令也沒有辦法操作）。這邊先整理操作命令提示字元、終端機時的注意事項。

※19　也可由 Finder 中的「/應用程式/工具程式」檔案夾開啟。

圖 3-3-4　啟動「penguin」容器的指令

提示字元記述了使用者等訊息

仔細觀看終端軟體，會發現「C:\Users\chiro>」（Windows）、「chiropc: ~chiro $」（Mac）等的字串。Linux 會顯示「[chiro@chiropc~]#」、「[chiro@chiropc~] $」等的字串。這些字串稱為「提示字元（prompt）」，記述了使用者名稱、電腦名稱（主機名稱）、使用者種類等訊息。

由提示字元可確認當前的登入狀況。

Windows的情況

```
C:\Users\ <使用者名稱> >
例：C:\Users\chiro>
```

Mac的情況

```
<電腦名稱> : ~ <使用者名稱> $
例：chiropc: ~chiro $
```

Linux的情況

```
[ <使用者名稱>@<主機名稱> ~]#
例：[chiro@chiropc~]#
```

或者

```
[ <使用者名稱>@<主機名稱> ~] $
例：[chiro@chiropc~]$
```

〔Enter〕鍵是指令操作的基本按鍵

〔Enter〕鍵是，指令操作的基本按鍵。

在上面的例子中，輸入「docker run penguin」等指令碼後，最後必須按下〔Enter〕鍵才會執行該指令碼。

Windows的情況

```
C:\Users\chiro> docker run penguin  ←最後按下〔Enter〕鍵
```

提示字元：C:\Users\chiro>　指令：docker run penguin

Mac的情況

```
chiro@chiropc ~ $ docker run penguin  ←最後按下〔Enter〕鍵
```

提示字元：chiro@chiropc ~ $　指令：docker run penguin

以指令下達開啟、關閉、移動資料夾的命令

在 Windows、Mac 系統，只要點擊就可開啟、關閉軟體，但在終端軟體需要**輸入指令來操作**。同理，打開、移動資料夾等拖放操作也得使用指令。相較於使用 GUI，常會忘記自己目前所在的資料夾，操作時需要留意當前位置。

圖 3-3-5　啟動記事本的指令

Chapter 1
Chapter 2
Chapter 3
Chapter 4
Chapter 5
Chapter 6
Chapter 7
Chapter 8
附錄

可使用複製貼上的快捷鍵

慣用 Linux 的人可能會覺得不對勁，但在 Windows 的命令提示字元中，可使用〔Ctrl〕＋〔C〕、〔Ctrl〕＋〔V〕等複製貼上 ※20 的快捷鍵。在 Mac 的終端機中，也可使用〔command〕＋〔C〕、〔command〕＋〔V〕。

另外，從命令提示字元、終端機的視窗選單，也可進行複製貼上、搜尋。

Linux 系統本來就是以鍵盤 ※21 直接操作，不使用快捷鍵和滑鼠。遠端 ※22（遠距）操作的時候，需要完成連線的終端軟體 ※23。

命令提示字元、終端機中的快捷鍵

項目	Windows	Mac	Linux（直接）
複製	〔Ctrl〕+〔C〕	〔command〕+〔C〕	沒有
貼上	〔Ctrl〕+〔V〕	〔command〕+〔V〕	沒有
歷史指令	〔↑〕鍵	〔↑〕鍵	〔↑〕鍵

按下方向鍵〔↑〕呼叫前面的指令碼

在輸入指令碼的時候，還有一項有幫助的功能，亦即上表中的歷史指令。當天輸入過的指令碼，可用方向鍵的〔↑〕鍵重複呼叫。

指令碼執行結束後，會顯示下一行提示字元

執行指令碼的時候，新手可能分不清是正在執行，還是已經結束。基本上，指令碼執行結束後，會顯示下一行提示字元。若未出現下一行提示字元，代表指令碼尚在執行中，請耐心等待它跑完。

關閉命令提示字元／終端機，不會連同關閉 Docker

點擊視窗上的〔×〕按鈕 ※24，可關閉命令提示字元、終端機。

Docker Engine 和終端軟體是不同的軟體，關閉終端軟體時不會一併關閉 Docker Engine。

※20 命令提示字元過去不可使用快捷鍵，但自 Windows 10 以後增加快捷鍵的功能。
※21 搭載 Linux 的筆記型電腦，也是以鍵盤直接操作。
※22 參見 P.66 的專欄詳述。
※23 常見的有 Tera Term、PuTTy 等。
※24 輸入「exit」也可關閉終端軟體。不過，在容器內部操作的時候，「exit」指令僅會結束容器的操作，需要再輸入一次「exit」才會關閉終端軟體。

想要結束 Docker Engine 的時候，需要另外進行關閉的操作（此時，容器會跟著關閉）。Docker Engine 的關閉方式，細節請見 P.73 詳述。不過，在伺服器上使用 Docker 的時候，停用 Docker Engine 會連同關閉所有的容器，不推薦這樣操作。

〔步驟〕使用命令提示字元／終端機

命令提示字元、終端機的操作不同於平時的電腦用法，起初或許會不太適應。雖然與 Docker 沒有直接關聯，但本章的最後來介紹一個操作。在操作之前，先參考 P.60 的內容啟動命令提示字元／終端機。

Step 1 輸入「確認和變更日期」的指令

在提示字元（「C:\Users\（使用者名稱）>」等）後面，輸入「date」再按下〔Enter〕鍵。

✎輸入的內容

```
C:\Users\chiro>date   …輸入完後按下〔Enter〕鍵
```

Step 2 顯示日期與變更的提示字元

畫面顯示當前日期和變更的提示字元，可輸入新日期進行變更。這邊不改變日期，什麼都不輸入直接按下〔Enter〕鍵。

✎輸入的內容

```
現在日期是： 2020/08/17
輸入新日期：（年－月－日)」 …按下〔Enter〕鍵
```

Step 3 關閉終端軟體

想要結束命令提示字元、終端機時，輸入「exit」再按下〔Enter〕鍵。

✎輸入的內容

```
C:\Users\chiro>exit   …輸入後按下〔Enter〕鍵
```

本書後面的內容不會再提醒「按下 Enter 鍵」，輸入完指令碼後請別忘記按下。

COLUMN：Level ★★★　何謂SSH？遠端（遠距）操作

前面是運行自己電腦中的Docker Engine，以命令提示字元、終端機直接操作。但實務上，也會碰到不使用自己的電腦，而是使用Linux伺服器※中的Docker Engine。此時，需要先以「SSH連線軟體（SSH用戶端軟體）」連線至伺服器，再操作Docker Engine。這就像是Windows中的遠端桌面連線※。

SSH連線軟體類似終端軟體，可遠端（遠距）操作實體電腦，具有適用遠端操作的功能，如需要輸入伺服器名稱與密碼、加密通訊等。

常見的SSH連線軟體包括Tera Term、PuTTy等。

MEMO

其他的Linux伺服器：
Windows Server支援企業版的Docker。

MEMO

Windows中的遠端桌面連線：
操作介面不是GUI。

COLUMN：Level ★★★　在Linux主機、虛擬主機、租賃環境建置Docker

3-1節提到過下述三種Docker的使用方式。本書講解採取③的方式，省略了①、②的詳細說明，為了顧及想以①、②方式學習的讀者，本專欄就來進一步解說。

① 在Linux系統下使用Docker
② 在Windows、Mac系統下，以虛擬主機、租賃環境操作Docker
③ 使用Windows版、Mac版的Docker

① 在 Linux 系統下使用 Docker

由於Docker「需要Linux環境」，可知最簡單的使用方式是，準備搭載Linux系統、64bit版※的電腦，再安裝Docker Engine（**圖3-3-6**）。

尤其，實際操作伺服器的時候，多是在Linux系統下運作Docker。「搭載Linux系統的電腦」聽起來好像很困難，但不需要過於鑽牛角尖，就只是使用Linux的作業系統而已。你正在使用的Windows電腦，可覆蓋當前的作業系統改成Linux電腦（Mac也可更改作業系統，但步驟相當麻煩）。

簡言之，電腦分成32bit版和64bit版，需要留意僅64bit版可安裝Docker。

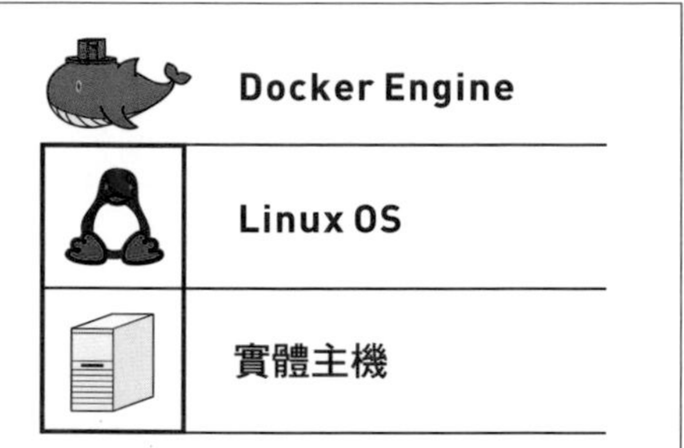

圖 3-3-6
在 Linux 電腦安裝 Docker

使用Linux電腦學習的優點，除了接近實際的使用情況外，相較於使用後面的虛擬主機、租賃環境，不需要Docker和Linux以外的知識，學習上比較單純。

尤其，若你想要正式學習網路、伺服器，建議使用過去淘汰的電腦、2～3萬日圓的二手筆記型電腦※，改造成練習用的Linux電腦，基本上只要Core 2 DUO※以上的處理器就可運行。開機後立即接觸Linux系統，也可用於Docker以外的知識學習。

然而，即便是工程師，平常也鮮少使用Linux電腦，而非工程師的使用者，甚至可能沒有接觸Linux的經驗。

從頭準備Liunx電腦不困難，但需要安裝Linux系統※。

若覺得「好像有點困難」的話，不必勉強使用Linux電腦，可先以②、③的方式學習，習慣後再來挑戰。

附錄收錄了Linux環境的安裝步驟，請讀者自行翻閱。

MEMO

二手筆記型電腦：
務必確認系統為64bit版，別因價格便宜就直接購買。

MEMO

Core2DUO：
隨著Docker不斷更新，低規格電腦可能無法運行。購買前，請先於官網確認最新的使用要求。

MEMO

安裝Linux系統：
僅需要遵循對話框的指示，準備過程並不困難。

在Linux電腦運行Docker的使用要求

- 搭載Linux系統的電腦（可使用過去淘汰的舊電腦、二手的筆記型電腦）
- Linux系統（網路下載Ubuntu、CentOS等發行版）
- 安裝用的空白DVD-R光碟、USB碟
- 安裝Linux系統的相關知識

▶接續下一頁

② 在 Windows、Mac 系統下，以虛擬主機、租賃環境操作 Docker

先討論以虛擬主機安裝Docker的方式。

若平時使用的電腦已有VirtualBox、VMware等虛擬主機軟體，可直接以該軟體建置Linux系統主機來安裝Docker Engine。任職於IT企業的讀者，應該很多人都有在使用才對。

虛擬主機軟體是指，在電腦上再追加運行1台（或者多台）電腦的軟體。操作上如同平時使用的電腦，可直接開關新增的電腦，也不會占據實體空間。

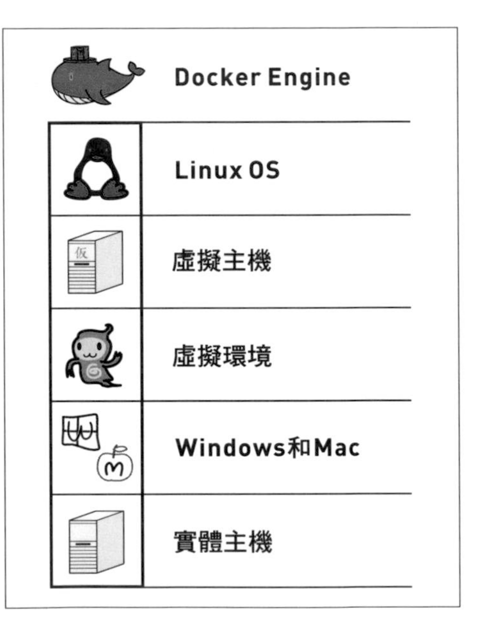

圖 3-3-7　在虛擬主機安裝 Docker

然而，面對使用電腦運行其他電腦……這種多重結構，在習慣虛擬主機的操作前，可能會覺得有些難以理解吧。除了需要設定網路外，也得安裝Linux系統。

另外，僅為運行Docker而安裝虛擬主機軟體時，安裝Docker Engine前需要額外調整虛擬環境，這會占據相應的電腦資源，多多少少有些麻煩。

這部分是平時有無使用虛擬主機、電腦規格、個人喜好的問題。

相較於實體的Linux電腦，虛擬主機準備起來比較簡單，不失為一個好方法。

在虛擬主機運行Docker的使用要求

- VirtualBox、VMware等虛擬主機軟體
- 虛擬主機軟體的相關知識（網路設定等）
- Linux作業系統（網路下載Ubuntu、CentOS等發行版）
- 安裝用的空白DVD-R光碟、USB碟

接著討論在租賃環境安裝Docker的方式。雖然想要使用Linux，但虛擬主機的規格要求太高，或者不想對自家電腦造成任何影響的時候，可在雲端服務、VPS等組賃環境※建置Docker。就租賃環境而言，可舉SAKURA Internet的「SAKURA雲端服務」、「VPS」（虛擬專用伺服器）、AWS的「EC2」※等。

MEMO

在雲端服務、VPS等租賃環境上：
安裝Docker需要具備相應的權限。除了雲端服務、VPS外，普通的租賃伺服器大多無法安裝Docker。

MEMO

AWS「EC2」：
說到AWS上的Docker，可能會聯想到「ECS」、「EKS」等調度管理工具，但使用這些工具時，Docker本體仍舊需要EC2。

由於不是建置於自家電腦，不需要時可直接刪除、解約租賃環境，使用時也不用顧慮電腦的規格。

然後，在安裝方面也具有吸引力，選擇已搭載Linux的租賃環境（VPS）、一鍵架設的服務（雲端服務），就可輕鬆建置Linux環境。

不過，理所當然地，使用時需要可連線的環境，也需要**租賃環境的相關知識**。**費用是根據使用量計算**，應避免「租借後就忘記解約」的情況。

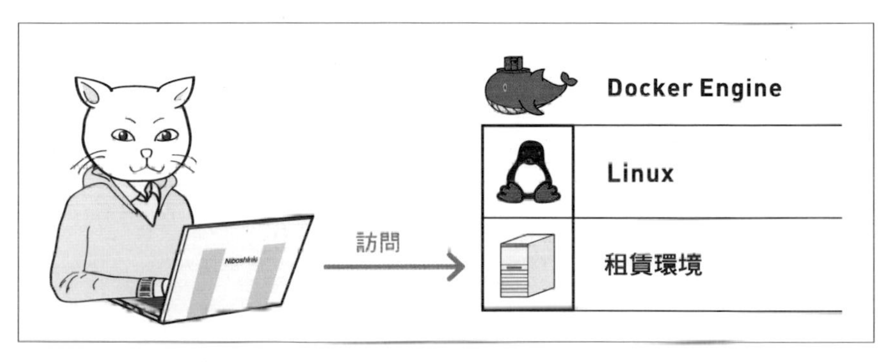

圖 3-3-8　在租賃環境安裝 Docker

在租賃環境運行Docker的使用要求

- 雲端服務、VPS等的租賃環境
- 租賃環境的相關知識（網路設定等）
- 費用（付費版※。註冊時需要加入信用卡※）

MEMO

付費版：也可盡量在免費試用期間完成所有學習。

MEMO

註冊時需要加入信用卡：留意續訂扣款。

COLUMN：Level ★★★ 組團學習

若覺得Docker的學習有些困難，不妨與同仁、朋友組成團隊一起學習。獨自一人可能遇到挫折、不甚瞭解的地方，與隊友切磋合作總會有辦法解決問題。此時，不妨借用公司裡多餘的電腦。而且，你們的目的是學習Docker，前輩、上司也會樂於幫忙安裝Linux系統。

雖然尋求協助可能令人退縮，但比起「不懂Linux、Docker的人才」，前輩、上司更欣賞「不懂Linux但瞭解Docker的人才」。幫助你學會使用Docker的知識，也能夠為他們帶來許多好處。在學習Docker的過程中，自然就會熟悉Linux，倒過來學習也是不錯的選擇。

使用Docker建立容器

CHAPTER

4

本章開始動手練習建立、刪除容器等操作，雖然Docker的指令好像不容易上手。但只要瞭解每個指令的意義，會發現沒有想像中的困難。一步一腳印慢慢學習吧！

SECTION 01

啟動、停用 Docker Engine

本章終於要進行容器的操作了。在開始之前，先來複習一下上一章的內容，確認如何啟動、停用安裝完成的 Docker Engine。

啟動、停用 Docker Engine

前一章已經安裝了 Docker Engine。Docker Engine 安裝後會自行啟動，在背景常態執行，但只要沒有運行容器，就不會占據過多的電腦資源。伺服器本來就需要 24 小時 365 天持續運作，所以 Docker 也通常不會停用運行。不過，本書的目的僅為學習之用，介意的人可選擇停用程式。

桌面版的 Docker Engine 是預設自動啟動，若沒有關掉該項功能的話，每次開機都會啟動程式。而 Linux 版並未預設自動啟動，但實際使用時不太方便，建議改成自動啟動。然後，兩種版本所裝載的容器不一樣，但這僅只是 Docker Engine 的問題。無論是桌面版還是 Linux 版，停用 Docker Engine 後容器都會跟著停用。

容器無法設定成自動啟動 ，當停電造成伺服器斷電，想要恢復 Docker Engine 的同時也恢復容器的話，需要於 Docker Engine 外部另外準備啟動容器的腳本（程式）才行（**圖 4-1-1**）。在新手的階段不必注意這件事，僅需要記得「Docker Engine 可設定成開機時自動啟動，但容器無法這樣設定」。

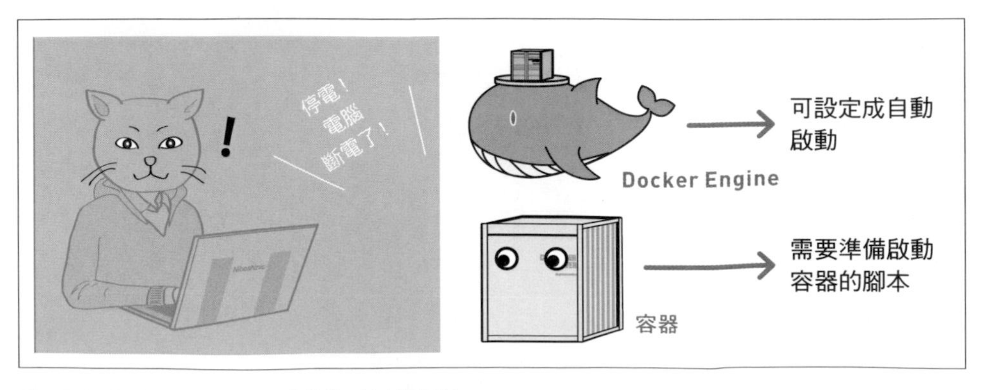

圖 4-1-1　Docker Engine 可自動啟動，但容器不行。

Windows 的情況

① **啟動 Docker Engine**

開啟螢幕左下角的開始功能表 ➡ 點擊Docker Desktop

② **停用 Docker Engine**

點擊螢幕右下角工具列中的Docker Desktop（鯨魚圖示）➡選擇「Quit Docker Desktop」

③ **設定自動啟動**

點擊工具列中的Docker Desktop（鯨魚圖示）➡選擇「Settings」➡選擇展開畫面中的「General」➡確認勾選「Start Docker Desktop when you log in」（想要關閉自動啟動時，勾除該選項）

Mac 的情況

① **啟動 Docker Engine**

開啟Finder的「應用程式」檔案夾➡雙擊Docker Desktop

② **停用 Docker Engine**

點擊螢幕右上角狀態選單中的Docker（鯨魚圖示）➡選擇「Quit Docker Desktop」

③ **設定自動啟動**

點擊螢幕右上角狀態選單中的 Docker（鯨魚圖示）➡選擇「Preferences」➡選擇展開畫面中的「General」➡確認勾選「Start Docker Desktop when you log in」（想要關閉自動啟動時，勾除該選項）

Linux 的情況

Linux 需要管理員（root）權限啟動、停用 Docker Engine，分別輸入下述指令再按下〔Enter〕鍵。另外，sudo 是以管理員權限執行的指令。

① 啟動Docker Engine

```
sudo systemctl start docker
```

② 停用Docker Engine

```
sudo systemctl stop docker
```

③ 設定自動啟動

```
sudo systemctl enable docker
```

容器的基本操作

SECTION 02

終於要來操作容器了。先學習操作指令的內容，再實際輸入簡單的指令。

容器基本上是以Docker指令來操作

容器的操作基本上是以指令碼下達命令。在命令提示字元、終端機的畫面中，直接於提示字元[※1]後面輸入指令碼。

操作容器的指定碼開頭都是「docker」[※2]，docker後面接著輸入「主體」、「動作」、「對象」，再按下〔Enter〕鍵執行。

操作容器的指令

```
docker ～
```

指令與對象

在docker的後面，「主體」、「動作」的部分稱為「指令」。指令是由「上級指令[※3]」和「副指令[※4]」所構成，上級指令的部分相當於「主體」；副指令的部分相當於「動作」。然後，「對象」需要輸入容器、映像檔的等具體名稱。換言之，docker後面會依序指定「主體」、「動作」、「對象」。

指令的基本結構

```
docker  指令  對象
       └─┘└─┘
   上級指令 副指令
```

※1 細節請見第3章的P.62。

※2 技術書籍通常會省略使用者名稱、伺服器名稱，直接於最前面標示「>」、「#」、「$」，但本書考慮到Docker的性質不會標記成「>」、「#」、「$」。

※3 top-level solo commands。

※4 sub-command。

例如，想要以「container（容器）」「run（執行）」名為「penguin（企鵝）」的映像檔時，會輸入下述指令碼。※ 此僅為範例，無法執行不存在的映像檔。

執行名為penguin（企鵝）的映像檔

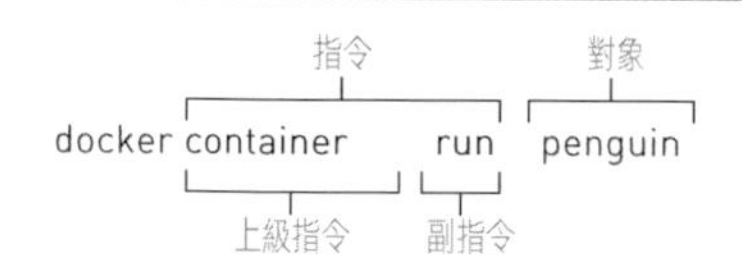

讀者可能不瞭解「對象」和「上級指令（主體）」的差異，上級指令包含「container（容器）」、「image（映像檔）」等對象，僅有 12 個種類[※5]。對象的部分則需要指定具體的名稱。

因此，若想要「pull（下載）」名為「penguin」的映像檔，則輸入指令碼：

```
docker image pull penguin
```

若想要以容器「start（開始）」名為「penguin」的映像檔，則輸入指令碼：

```
docker container start penguin
```

選項與參數

實際見過操作 Docker 情況的人，看到的可能是更冗長的指令。雖然基本結構也是 docker〔指令〕〔對象〕，但除了「對象」外，指令碼還會輸入「選項」、「參數」等附加資訊。

例如，在「container run」指令後加上「-d」選項；在「penguin」對象後加上「--mode=1」參數，如下所示：

加上選項和參數的指令碼

指令　選項　對象　參數

```
docker container run -d penguin --mode=1
```

上級指令　副指令

※5　2021 年 1 月時的種類數，細節請見後面詳述。

「-d」是「在背景執行」的意思；「--mode=1」是「以模式 1 啟動」的意思，但並非所有的指令碼都會加上選項、參數，大多是僅有指令和對象的簡單形式。

雖然也有加上多個選項、參數的複雜指令碼，但僅限少數情況，常用的選項、參數不多，建議可直接記起來。

指令基本結構的統整

總結來說，指令的基本結構如下：

docker 的指令基本形式

在新手階段，先確實記住「docker 指令 對象」的形式，瞭解也會出現指令加上選項、對象加上參數的形式即可。然後，下面再稍微詳細說明「指令」、「選項」、「對象」、「參數」。

指令（上級指令／副指令）

Docker 指令後面會輸入「主體」「動作」等指示，想要「啟動」「容器」的時候，指令碼可輸入「container start」等。不過，由指令的歷史演變 ※6 來看，「start」、「run」等指令不加上「container」也會執行容器，習慣上多直接省略。本書也會在允許的地方採用省略形式。

指令的輸入範例

```
docker container run
```

「**docker container run**」省略後的輸入範例

```
docker run
```

選項

選項是對指令進行細項的設定，如在背景運行的「-d」；以鍵盤操作的「-i」、「-t」等，設定指令的執行方式、向指令傳遞某值。添加的選項會因指令而異。

※6　參見 P.78 的專欄。

選項前面一般會先輸入「-」「--」，但也有不加上「-」符號的情況。另外，「-」和「--」的區別沒有明確的基準[※7]，屬於指令編寫者的喜好問題。

選項的輸入範例

```
-d
--all
```

想要向指令傳遞某值時，可於「--name」等選項後面輸入選項值。

在「**--name**」後面輸入選項值（**penguin**）的範例

```
--name penguin
```

「-d」等由「-」和單一字母組成的選項，可統整起來一次輸入，如「-d」、「-i」、「-t」可輸入成「-dit」。

統整「**-d**」「**-i**」「**-t**」的輸入範例

```
-dit
```

對象

指令的「主體」「動作」可指定具體的名稱。想要以容器啟動名為「penguin」的映像檔時，指令碼可輸入「container start（選項）penguin」。

參數

向對象傳遞期望的值，如指定字元編碼、埠號等，但指定參數的情況並不多。例如，WordPress 搭配 MySQL 的時候，MySQL 端需要設定 3 個參數對應 WordPress 的舊式驗證方式等，使用的情況相當有限。輸入方式跟選項相同，前面通常會先輸入「-」或「--」。

參數的輸入範例

```
--mode=1
--style nankyoku
```

※7　選項的輸入形式取決於編寫者的判斷，會因指令長短而有所不同。習慣上，較短的指令、「省略形式」傾向使用「-」；較長的指令傾向使用「--」。另外，Linux 指令大多為省略形式。

COLUMN：Level ★★★　上級指令可省略！？

自Docker 1.13重新設計指令後，統一上級指令加上副指令的輸入語法※，且部分指令本身也跟先前的版本不同。例如，在舊版指令中，「container run」可僅輸入「run」，但在新版指令中，這類指令全部改成「上級指令＋副指令」的語法。

為了維持與舊版指令的相容性，目前仍支援舊版語法（省略上級指令的形式），但總有一天會停止支援※，建議儘早習慣「具有上級指令」的指令語法。

舊指令的輸入語法（docker run的例子）

```
docker run penguin
```

重新編列後的輸入語法（docker run的例子）

```
docker container run penguin
```

MEMO

統一輸入語法：
僅部分的指令語法，維持省略上級指令的單獨指令（Solo Command）。

MEMO

總有一天會改變：
雖然目前仍支援舊的輸入語法，但Docker Engine有重大更新後，可能捨棄舊版語法。若你在比本書出版時更遙遠的未來，遇到指令碼無法執行的情況，可能就是不支援舊的輸入語法了。

〔步驟〕輸入簡單的指令碼

現在，要開始實際輸入指令碼。一開始先挑戰簡單的指令「docker version」，這是僅顯示 Docker 版本的指令，可不加上選項、參數、對象直接執行。而且，該指令不會對 Docker、電腦造成任何影響，請放心地嘗試。

在命令提示字元／終端機畫面中，提示字元的最後一行輸入指令碼，再按下〔Enter〕鍵。執行後，下一行提示字元會顯示執行結果。

Step 0 事前準備

若 Docker Engine 處於停用狀態，請先啟動。然後，開啟命令提示字元／終端機等終端軟體。

Step 1 執行「version」指令

在終端軟體最後一行的提示字元後面，輸入「docker version」再按下〔Enter〕鍵。

輸入的內容

```
docker version
```

執行結果

```
Client: Docker Engine - Community
Version:           19.03.12
API version:       1.40
Go version:        go1.13.10
Git commit:        48a66213fe
Built:             Mon Jun 22 15:43:18 2020
OS/Arch:           windows/amd64
Experimental:      false
…（以下省略）
```

是否順利顯示版本資訊呢？

「docker version」是簡短的指令碼，若未順利顯示結果的話，請檢查有沒有拼字錯誤。該指令碼執行多少次都不會有任何問題，建議多練習幾次來習慣終端軟體。

具代表性的指令

本節會統整介紹一些具有代表性的指令。不過，這些可先大致瀏覽，再於動手實作加深印象。後面會一一說明各個指令。

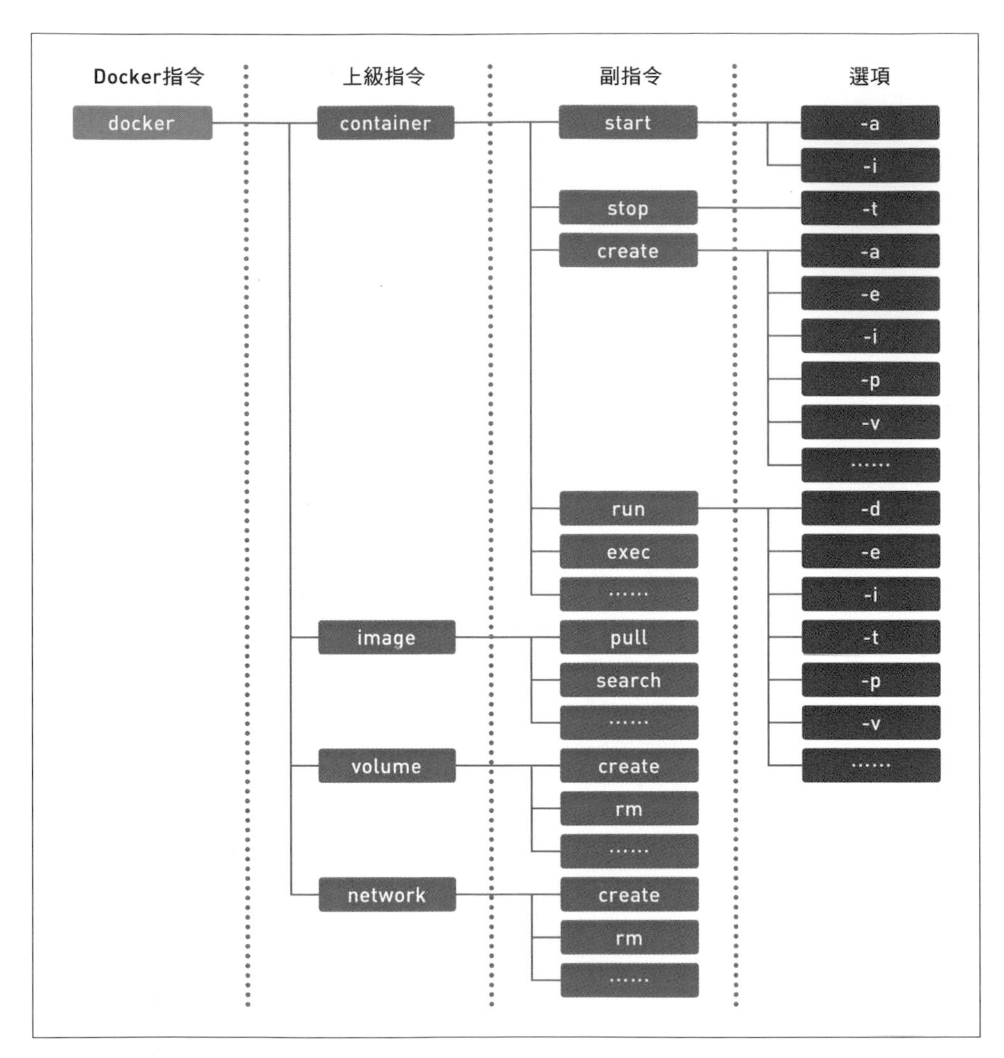

圖 4-2-1　具代表性的指令

有關容器操作的指令（上級指令為「container」）

啟動停用容器、顯示容器清單等，用來操作容器的指令。以副指令指定對容器執行什麼動作。

```
docker container 副指令 選項
```

主要的副指令

副指令	內容	省略	常用的選項
start	啟動容器	可	-i
stop	停用容器	可	不常指定
create	以Dcoker映像檔建立容器	可	--name -e -p -v
run	下載Docker映像檔，並建立啟動容器（僅用於需要下載的情況）。整合docker image pull、docker container create、docker container star等一串動作。	可	--name -e -p -v -d -i -t
rm	刪除停用的容器	可	-f -v
exec	在運行中的容器執行程式	可	-i -t
ls	顯示容器清單	*1	-a
cp	在Docker容器和Docker主機間複製檔案	可	不常指定
commit	以Docker容器建立映像檔	可	不常指定

可省略的指令是將「docker container 副指令」省略成「docker 副指令」，以便相容舊版語法。

*1：省略形式為「docker ps」

有關映像檔操作的指令（上級指令為「image」）

下載、搜尋映像檔等，用來操作映像檔的指令。以副指令指定對映像檔執行什麼動作。

```
docker image 副指令 選項
```

主要的副指令

副指令	內容	省略	常用的選項
pull	由Docker Hub等儲存庫下載映像檔	可	不常指定
rm	刪除Docker映像檔	*2	不常指定
ls	顯示已經下載的映像檔清單	不可	不常指定
build	建立Docker映像檔	可	-t

可省略的指令是將「docker image 副指令」省略成「docker 副指令」，以便相容舊版語法。

*2：省略形式為「docker rmi」

Chapter 1
Chapter 2
Chapter 3
Chapter 4
Chapter 5
Chapter 6
Chapter 7
Chapter 8
Appendix

有關卷宗操作的指令（上級指令為「volume」）

建立、刪除卷宗、顯示卷宗清單等，用於操作卷宗（容器可掛載的儲存空間）的指令。以副指令指定對卷宗執行什麼動作。

```
docker volume 副指令 選項
```

主要的副指令

副指令	內容	省略	常用的選項
create	建立卷宗	不可	--name
inspect	顯示卷宗的詳細資訊	不可	不常指定
ls	顯示卷宗的清單	不可	-a
prune	刪除所有目前未掛載的卷宗	不可	不常指定
rm	刪除指定的卷宗	不可	不常指定

卷宗指令是比較新的指令，舊版語法沒有這個指令。

有關網路操作的指令（上級指令為「network」）

建立、刪除 Docker 網路；與容器連線、切斷等，用於操作 Docker 網路的指令。Docker 網路是指，Docker 間彼此連接的虛擬網路。

```
docker network 副指令 選項
```

主要的副指令

副指令	內容	省略	常用的選項
connect	容器連線網路	不可	不常指定
disconnect	容器切斷網路	不可	不常指定
create	建立網路	不可	不常指定
inspect	顯示網路的詳細資訊	不可	不常指定
ls	顯示網路的清單	不可	不常指定
prune	刪除所有目前未連線的網路	不可	不常指定
rm	刪除指定的網路	不可	不常指定

其他的上級指令

其他的上級指令如下表，幾乎是有關 Docker Swarm[※8] 的指令，在新手階段不會用到。可等到自己更加熟練後，再視需要確認內容。

主要的上級指令

上級指令	內容
checkpoint	暫時保存當前的狀態，可之後再返回該狀態。實驗性的功能
node	管理Docker Swarm節點的功能
plugin	管理外掛程式的功能
secret	管理Docker Swarm機密資訊的功能
service	管理Docker Swarm服務的功能
stack	管理以Docker Swarm、Kubernetes集結各種服務的堆疊
swarm	管理Docker Swarm的功能
system	取得Docker Engine的資訊

單獨指令

Docker 有四個具有特殊定位、沒有上級指令的指令，主要用於 Docker Hub 的搜尋、登入等。

單獨指令[※9]

單獨指令	內容	常用的選項
login	登入Docker Registry	-u -p
logout	登出Docker Registry	不常指定
search	搜尋Docker Registry	不常指定
version	顯示Docker Engine與指令的版本	不常指定

※8 調度管理的功能。與 Kubernetes 不一樣。
※9 Solo Command。

SECTION 03

容器的建立、刪除、啟動與停用

輸入簡單的指令確認了 Docker 的版本，本節將會使用更加正式的指令來操作容器。

「docker run」指令與「docker stop」、「docker rm」

接著實際建立、啟動容器。啟動容器需要使用「docker run（docker container run）」的指令。此指令會建立、啟動 Docker 的容器。由於容器的建立需要映像檔，當該指令找不到映像檔時，會自行下載映像檔。

雖然 Docker 分別有建立容器的「docker create（docker container create）」；啟動容器的「docker start（docker container start）」；下載映像檔的「docker pull（docker image pull）」，但一般會使用整合這些指令的「docker run」。

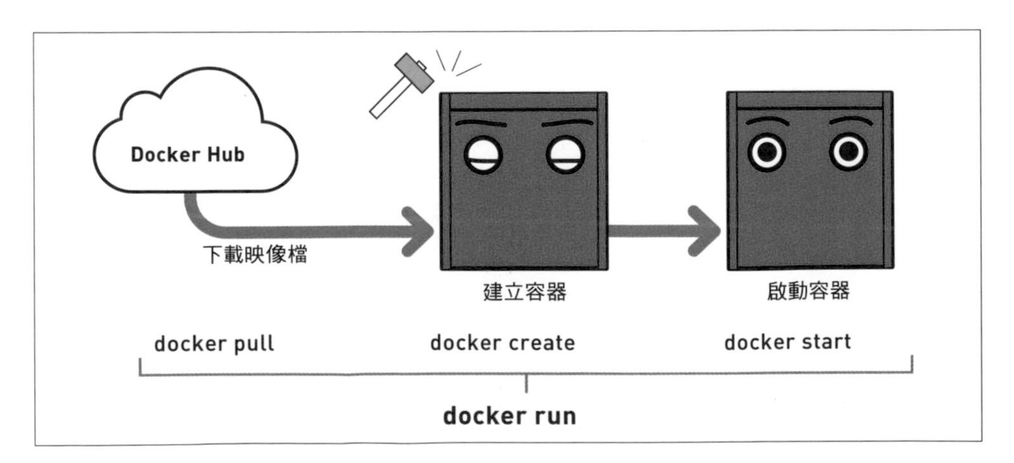

圖 4-3-1 docker run 指令具有三項功能

成功啟動容器後，還得知道停用、捨棄容器的方式。第 2 章曾説過：「Docker 的容器具有生命週期，用完即捨棄」，從建立完成到捨棄刪除就是容器的生命週期。

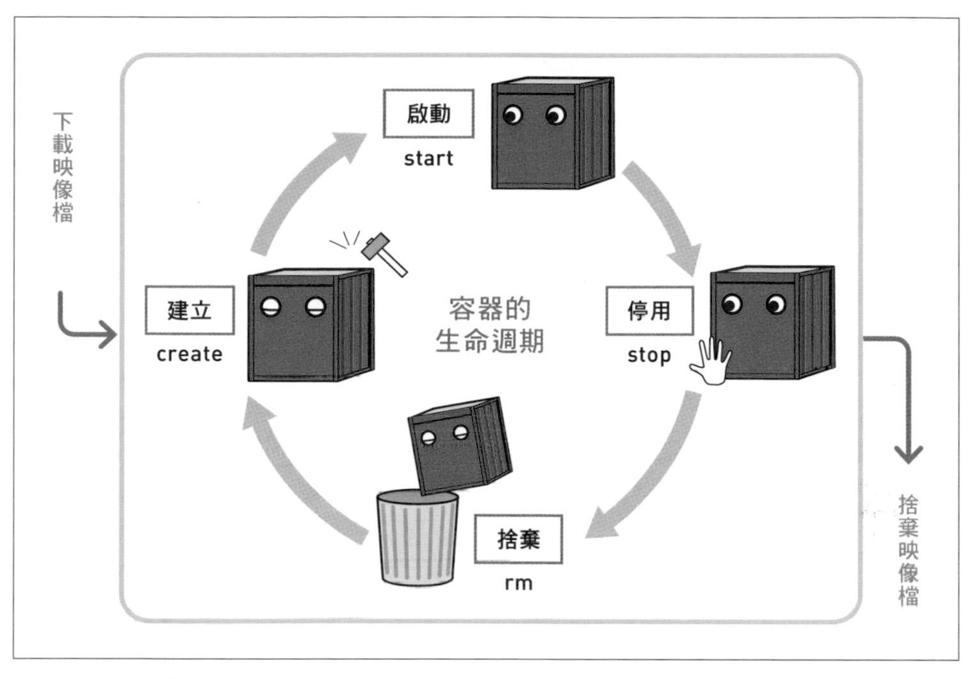

圖 4-3-2　容器的生命週期

雖然捨棄建立完成的容器感覺很可惜，但為了在後面的步驟熟悉容器的操作，除了建立、啟動外，也需要停用與捨棄。「建立、啟動」、「停用」、「刪除」是最常執行的容器操作。捨棄容器之前得先停用，沒辦法突然刪除正在運行的容器。直接關掉運轉中的伺服器很危險，刪除之前務必先停用容器。

先使用「docker stop（docker container stop）」停用容器，再使用「docker rm（docker container rm）」。後面會分別解說指令。

建立、啟動容器的指令 docker run（docker container run）

建立、啟動容器的指令，整合了 docker image pull、docker container create、docker container start 一連串的動作。如前所述，當該指令找不到映像檔時，會自行下載映像檔。在「對象」的部分，輸入欲使用的映像檔名稱。

容器的名稱可用選項「--name」來指定。除了「--name」外，常用的選項還有指定埠號的「-p」、掛載卷宗的「-v」、容器連接網路的「--net」等。另外，以常駐程式（daemon，請見後面詳述）的方式執行軟體的容器，指令後面常會加上「-d」、「-i」、「-t」※10，這些選項可整合輸入成「-dit」，非常方便。

※10　請見後面的專欄。

指定的參數會因映像檔的種類而異，如 MySQL 的映像檔，會指定登入 ID、密碼、字元編碼、字符對照表的參數，但多數情況不會指定的參數。

常用的輸入範例

常用的選項（run）　對象（映像檔）

docker run　（選項）　映像檔　（參數）

常用的選項

選項的格式	內容
--name 容器名稱	指定容器的名稱
-p 主機埠號：容器的埠號	指定埠號
-v 主機目錄：容器的目錄	掛載卷宗
--net=網路名稱	容器連線網路
-e 環境變數名稱=值	指定環境變數
-d	在背景執行
-i	容器對應操作裝置（鍵盤）
-t	可使用特殊鍵
-help	提示用法

「-p」是「--publish」；「-v」是「--volume」；「-e」是「--env」；「-d」是「detach」；「-i」是「--interactive」；「-t」是「--tty」的省略形式。

停用容器的指令 docker stop（docker container stop）

用來停用容器的指令。刪除容器前得先停止運行。此指令鮮少指定選項、參數。

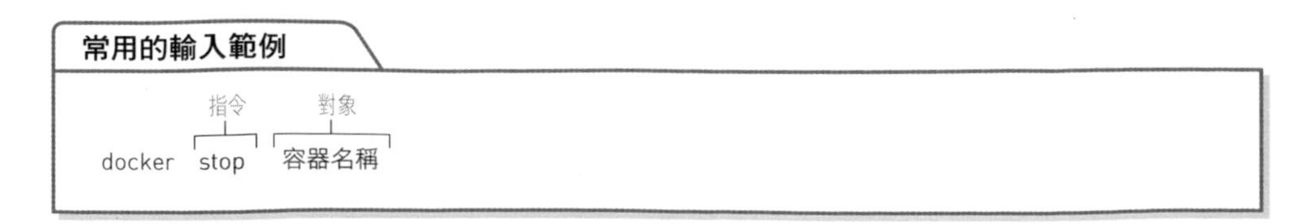

刪除容器的指令 docker rm（docker container rm）

用來刪除容器的指令。對未停用的容器執行，會顯示錯誤訊息而無法刪除。此指令鮮少指定選項、參數。

常用的輸入範例

docker rm 容器名稱

COLUMN：Level ★★★　單次執行的容器與常駐執行的容器

容器裝載了各式各樣的東西，根據容器需要指定不同的選項、參數，有的需要許多指令碼，有的卻完全不需要。例如，「docker run」後面常見「-d」、「-i」、「-t」等選項，但也有不加上選項的情況，這是初學者容易感到困擾的地方。

如前所述，「-d」是「在背景執行」的選項；「-i」、「-t」是以鍵盤操作容器時所需的選項。若沒有加上「-d」的話，容器啟動後會一直占據控制，直到程式執行結束無法輸入其他的指令；若沒有附加「-i」、「-t」的話，無法使用鍵盤操作容器的內容。

這些看似「必要」的選項，有時會附加有時卻不會附加。

因為容器分為「僅單次執行的容器」與「以常駐程式※的方式執行的容器」。僅單次執行的容器，執行後會立即結束，暫時被占據控制也沒有關係。但是，常駐程式等持續執行的程式不會立即結束，一旦被占據控制就麻煩了。

另外，需要操作內容的容器，指令後面會加上「-i」、「-t」，但若容器執行後立即結束的話，由於不太需要更動內容，也就不必加上選項。

綜上所述，根據容器的種類，需要的選項有所不同。

MEMO

常駐程式：
在UNIX、Linux上執行的程式中，常態執行、在背景持續運行的程式，習慣上稱為「常駐程式（daemon）」，如通知郵件無法送達的「信件回送程式（mailer-daemon）」。

「docker ps」指令

除了有關容器生命週期的指令外，還有一個常用的指令是「docker ps（docker container ls）」。

此指令用來顯示容器的清單，「docker ps」可列出運行中的容器清單；「docker ps -a」加上選項後，可列出所有（包含停用的容器）的容器清單。

顯示容器的清單

```
        指令
docker  ps  （選項）
```

該指令可於啟動、停用容器後，檢查容器是否為期望的狀態，也可用來確認容器的資訊。在後面的動手實作，也會多次出現這個常用指令。

若你有仔細閱讀本小節的開頭內容，可能會對「docker ps（docker container ls）」感到不對勁。這並非誤植文字，正式的指令是編寫「ls」，但省略形式是編寫「ps」。這是指令重新設計後，其中一個修改的地方，需要留意使用別混淆了。

顯示運行中的容器清單

```
docker ps
```

顯示存在的容器清單

```
docker ps -a
```

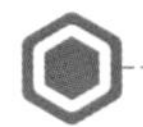

執行結果的讀法

執行「docker ps 」指令後，會顯示如下的結果。

第一行是項目、第二行以後是各項目的值，若不存在符合的容器，則第二行以後不會顯示訊息。

可確認的項目包含：各容器隨機分配到的「容器 ID」、原始「映像檔的名稱」、目前的「狀態」、「名稱」等。

但是，根據環境的不同，可能無法呈現如此整齊的結果，有時會橫跨兩三行而難以閱讀。此時，可將內容複製到文字編輯器，或者直接拉寬終端機的視窗來閱讀。

指令執行結果的範例（容器存在的情況）

CONTAINER ID	IMAGE	COMMAND	CREATED	STATUS	PORTS	NAMES
2b3b4afb4022	httpd	"httpd-foreground"	5 minutes ago	Up 5 minutes	80/tcp	apa000ex1

docker ps執行結果的讀法

項目	內容
CONTAINER ID	容器的ID是隨機分配64個文字，但僅呈現前面12個文字。雖然僅有12個文字（只要不與其他的重複，亦可用更少的文字），也可當作ID來使用
IMAGE	原始映像檔的名稱
COMMAND	配置為預設啟動容器的程式名稱，不需特別注意
CREATED	建立後經過的時間
STATUS	當前的狀態。正在運行時顯示「Up」；沒有運行時顯示「Exited」
PORTS	被分配到的埠號。以「主機埠號->容器埠號」的形式顯示（埠號相同的時候，->後面不顯示訊息）
NAMES	容器名稱

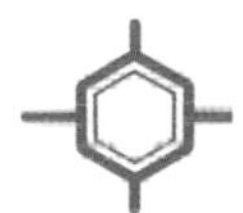

〔步驟〕建立容器後，再嘗試啟動、確認、停用、刪除

接著動手實作，建立、啟動容器後，確認容器的存活情況再停用、刪除。這邊示範建立Apache的容器。Apache是提供網路伺服器功能的軟體，多數網站都是在Apache上運行。

這次僅建立、啟動而已，雖然建立、啟動的指令簡短，但需要注意Apache的映像檔名稱為「httpd」。

操作流程

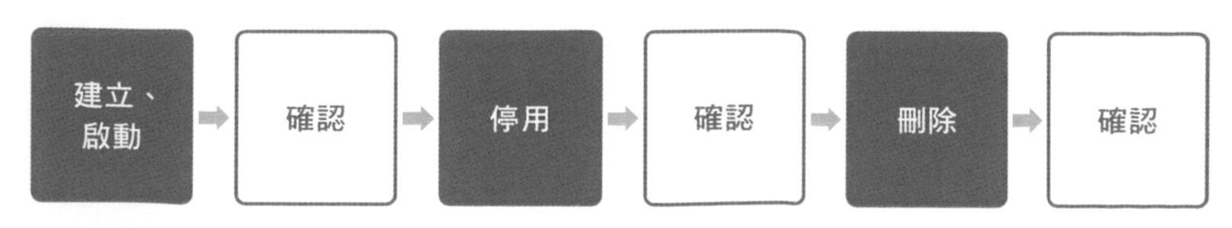

容器的建立資訊

項目	值
容器名稱	apa000ex1
映像檔名稱	httpd

指令的選項、對象、參數

使用指令1：建立、啟動

```
docker run --name apa000ex1 -d httpd
```

選項內容

項目	內容
--name apa000ex1	建立名為「apa000ex1」的容器
-d	在背景執行
httpd	Apache的映像檔名稱。若未指定版本號，會直接下載最新版（latest）

使用指令2：顯示運行中容器的清單

```
docker ps
```

使用指令3：顯示所有容器的清單

```
docker ps -a
```

Step 1 執行「run」指令

輸入建立、啟動的指令碼，以 Apache 映像檔（httpd）建立名為「 apa000ex1」的容器。第一次需要下載映像檔，執行起來比較花時間。在顯示的執行結果中，看似亂碼的數字列是映像檔 ID、容器 ID，會因系統環境而有所不同。

輸入的內容

```
docker run --name apa000ex1 -d httpd
```

執行結果

```
Unable to find image 'httpd:latest' locally
latest: Pulling from library/httpd
bf5952930446: Pull complete 3d3fecf6569b: Pull complete…（省略）
Status: Downloaded newer image for httpd:latest…（省略）
```

※若結果顯示「Unable to find image ～」，表示自家電腦中沒有指定的映像檔。

Step 2 以「ps」指令確認容器的運行情況

執行「ps」指令，確認「apa000ex1」容器的運行情況。若「STATUS」顯示「Up」，表示容器正常運行。

輸入的內容

```
docker ps
```

執行結果

```
CONTAINER ID IMAGE COMMAND          CREATED        STATUS      PORTS  NAMES
2b3b4afb4022   httpd "httpd-foreground"  5 minutes ago Up 5 minutes 80/tcp  apa000ex1
```

Step 3 以「stop」指定停用容器

使用「stop」指令停用「apa000ex1」容器。

輸入的內容

```
docker stop apa000ex1
```

執行結果

```
apa000ex1
```

Step 4 以「ps」指令確認容器的停用情況

執行「ps」指令，確認「apa000ex1」容器的停用情況。若清單未顯示「apa000ex1」的內容，表示容器正常停用。

✏ 輸入的內容

```
docker ps
```

執行結果

```
CONTAINER ID  IMAGE  COMMAND  CREATED  STATUS  PORTS  NAMES
```

Step 5 以「ps」指令加上參數，確認容器的存活情況

以「ps」指令加上「-a」參數來執行，確認「apa000ex1」容器的存活情況。若「apa000ex1」容器的「STATUS」顯示「Exited」，表示容器存在但已經停用。

✏ 輸入的內容

```
docker ps -a
```

執行結果

```
CONTAINER ID IMAGE  COMMAND             CREATED          STATUS                        PORTS  NAMES
2b3b4afb4022 httpd  "httpd-foreground"  15minutes ago    Exited (0) 41 seconds ago            apa000ex1
```

Step 6 以「rm」指令刪除「apa000ex1」容器

執行「rm」指令，刪除「apa000ex1」容器。

✏ 輸入的內容

```
docker rm apa000ex1
```

執行結果

```
apa000ex1
```

Step 7 以「ps」指令加上參數，確認容器的刪除情況

以「ps」指令加上「-a」參數來執行，確認「apa000ex1」容器的刪除情況。若清單未顯示「apa000ex1」的內容，表示容器正常刪除。

輸入的內容

```
docker ps -a
```

執行結果

```
CONTAINER ID   IMAGE   COMMAND   CREATED   STATUS   PORTS   NAMES
```

是否操作順利呢？第一次挑戰命令提示字元／終端機的人，建議在習慣之前可多練習幾次。練習時，如同第 3 章的 P.64 說明，可用〔↑〕、〔↓〕方向鍵呼叫前面的指令碼，更容易掌握終端軟體的操作喔！

COLUMN：Failed　操作不順利的時候

當操作不順利的時候，請先檢查右述項目。

目前僅是輸入簡短的指令，第 5 章之後會輸入冗長的指令，更容易發生錯誤的情況。筆者原本想要輸入「httpd」，有時也會不小心拼成「hpptd」。拼字錯誤的情況時常發生，請仔細檢查指令是否拼寫正確。

- 是否輸入錯誤的拼寫？
- 是否輸入多餘的空格或者換行？
- 是否漏掉「-」、空格？
- 是否輸入錯誤的大小寫？
- 是否輸入錯誤的全形、半形？
- 是否輸入錯誤的「-（連字號）」、「_（底線）」？

COLUMN：Level ★★☆　使用容器 ID 的省略形式

stop、rm 等指定既存容器名稱的指令，也可執行容器 ID、容器 ID 的省略形式。例如，若容器 ID 為「2b3b4aFb4022」，則也可用下述語法停用容器。

```
docker stop 2b
```

與容器通訊

SECTION

04

上一節是立即捨棄建立的容器，但這次換成訪問容器。建立 Apache 的容器後，請嘗試確認網頁情況。

何謂 Apache ?

Apache 是提供網路伺服器功能的軟體。

換言之，只要將檔案 ※11 置於 Apache 運行的伺服器中，就可以網頁的形式呈現。雖然在 4-3 節是立即捨棄建立的容器，但這次換成以瀏覽器訪問，確認網站的情況。

但是，直接輸入前面操作的指令，我們無法從容器外部存取，而不能夠造訪網站。想要以瀏覽器訪問網站，需要在建立容器時進行設定。基本上，容器建立後就無法變更，得在執行「docker run」時加上選項來設定。

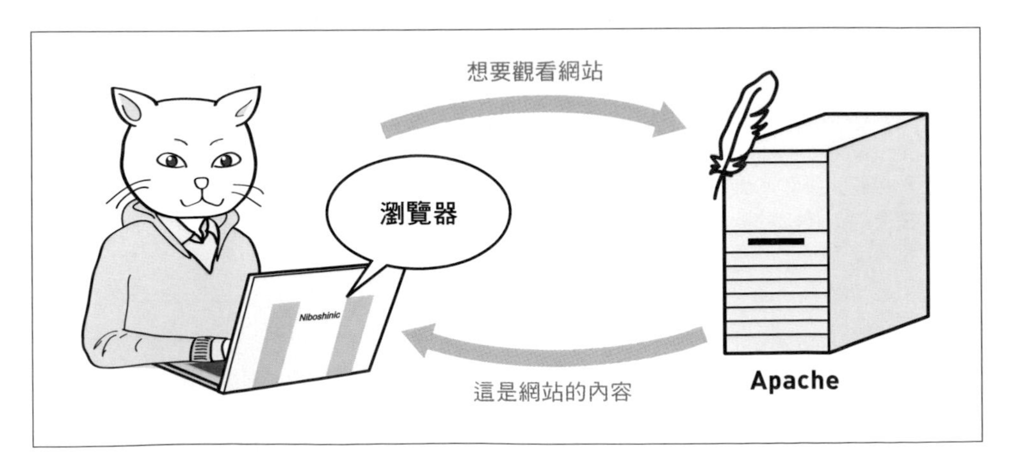

圖 4-4-1 觀看以容器運行 Apache 的網站

※11 多數網站是由 HTML 檔、圖像檔、程式檔所構成。

想要與容器通訊

為了以瀏覽器訪問容器，得設定「連接埠（port）」與外部連線。「連接埠」是通訊的出入口，各位應該聽過「網路連接埠 80」、「郵件連接埠 25」等說法。

Apache 會在伺服器的連接埠（連接埠 80）※12 等待網站瀏覽者存取，當瀏覽者訪問後，會遵循要求傳輸網站的頁面，但容器中的 Apache 不管怎麼等待，也沒辦法直接與外部連線。這麼一來，瀏覽者就無法觀看網頁了。

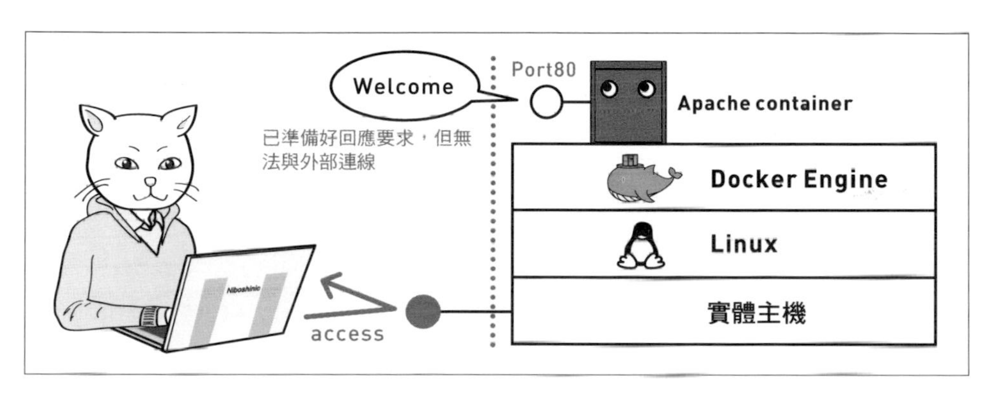

圖 4-4-2　與容器通訊的機制

因此，容器接收瀏覽者的要求後，會傳達給底層的實體主機。

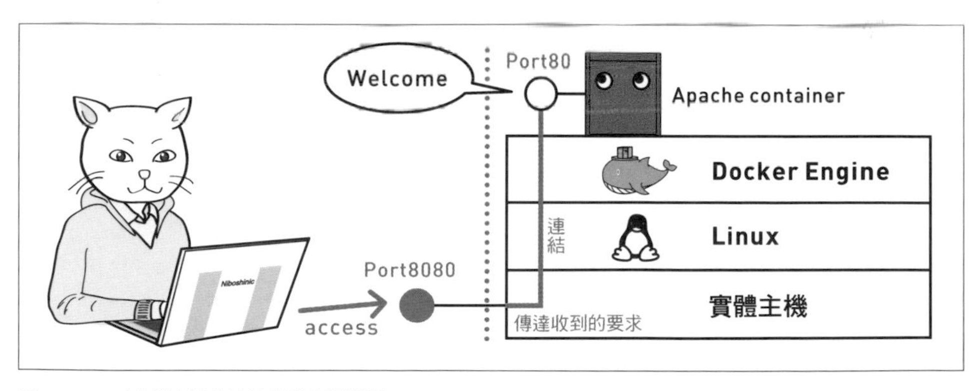

圖 4-4-3　以實體主機的連接埠與容器通訊

※12　容器預設以連接埠 80 等待存取，細節請見容器的說明文件 https://hub.docker.com/_/httpd

具體來說，連結底層（主機）的連接埠 8080（只要不與其他軟體使用的埠號重複 ※13，任何連接埠都行）與容器的連接埠 80。設定時，在「-p」選項後面接著輸入「主機的埠號」，再以冒號連接「容器的埠號」。

連接埠的輸入範例

```
-p 主機的埠號：容器的埠號
└┬┘
設定埠號的選項
```

連接埠的設定範例

```
-p 8080:80
```

另外，容器有的時候需要並列多個網頁伺服器。此時，若設定相同的底層埠號，反而不曉得是給哪個容器的通訊，所以會如容器 A 對應底層的連接埠 8080；容器 B 對應底層的連接埠 8081……，設定時錯開底層的埠號。如果兩個容器一定要用埠號 80 連接的話，可用反向代理（reverse proxy）架設根據伺服器名稱指派埠號的結構。

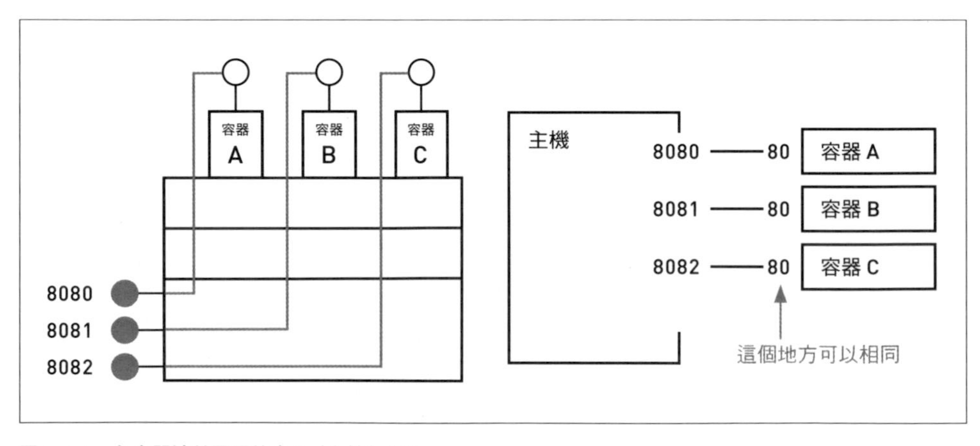

圖 4-4-4　各容器連結不同的底層（主機）埠號

訪問網站

網際網路上的網站，需要以「http:// pub.mynavi.jp」等網址訪問。

即便這次沒有連線網際網路，由於是同台電腦內部，也可編寫「存取同台電腦的此埠號」來訪問。

※13　若出現「Error response from daemon: driver failed programming external connectivity on endpoint（中間省略）: Bind for 0.0.0.0:8080 failed: port is already allocated」的錯誤訊息，表示埠號重複使用，需要錯開改用 8081 等。

在「localhost」（意味同台電腦的內部）的後面，輸入埠號就可訪問該埠號。

訪問埠號8080的範例

```
http://localhost:8080/
```

然後，本次學習主旨不包含建立網站的內容，僅需確認瀏覽器顯示訪問 Apache 的起始頁面。起始頁面的內容如下：

It works!

圖 4-4-5　Apache 的起始頁面

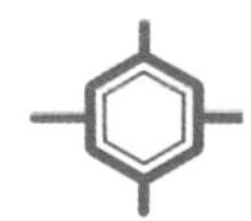

〔步驟〕建立可通訊的容器

在上節的指令後面加上埠號設定，建立可訪問的 Apache 容器。建立、啟動容器後，以瀏覽器訪問「http://localhost:8080/」，確認顯示 Apache 的起始頁面。成功後，停用並刪除容器。

操作流程

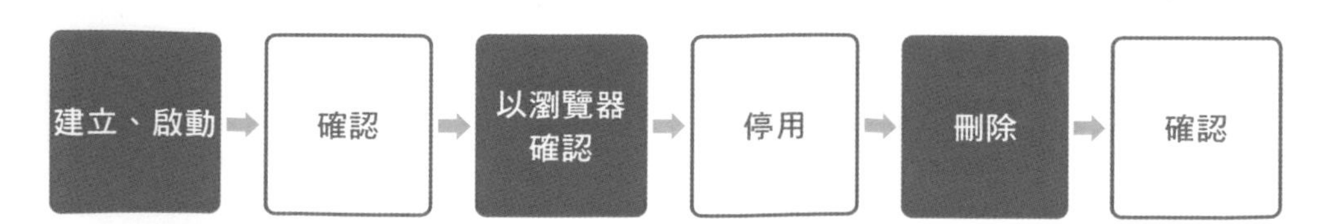

容器的建立資訊

項目	數值
容器名稱	apa000ex2
映像檔名稱	httpd
連接埠的設定	8080:80

指令的選項、對象、參數

使用的指令：建立、啟動

```
docker run --name apa000ex2 -d -p 8080:80 httpd
```

選項內容

項目	內容
--name apa000ex2	建立名為「apa000ex2」的容器
-d	在背景執行
-p 8080:80	連接埠設定為8080:80
httpd	Apache的映像檔名稱。若未指定版本號，會直接下載最新版（latest）

Step 1 執行「run」指令

輸入建立、啟動的指令碼，以 Apache 的映像檔（httpd）建立名為「apa000ex2」的容器。由於已經下載「httpd」映像檔，跟 4-3 節不同，沒有顯示有關 pull 的文字訊息。另外，執行結果的數字列是容器 ID，每次會有所不同。

輸入的內容

```
docker run --name apa000ex2 -d -p 8080:80 httpd
```

執行結果

```
8306f01ed6adf7daa82c38228ff9e513c5c4ad9f96f354349866f93c3ebd9689
```

Step 2 以「ps」指令確認容器的運行情況

執行「ps」指令，確認「apa000ex2」容器的運行情況。若「STATUS」顯示「Up」，表示容器正常運行。

輸入的內容

```
docker ps
```

執行結果

```
CONTAINER ID  IMAGE  COMMAND            CREATED         STATUS        PORTS                 NAMES
8306f01ed6ad  httpd  "httpd-foreground" 42 seconds ago  Up 39 econds  0.0.0.0:8080->80/tcp  apa000ex2
```

Step 3 以瀏覽器確認Apache的訪問情況

在網址列輸入「http://localhost:8080/」，確認瀏覽器顯示 Apache 的起始頁面。

It works!

圖 4-4-6　Apache 的起始頁面

Step 4 以「stop」指令停用容器

使用「stop」指令停用「apa000ex2」容器。

輸入的內容

```
docker stop apa000ex2
```

執行結果

```
apa000ex2
```

Step 5 以「rm」指令刪除「apa000ex2」容器

執行「rm」指令，刪除「apa000ex2」容器。

輸入的內容

```
docker rm apa000ex2
```

執行結果

```
apa000ex2
```

Step 6 以指令加上參數，確認容器的刪除情況

以「ps」指令加上「-a」參數來執行，確認「apa000ex2」容器的刪除情況。若清單未顯示「apa000ex1」的內容，表示容器正常刪除。

輸入的內容

```
docker ps -a
```

執行結果

```
CONTAINER ID  IMAGE  COMMAND  CREATED  STATUS  PORTS  NAMES
```

本節的動手實作就到這邊。在 Step 3 有順利以瀏覽器訪問嗎？

若本身有架設網頁的經驗，不妨建置簡單的 HTML 檔，建置方式會在第 6 章詳述。此外，在桌面版 Docker 的畫面，也可確認容器、映像檔的狀態，確認方式請見附錄。

SECTION 05

熟練建立容器

經過前面兩節的練習，你應該已經大致瞭解了建立容器的流程。為了更加熟練建立容器，本節就來練習啟動各種類型的容器。

各種類型的容器

容器存在許多類型，堪稱有多少種軟體就有多少種容器。除了 Apache 的容器外，本節也會練習建立其他的容器。雖說如此，也不需要想得太困難，總之就是反覆建立、捨棄。已經相當熟練的人，可直接跳到 4-6 節繼續閱讀。

圖 4-5-1 容器存在許多類型

除了 Apache 外，還有其他具代表性的常見容器。後面介紹的映像檔，全部都是官網的檔案。這裡以 nginx 和 MySQL 來練習，若讀完本書後還有餘裕，不妨挑戰其他類型的容器。

裝載 Linux 系統的容器

僅裝載 Linux 系統的容器也有許多種類。Linux 系統的容器是以進入內部操作為前提，需要以參數指定操作的「外殼指令」。

僅裝載Linux系統的容器

映像檔名稱	容器的內容	執行常用的選項與參數
ubuntu	Ubuntu	不加 -d 選項，僅加 -it 選項；以參數指定 /bin/bash 等外殼指令
centos	CentOS	不加 -d 選項，僅加 -it 選項；以參數指定 /bin/bash 等外殼指令
debian	DebianOS	不加 -d 選項，僅加 -it 選項；以參數指定 /bin/bash 等外殼指令
fedora	Fedora	不加 -d 選項，僅加 -it 選項；以參數指定 /bin/bash 等外殼指令
busybox	BizyBox	不加 -d 選項，僅加 -it 選項；以參數指定 /bin/bash 等外殼指令
alpine	Alpine linux	不加 -d 選項，僅加 -it 選項；以參數指定 /bin/bash 等外殼指令

網頁伺服器、資料庫伺服器的容器

除了 Apache 外，本章練習用的 nginx 也是常見的網頁伺服器軟體。網頁伺服器是以通訊為前提，需要以選項指定埠號。除了 MySQL 外，PostgreSQL、MariaDB 也是常見的資料庫管理軟體。使用資料庫管理軟體時，基本上都得以選項指定管理員（root）密碼。

網路伺服器、資料庫伺服器的容器

映像檔名稱	容器的內容	執行常用的選項與參數
httpd	Apache	以 -d 選項在背景執行；以 -p 選項指定埠號
nginx	Nginx	以 -d 選項在背景執行；以 -p 選項指定埠號
mysql	MySQL	加上 -d 選項。啟動時以 -e MYSQL_ROOT_PASSWORD 指定管理員密碼
postgres	PostgreSQL	加上 -d 選項。啟動時以 -e POSTGRES_PASSWORD 指定管理員密碼
mariadb	MariaDB	加上 -d 選項。啟動時以 -e MYSQL_ROOT _PASSWORD 指定管理員密碼

程式執行環境與其他軟體

執行程式需要該程式語言的「執行環境」，該執行環境可以容器的形式提供。

程式語言的執行環境

映像檔名稱	容器的內容	執行常用的選項與參數
openjdk	Java的執行環境	不加-d選項；以參數指定java指令等來執行工具
python	Python的執行環境	不加-d選項；以參數指定python指令等來執行工具
php	PHP的執行環境	以標籤區分提供進入網頁伺服器的環境和僅執行指令的環境
ruby	Ruby的執行環境	以標籤區分提供進入網頁伺服器的環境和僅執行指令的環境
perl	Perl的執行環境	不加-d選項；以參數指定perl指令等來執行工具
gcc	C/C++編譯器	不加-d選項；以參數指定gcc指令等來執行工具
node	Node.js	不加-d選項；以參數指定app指令等來執行工具
registry	Docker Registry	以-d選項在背景執行；以-p選項指定埠號
wordpress	WordPress	以-d選項在背景執行；以-p選項指定埠號。需要搭配MySQL、MariaDB資料庫。以-e選項指定連線密碼等
nextcloud	NextCloud	以-d選項在背景執行；以-p選項指定埠號
redmine	Redmine	以-d選項在背景執行；以-p選項指定埠號。需要搭配PostgreSQL、MySQL資料庫

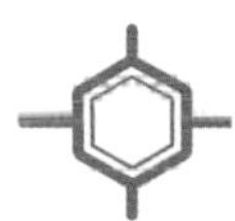

〔步驟〕建立多個Apache容器

首先，練習建立多個Apache的容器。

在建立多個容器時，底層（主機）的埠號不可重複，埠號需要彼此錯開。容器的埠號可重複，全部設定成80（此埠號由映像檔作者決定，不可擅自變更）。在瀏覽器上確認時，需要更換訪問的連接埠。各位應該相當熟悉輸入指令了，但仍需留意埠號、容器名稱有無拼字錯誤。

操作流程

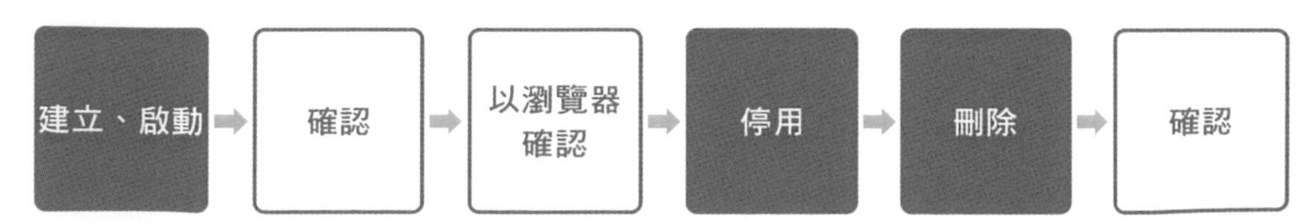

容器的建立資訊

項目	值	值	值
容器名稱	apa000ex3	apa000ex4	apa000ex5
映像檔名稱	httpd	httpd	httpd
連接埠的設定	8081:80	8082:80	8083:80

Step 1 執行「run」指令

輸入建立、啟動的指令碼，以 Apache 映像檔（httpd）建立名為「apa000ex3」、「apa000ex4」、「apa000ex5」的容器。逐一輸入指令碼後按下〔Enter〕鍵，等待跑出執行結果。

執行結果的數字列是容器 ID，每次都會有所不同。埠號分別指定為「8081」、「8082」、「8083」。每次手動輸入過於麻煩，可用〔↑〕方向鍵呼叫前面的指令碼，再修改名稱和埠號的部分。

輸入的內容

```
docker run --name apa000ex3 -d -p 8081:80 httpd
docker run --name apa000ex4 -d -p 8082:80 httpd
docker run --name apa000ex5 -d -p 8083:80 httpd
```

執行結果

```
dcb8c99c4f53d5d6412633addc051c3465…（省略）
7783329d74c66cdf8a7af09604f59e361f…（省略）
3deb4fb0afda92231d0338d996b21c0457…（省略）
```

Step 2 以「ps」指令確認容器的運行情況

執行「ps」指令，確認「apa000ex3」、「apa000ex4」、「apa000ex5」容器的運行情況。若「STATUS」顯示「Up」，表示容器正常運行。然後，也確認一下埠號（PORTS）分別為「8081」、「8082」、「8083」。

輸入的內容

```
docker ps
```

執行結果

CONTAINER ID	IMAGE	COMMAND	CREATED	STATUS	PORTS	NAMES
3deb4fb0afda	httpd	"httpd-foreground"	4 minutes ago	Up 4 minutes	0.0.0.0:8083->80/tcp	apa000ex5
7783329d74c6	httpd	"httpd-foreground"	4 minutes ago	Up 4 minutes	0.0.0.0:8082->80/tcp	apa000ex4
dcb8c99c4f53	httpd	"httpd-foreground"	7 minutes ago	Up 6 minutes	0.0.0.0:8081->80/tcp	apa000ex3

Step 3 以瀏覽器確認Apache的訪問情況

在網址列輸入「http://localhost:8081/」、「http://localhost:8082/」、「http://localhost:8083/」，確認瀏覽器顯示 Apache 的起始頁面。

It works!

圖 4-5-2　Apache 的起始頁面

Step 4 以「stop」指令停用容器

使用「stop」指令停用「apa000ex3」、「apa000ex4」、「apa000ex5」容器。逐一輸入指令碼後按下〔Enter〕鍵，等待跑出執行結果。這邊也可用〔↑〕方向鍵呼叫前面的指令碼，再修改不一樣的部分。

輸入的內容

```
docker stop apa000ex3
docker stop apa000ex4
docker stop apa000ex5
```

執行結果

```
apa000ex3
apa000ex4
apa000ex5
```

Step 5 以「rm」指令刪除容器

執行「rm」指令，刪除「apa000ex3」、「apa000ex4」、「apa000ex5」容器。逐一輸入指令碼後按下〔Enter〕鍵，等待跑出執行結果。這邊也可用方向鍵呼叫前面的指令碼。

輸入的內容

```
docker rm apa000ex3
docker rm apa000ex4
docker rm apa000ex5
```

執行結果

```
apa000ex3
apa000ex4
apa000ex5
```

Step 6 以「ps」指令加上參數，確認容器的刪除情況

以「ps」指令加上「-a」參數來執行，確認「apa000ex3」「apa000ex4」「apa000ex5」容器的刪除情況。若清單未顯示文字訊息，表示容器正常刪除。

輸入的內容

```
docker ps -a
```

執行結果

```
CONTAINER ID        IMAGE   COMMAND        CREATED        STATUS PORTS  NAMES
```

COLUMN：Level ★★☆　**容器ID**

雖然容器會命名為方便識別的名稱，但每個容器其實已有分配的「容器ID」，指定時也可用ID代替容器名稱。執行「docker run」時顯示的字串，就是容器ID。

「docker run」指令的執行結果

```
dcb8c99c4f53d5d6412633addc051c3465afbd36d2cab20af49131bc965d1c64
```

這也太長了吧！容器 ID 可省略後半段的數字列，實際上會使用「**docker ps**」所顯示的「**CONTAINER ID**」字串。

「docker ps」指令的執行結果

CONTAINER ID	IMAGE	COMMAND	CREATED	STATUS	PORTS	NAMES
3deb4fb0afda	httpd	"httpd-foreground"	4 minutes ago	Up 4 minutes	0.0.0.0:8083->80/tcp	apa000ex5

不過，隨機字串不方便識別，還是建議為容器取個名稱。
然後，即便是相同的軟體，各容器 ID 會分配到全然不同的字串，不妨自行對照看看。

〔步驟〕建立nginx的容器

接著，嘗試建立其他軟體的容器。這次要建立 nginx 的容器。跟 Apache 一樣，nginx 也是提供網頁伺服器的軟體，其市占率最近有大幅增長的趨勢。雖然使用方式不同，但同樣是提供網頁伺服器的軟體，可用與 Apache 幾乎相同的設定來建立容器。nginx 的映像檔名稱就是其軟體名稱「nginx」，同樣可用網頁瀏覽器指定埠號來確認起始頁面。

Welcome to nginx!

If you see this page, the nginx web server is successfully installed and working. Further configuration is required.

For online documentation and support please refer to nginx.org.
Commercial support is available at nginx.com.

Thank you for using nginx.

圖 4-5-3　nginx 的起始頁面

操作流程

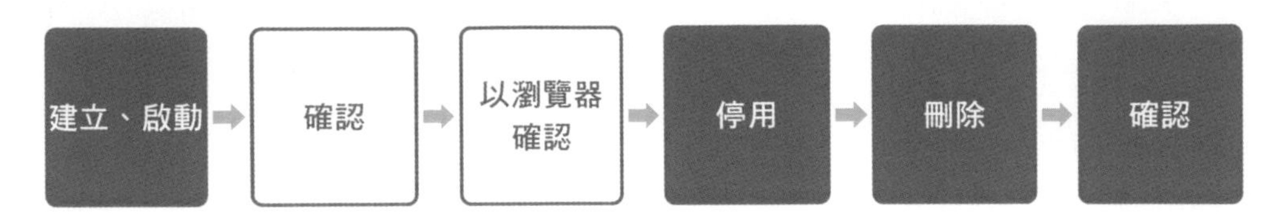

容器的建立資訊

項目	數值
容器名稱	nginx000ex6
映像檔名稱	nginx
連接埠的設定	8084:80

Step 1 執行「run」指令

輸入建立、啟動的指令碼，以 nginx 映像檔（nginx）建立名為「nginx000ex6」的容器，並指定埠號為「8084」。此時，也可用〔↑〕方向鍵重複呼叫前面的指令碼，再修改名稱、埠號、映像檔名稱等部分。

第一次需要下載 nginx 的映像檔，執行起來比較花時間。若已經下載映像檔的話，會如同 Apache 第二次的執行結果跑出數字列。

輸入的內容

```
docker run --name nginx000ex6 -d -p 8084:80 nginx
```

執行結果

```
bf5952930446:  Already exists
cb9a6de05e5a:  Pull complete
9513ea0afb93:  Pull complete
…（以下省略）
```

Step 2 以「ps」指令確認容器的運行情況

執行「ps」指令，確認「nginx000ex6」容器的運行情況。若「STATUS」顯示「Up」，表示容器正常運行。另外，然後，也確認一下埠號（PORTS）為「8084」。

輸入的內容

```
docker ps
```

執行結果

CONTAINER ID	IMAGE	COMMAND	CREATED	STATUS	PORTS	NAMES
486dfd56913f	nginx	"/docker-entrypoint.…"	4 minutes ago	Up 4 minutes	0.0.0.0:8084->80/tcp	nginx000ex6

Step 3 以瀏覽器確認nginx的訪問情況

在網址列輸入「http://localhost:8084/」，確認瀏覽器顯示 nginx 的起始頁面。

Welcome to nginx!

If you see this page, the nginx web server is successfully installed and working. Further configuration is required.

For online documentation and support please refer to nginx.org.
Commercial support is available at nginx.com.

Thank you for using nginx.

圖 4-5-4　nginx 的起始頁面

Step 4 以「stop」指令停用容器

使用「stop」指令停用「nginx000ex6」容器。

輸入的內容

```
docker stop nginx000ex6
```

Chapter 1
Chapter 2
Chapter 3
Chapter 4
Chapter 5
Chapter 6
Chapter 7
Chapter 8
Appendix

執行結果

```
nginx000ex6
```

Step 5 以「rm」指令刪除容器

執行「rm」指令，刪除「nginx000ex6」容器。

輸入的內容

```
docker rm nginx000ex6
```

執行結果

```
nginx000ex6
```

Step 6 以「ps」指令加上參數，確認容器的刪除情況

以「ps」指令加上「-a」參數來執行，確認「nginx000ex6」容器的刪除情況。若清單未顯示文字訊息，表示容器正常刪除。

輸入的內容

```
docker ps -a
```

執行結果

```
CONTAINER ID   IMAGE   COMMAND   CREATED   STATUS   PORTS   NAMES
```

nginx 和 Apache 是相同類型的軟體，是不是覺得很簡單呢？接著，建立比較困難的 MySQL 容器。

〔步驟〕建立 MySQL 的容器

MySQL 是提供資料庫功能的軟體，又可稱為 RDBMS 軟體。除此之外，PostgreSQL、MariaDB 也是常見的 RDBMS 軟體。其中，MySQL 因常用於 WordPress 等而聞名。

建立 MySQL 容器會比建立 Apache、nginx 容器稍微困難，需要加上參數才有辦法正常運行。因此，這次練習會使用簡化後的指令，僅必要的「管理員密碼」以選項來指定，並使用「docker ps」確認容器的清單，但不會確認可否實際運行。

第 5 章會另外架設可實際運行的 MySQL，還請各位放心。另外，為了可用鍵盤操作容器，試著加上「-i」、「-t」選項。「-d」、「-i」、「-t」選項可統整成「-dit」，像這樣統整輸入選項也可正確設定。

操作流程

容器的建立資訊

項目	值
容器名稱	mysql000ex7
映像檔名稱	mysql
MySQL 的管理員密碼	myrootpass

指令的選項、對象、參數

建立、啟動的指令

```
docker run --name mysql000ex7 -dit -e MYSQL_ROOT_PASSWORD=myrootpass mysql
```

項目	內容
--name mysql000ex7	建立名為「mysql000ex7」的容器
-dit	在背景執行／以鍵盤操作容器
-e MYSQL_ROOT_PASSWORD=	設定 MySQL 的管理員密碼
mysql	MySQL 的映像檔名稱。若未指定版本號，會直接下載最新版（latest）

Step 1 執行「run」指令

輸入建立、啟動的指令碼，以 MySQL 映像檔（mysql）建立名為「mysql000ex7」的容器，並加上「-dit」、「-e」選項。

第一次需要下載 mysql 的映像檔，執行起來比較花時間。若已經下載映像檔，會如同 Apache 第二次的執行結果跑出數字列。

輸入的內容

```
docker run --name mysql000ex7 -dit -e MYSQL_ROOT_PASSWORD=myrootpass mysql
```

執行結果

```
Unable to find image 'mysql:latest' locally
latest: Pulling from library/mysql
bf5952930446: Already exists
8254623a9871: Pull complete
938e3e06dac4: Pull complete
ea28ebf28884: Pull complete
…（以下省略）
```

Step 2 以「ps」指令確認容器的運行情況

執行「ps」指令，確認「 mysql 000ex7」容器的運行情況。若「STATUS」顯示「Up」，表示容器正常運行。

輸入的內容

```
docker ps
```

執行結果

```
CONTAINER ID  IMAGE  COMMAND                    CREATED         STATUS         PORTS                 NAMES
c5abd7c53328  mysql  "docker-entrypoint.s…"  21 minutes ago  Up 21 minutes  3306/tcp, 33060/tcp  mysql000ex7
```

Step 3 以「stop」指令停用容器

使用「stop」指令停用「mysql000ex7」容器。

✎ 輸入的內容

```
docker stop mysql000ex7
```

執行結果

```
mysql000ex7
```

Step 4 以「rm」指令刪除容器

執行「rm」指令，刪除「mysql000ex7」容器。

✎ 輸入的內容

```
docker rm mysql000ex7
```

執行結果

```
mysql000ex7
```

Step 5 以「ps」指令加上參數，確認容器的刪除情況

以「ps」指令加上「-a」參數來執行，確認「mysql000ex7」容器的刪除情況。若清單未顯示文字訊息，表示容器正常刪除。

✎ 輸入的內容

```
docker ps -a
```

執行結果

```
CONTAINER ID  IMAGE  COMMAND  CREATED  STATUS  PORTS  NAMES
```

除了管理員密碼外，MySQL 也得設定字元編碼、字符對照表，細節請見第 5 章詳述。不過，並非所有資料庫軟體皆如此，會因映像檔作者而異，這也是映像檔有趣的地方。

刪除映像檔

SECTION

06

在容器的操作流程中，也要掌握刪除映像檔的方式。刪除容器不會一併刪除映像檔，必須另外下達指示才行。

刪除映像檔

前面建立幾個種容器，是否都熟悉操作了呢？像這樣建立多個容器時，會遇到一個問題：容器刪除了，映像檔卻不斷累積。

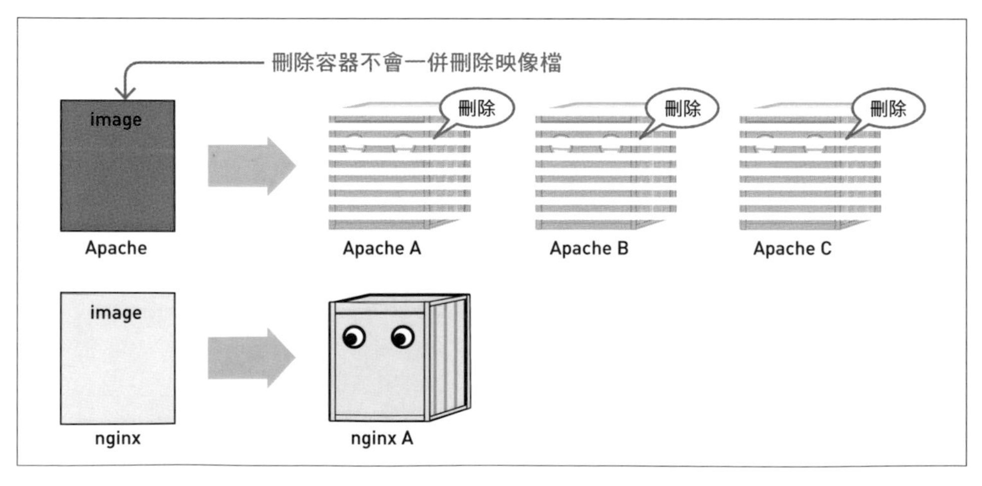

圖 4-6-1　刪除容器與刪除映像檔

映像檔不斷增加會逐漸壓迫儲存空間，得陸續刪除不需要的映像檔。跟刪除容器時一樣，刪除時需要映像檔名稱或者映像檔 ID。

要特別留意的是，容器存在時無法刪除映像檔，得先以「docker ps -a」等顯示容器清單，停用、刪除容器後再來刪除映像檔。

不存在以映像檔建立的容器→可刪除映像檔

image 刪除

Apache　Apache A　Apache B　Apache C

image 刪除

nginx　nginx A

存在以映像檔建立的容器→不可刪除映像檔

圖 4-6-2　存在以映像檔建立的容器時不可刪除映像檔

「docker image rm」指令

刪除映像檔需要使用「docker image rm」指令，由於前面講解的是操作容器，所以使用「docker container ～」系列的指令，但這次操作的對象換成映像檔，需要使用「docker image ～」系列的指令。

「docker image rm」指令不可省略成「docker rm」。如前所述，「docker rm」是「docker container rm」的省略形式，執行後會刪除容器。此指令也不常加上選項、參數。

刪除映像檔的指令 docker image rm

用於刪除映像檔的指令。在刪除映像檔之前，得先刪除以該映像檔建立的容器。另外，此指令可插入空格指定多個映像檔名稱。

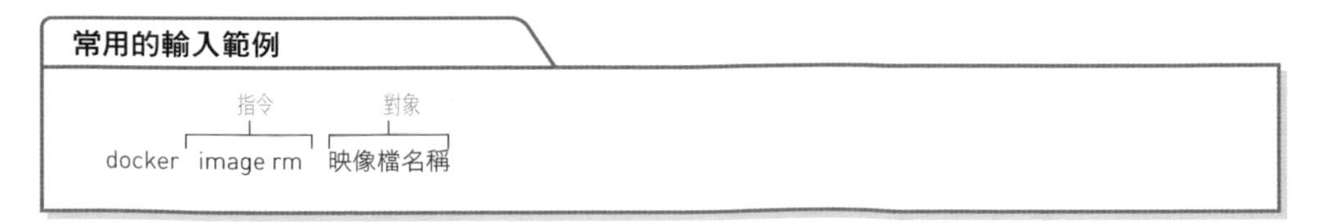

指定多個映像檔的情況

指令　對象　對象　對象

docker image rm 映像檔名稱 映像檔名稱 映像檔名稱 …

「docker image ls」指令

刪除映像檔時，需要知道映像檔名稱或者映像檔 ID。如同顯示容器清單的「docker ps」指令，Docker 也有顯示映像檔清單的指令——「docker image ls」。

「docker ps」的正式語法是「docker container ls」，而映像檔也是使用「ls」，但不會像 ps 指令加上「-a」選項。因為跟容器不一樣，映像檔沒有「運行、停止」的狀態。

執行結果的讀法

執行「docker image ls」指令後，會顯示如下的結果。

如同 ps 指令的執行結果，第一行為項目、第二行後為各項目的值。若沒有符合的映像檔，第二行後不會顯示文字訊息。

除了映像檔名稱外，還可確認「TAG（版本資訊）」、映像檔 ID 等項目。

指令的執行結果範例（容器存在的情況）

REPOSITORY	TAG	IMAGE ID	CREATED	SIZE
nginx	latest	4bb46517cac3	8 days ago	133MB
httpd	latest	a6ea92c35c43	2 weeks ago	166MB
mysql	latest	0d64f46acfd1	2 weeks ago	544MB

執行結果的意義

項目	內容
REPOSITORY	映像檔名稱
TAG	版本資訊。若未指定版本號，會直接下載「latest（最新版）」
IMAGE ID	映像檔 ID。ID 原本有 64 個文字，但僅呈現前面 12 個文字。雖然僅有 12 個文字（只要不與其他的重複，亦可用更少的文字），也可當作 ID 來使用
CREATED	建立後經過的時間
SIZE	映像檔的檔案大小

COLUMN：Level ★★★ 映像檔版本與映像檔名稱

為了方便練習，第4章未指定映像檔的版本，執行後會直接下載「latest（最新版）」。然而，根據系統環境的不同，有時必須使用特定版本。此時，需要在「docker run」指令後面，指定映像檔名稱的同時，一併指定版本號。

版本號的指定格式

```
映像檔名稱：版本號
```

例如，建立Apache的容器時想要指定版本，可如下輸入指令碼：

docker run指定Apache版本「2.2」的輸入範例

```
docker run --name apa000ex2 -d -p 8080:80 httpd:2.2
```

除了docker run外，其他指令也可於映像檔名稱後指定版本。

想要刪除Apache 2.2容器的情況

```
docker image rm httpd:2.2
```

〔步驟〕刪除映像檔

在刪除映像檔之前，得先以「docker ps」確認容器的存活情況。若容器存在的話，請以「docker rm」刪除容器。然後，以「docker imgae ls」顯示映像檔的清單，再以映像檔名稱或者映像檔 ID 來指定刪除。

刪除映像檔的指令為「docker image rm」。

操作流程

確認 ➡ 刪除 ➡ 確認 ➡ 刪除 ➡ 確認

指令的選項、對象、參數

刪除映像檔

```
docker image rm httpd
```

Step 1 以「ps」指令加上參數，確認容器的存活情況

執行「ps」指令，確認想要刪除的容器的存活情況。若容器存在的話，以「rm」指令（P.113）刪除。若狀態（STATUS）顯示「Up」，表示容器正在運行，請先以「stop」指令（P.113）停用後再刪除。

輸入的內容

```
docker ps -a
```

執行結果

```
CONTAINER ID  IMAGE  COMMAND  CREATED  STATUS  PORTS  NAMES
```

Step 2 以「image ls」指令確認映像檔是否存在

執行「image ls」指令，確認存在的映像檔清單。

輸入的內容

```
docker image ls
```

執行結果

REPOSITORY	TAG	IMAGE ID	CREATED	SIZE
nginx	latest	4bb46517cac3	8 days ago	133MB
httpd	latest	a6ea92c35c43	2 weeks ago	166MB
mysql	latest	0d64f46acfd1	2 weeks ago	544MB

※ 若前面跳過 4-4 節後半部的操作，而沒有建立 nginx、MySLQ 容器，則清單不會顯示 nginx、mysql 的映像檔。

Step 3 以「image rm」指令刪除映像檔

執行「image rm」指令，刪除 Apache（httpd）的映像檔。

✎ 輸入的內容

```
docker image rm httpd
```

執行結果

```
8306f01ed6adf7daa82c3822Untagged: httpd:latest
Untagged: httpd@sha256:3cbdff4bc16681541885ccf152…（省略）
Deleted:
…（以下省略）8ff9e513c5c4ad9f96f354349866f93c3ebd9689
```

Step 4 以「image ls」確認映像檔的刪除情況

執行「image ls」指令，確認 Apache（httpd）映像檔的刪除情況。若清單未顯示文字訊息，表示映像檔正常刪除。

✎ 輸入的內容

```
docker image ls
```

執行結果

REPOSITORY	TAG	IMAGE ID	CREATED	SIZE
nginx	latest	4bb46517cac3	8 days ago	133MB
mysql	latest	0d64f46acfd1	2 weeks ago	544MB

Step 5 以「image rm」指令刪除映像檔

同樣地，執行「image rm」指令，刪除 nginx（nginx）和 MySQL（mysql）的映像檔。指令的對象可輸入 2 個映像檔，若想要增加挑戰的難度，指定時可用映像檔 ID 代替映像檔名稱。

✎ 輸入的內容

```
docker image rm nginx mysql
```

Chapter 1
Chapter 2
Chapter 3
Chapter 4
Chapter 5
Chapter 6
Chapter 7
Chapter 8
Appendix

Step 6 以「image ls」指令確認映像檔的刪除情況

執行「image ls」指令，確認所有映像檔的刪除情況。

輸入的內容

```
docker image ls
```

執行結果

```
REPOSITORY  TAG  IMAGE ID  CREATED  SIZE
```

在桌面版 Docker 的畫面，也可確認容器、映像檔的狀態，確認方式請見 Appendix。

COLUMN：Level ★★★ 刪除多個版本的映像檔

本節的所有軟體都未指定版本（最新版＝latest），但實務上有時會碰到處理多個版本的情況。

此時，需要「TAG」欄位顯示的版本號。

MySQL 5.7和8.0同時存在的情況

REPOSITORY	TAG	IMAGE ID	CREATED	SIZE
mysql	5.7	718a6da099d8	2 weeks ago	448MB
mysql	8	0d64f46acfd1	2 weeks ago	544MB

刪除時可用映像檔 ID，也可如「mysql:5.7」、「mysql:8」映像檔名稱加上版本號。此時，僅輸入「mysql」會無法區別版本，造成刪除失敗。

嘗試讓Docker承載多個容器來運行

CHAPTER

5

是否已經掌握了建立、刪除容器的訣竅呢？本章將會學習同時啟動多個容器、容器間彼此通訊的方法。除了建置通訊用的容器網路外，其他操作皆是應用第4章的學習內容。

WordPress 的建置與導入流程

SECTION 01

嘗試使用容器裝載 WordPress。以容器驅動 WordPress 時，需要運行多個容器並連結虛擬網路來通訊。本節會說明 WordPress 的操作流程、指令。

WordPress的建置與導入流程

WordPress 是可架設網站的軟體，使用時需要安裝至伺服器，同類型的軟體還有 Movable Type。伺服器、Linux 系統的參考書多是以 WordPress 為教材，這邊的內容可能會讓有些人感到厭煩：「又是 WordPress ！」

除了 WordPress 程式外，WordPress 還需要 Apache、資料庫、PHP 執行環境，非常適合用來練習。本書也會以建置 WordPress 為題目，學習如何處理多個容器。WordPress 的資料庫可用 MySQL 或者 MariaDB※1，這次選擇使用 MySQL。

容器使用 WordPress 官網提供的映像檔。此鏡像檔整合了 WordPress 程式、Apache 與 PHP 執行環境，非常方便。只要準備好該映像檔的容器與 MySQL 的容器，就可運行 WordPress。另外，資料庫未必要以容器的形式準備，也可建置於 Docker 的外部。由於這次是要練習處理多個容器，MySQL 也使用容器來建置。

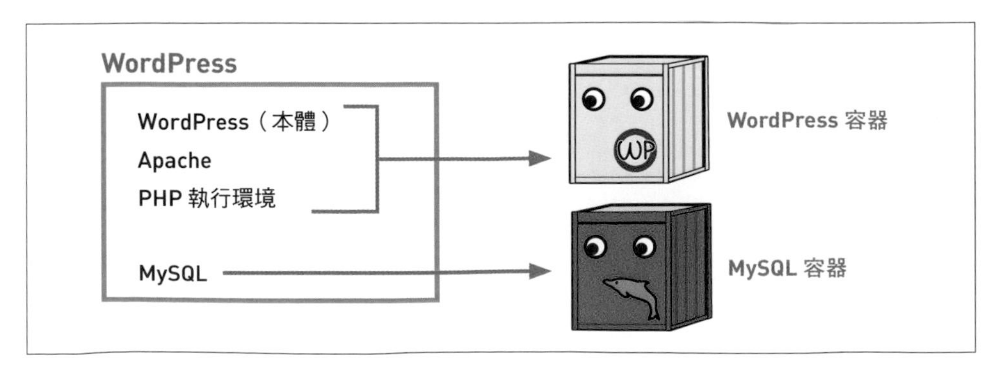

圖 5-1-1 運行 WordPress 需要兩個容器

※1 MySQL 設計者米卡埃爾・維德紐斯（Michael Widenius）離開 MySQL 後所開發的資料庫管理軟體。由於是 MySQL 的衍生軟體，兩者的功能極為相似。CentOS 的預設資料庫由 MySQL 改為 MariaDB，今後可能會重新洗牌市占率。

建立、刪除Docker網路

WordPress 是由 WordPress 容器和 MySQL 容器所構成。

簡單來說，WrodPress 就像是部落格的建置工具，網站製作者將編寫的內容存於資料庫中，再根據網站瀏覽者的要求呈現網站。換言之，程式得將資料寫進 MySQL 資料庫，再從該資料庫讀取資料，所以需要連結兩個容器。

但是，普通的建立方式無法連接容器，需要另外架設虛擬網路，再部署兩容器至該網路，才有辦法連接通訊。「docker network create」是架設虛擬網路的指令，後面可接著輸入網路名稱。如同 container 系列、image 系列的指令，以「docker network rm」刪除網路；以「docker network ls」顯示網路的清單。

建立 Docker 網路的指令

用於建立 Docker 網路的指令，通常不會加上選項、參數。網站架設完成後，容器端也得設定連接。

常用的輸入範例

```
docker network create 網路名稱
```

刪除 Docker 網路的指令

用於刪除 Docker 網路的指令，通常不會加上選項、參數。

常用的輸入範例

```
docker network rm 網路名稱
```

其他的網路相關指令

其他還有顯示網路清單等的副指令（見下頁表格）。

主要的副指令

指令	內容	省略	常用的選項
connect	容器連接網路	不可	不常指定
disconnect	容器切斷網路	不可	不常指定
create	建立網路	不可	不常指定
inspect	顯示網路的詳細資訊	不可	不常指定
ls	顯示網路的清單	不可	不常指定
prune	刪除所有目前容器未連接的網路	不可	不常指定
rm	刪除指定的網路	不可	不常指定

MySQL 容器啟動時的選項與參數

為了建立實際可使用 MySQL 的容器，這次需要加上 9 個選項和 3 個參數。雖然數量繁多但都不困難，下面來一一說明。

常用的輸入範例

```
docker run --name 容器名稱 -dit --net= 網路名稱 -e MYSQL_ROOT_PASSWORD=MySQL 的管理員密碼 -e MYSQL_DATABASE= 資料庫網域名稱 -e MYSQL_USER=MySQL 的使用者名稱 -e MYSQL_PASSWORD=MySQL 的密碼 mysql --character-set-server= 字元編碼 --collationserver= 字符對照表 --default-authentication-plugin= 驗證方式
```

使用的選項

在 9 個選項中，「--name」是慣例用來命名的選項，「-dit」如前面的介紹本身統整了 3 個選項。在剩餘 5 個選項中，「--net」是連結網路的選項，另外 4 個「-e」是設定環境變數的選項。

環境變數是指作業系統中儲存的各種設定值。容器常以環境變數傳送各種設定值，使用哪些環境變數因容器而異，而這次需要設定 MySQL 的密碼、使用者名稱。

選項

項目	選項	動手實作的值
網路名稱	--net	wordpress000net1
MySQL的容器名稱	--name	mysql000ex11
操作選項	-dit	（無）
MySQL的管理員密碼	-e MYSQL_ROOT_PASSWORD	myrootpass
MySQL的資料庫網域名稱	-e MYSQL_DATABASE	wordpress000db
MySQL的使用者名稱	-e MYSQL_USER	wordpress000kun
MySQL的密碼	-e MYSQL_PASSWORD	wkunpass

密碼需要設定管理員密碼和一般使用者密碼。

管理員（root）是最高權限的使用者，有些事情需要最高權限才有辦法處理，但每次都以管理員使用者操作會衍生資安問題，平時會切換為權限受到限制的一般使用者。實際設定的密碼建議使用隨機字串，但練習時就用簡單易記的值。

「使用者名稱」是指一般使用者的名稱，這次 WordPress 的使用者就簡單取名為「wordpress000kun[※2]」。

「資料庫的網域名稱」是指實體資料庫的名稱。

使用的參數

指令後面有三個看起來挺複雜的參數，如「**character-set-server=**」等需要以連字號串接，再於「=」後面輸入實際的設定值。

參數包含兩個變更 UTF8 字元輸入的設定值，與一個變更驗證方式的設定值。這些不是 Docker 的選項，而是 MySQL 容器的特有選項。

參數

項目	參數	數值	意義
字元編碼	--character-set-server=	utf8mb4	字元編碼改為UTF8
字符對照表	--collation-server=	utf8mb4_unicode_ci	字符對照表改為UTF8
驗證方式	--default-authentication-plugin=	mysql_native_password	驗證方式改為舊版方式（native）

※2　一般名稱會取為「wordpressuser」、「wordpressapp」。

需要第 3 個參數變更驗證方式，是因為 MySQL 從 MySLQ 5（最新版為 5.7）改版為 MySQL 8（8.0）後，外部軟體連線 MySQL 的驗證方式已經更新[※3]。許多軟體尚未支援新版驗證方式，WordPress、phpMyAdmin 等常見軟體也未支援，沒有辦法從 WordPress 連線 MySQL 8。

因此，這次將連線的驗證方式降為舊版方式。未來總有一天，WordPress 也會支援新版驗證方式，但在那之前請先更改為舊版方式。

COLUMN：Level ★★★　如何搭配 MySQL 5.7 與 WordPress？

MySQL 5.7 支援 WordPress 的舊版驗證方式，也可直接搭配舊版的 MySQL 5.7。雖然 5.7 和 8.0 聽起來好像版本相差很多，但 8.0 的上個版本就是 5.7，目前還有很多使用者。不過，為了讓版本 5.7 支援中文輸入，需要將字元編碼指定為 UTF8。另外，5.7 系列可能因次版本的不同，而發生運行不穩定的情況。

若覺得運行不順利的話，不妨換用其他版本看看。

導入 WordPress 容器時的選項與參數

WordPress 也需要多達 10 個的選項，但大部分都是資料庫（MySQL）的資訊。然後，指令碼不需要加上參數，看起來會比 MySQL 簡潔一些。

常用的輸入範例

```
docker run --name 容器名稱 -dit --net= 網路名稱 -p 連接埠設定 -e WORDPRESS_DB_HOST= 資料庫的容器名稱 -e WORDPRESS_DB_NAME= 資料庫的網域名稱 -e WORDPRESS_DB_USER= 資料庫的使用者名稱 -e WORDPRESS_DB_PASSWORD= 資料庫的密碼 wordpress
```

使用的選項

在 10 個選項中，「--name」和「-dit」已經相當熟悉了；「--net」也出現在 MySQL 的指令碼中。

「-p」用來設定埠號，也在前面的 Apache 操作好幾次了。剩餘的 4 個是「-e」選項，仔細一看會發現全是 MySQL 的資訊。

※3　已經改為 SHA2 的驗證方式。

選項內容

項目	選項	值（任意名稱、指定值）
網路名稱	--net	wordpress000net1
WordPress的容器名稱	--name	wordpress000ex12
操作選項	-dit	（無）
指定埠號	-p	8085:80
資料庫的容器名稱	-e WORDPRESS_DB_HOST	mysql000ex11
資料庫的網域名稱	-e WORDPRESS_DB_NAME	wordpress000db
資料庫的使用者名稱	-e WORDPRESS_DB_USER	wordpress000kun
資料庫的密碼	-e WORDPRESS_DB_PASSWORD	wkunpass

換言之，WordPress 是使用資料庫的軟體，需要設定該資料庫的資訊。

當然，該資訊得跟 MySQL 容器所設定得內容一致，否則可能因連線失敗而無法使用 WordPress。

使用的參數

沒有使用的參數。

理解使用的指令後，趕緊來動手實作。

建立、啟動 WordPress 容器與 MySQL 容器

SECTION 02

實際嘗試以容器執行 WordPress，除了前面的容器建立外，還需要建立容器網路，請一步步確認是否順利。

操作流程與使用的指令

嘗試建立、啟動 WordPress 容器和 MySQL 容器，請別忘了先建立 MySQL、容器網路。另外，操作碰到問題時，可下載支援網頁的範例來比較。

操作流程

建立容器網路 → 建立 MySQL 容器 → 建立 WordPress 容器 → 確認 → 善後處理

網路與容器的建立資訊

項目	值
網路名稱	wordpress000net1
MySQL的容器名稱	mysql000ex11

MySQL的映像檔名稱	mysql
WordPress的容器名稱	wordpress000ex12
WordPress的映像檔名稱	wordpress

指令的選項、對象、參數

建立網路

```
docker network create 網路名稱
```

建立、啟動MySQL容器

```
docker run --name 容器名稱 -dit --net= 網路名稱 -e MYSQL_ROOT_PASSWORD=MySQL 的管理員密碼 -e MYSQL_DATABASE= 資料庫網域名稱 -e MYSQL_USER=MySQL 的使用者名稱 -e MYSQL_PASSWORD=MySQL 的密碼 MySQL --character-set-server= 字元編碼 --collationserver= 字符對照表 --default-authentication-plugin= 驗證方式
```

建立、啟動 MySQL 容器的選項內容

- 參見5-1節的P.125

建立、啟動 MySQL 的參數

- 參見5-1節的P.125

建立、啟動WordPress容器

```
docker run  --name 容器名稱 -dit --net= 網路名稱 -p 連接埠設定 -e WORDPRESS_DB_HOST= 資料庫的容器名稱 -e WORDPRESS_DB_NAME= 資料庫的網域名稱 -e WORDPRESS_DB_USER= 資料庫的使用者名稱 -e WORDPRESS_DB_PASSWORD= 資料庫的密碼 wordpress
```

建立、啟動 WordPress 容器的選項內容

- 參見5-1節的P.127

建立、啟動WordPress容器與MySQL容器

Step 1 以「network create」指令建立網路

使用「network create」指令建立名為「wordpress000net1」的容器，執行結果的數字列是網路 ID，每次會有所不同。

想要查看網路是否成功建立時，可用「network ls」顯示網路的清單。

輸入的內容

```
docker network create wordpress000net1
```

執行結果

```
6977b4446735c3fb8f8945372b2800dc7195939dfaf8f9c1296c26f6fb013d7e
```

Step 2 執行「run」指令，建立、啟動MySQL容器

輸入建立、啟動的指令碼，以 MySQL 映像檔（mysql）建立名為「 mysql000ex11」的容器。

輸入的內容

```
docker run --name mysql000ex11 -dit --net=wordpress000net1 -e MYSQL_ROOT_PASSWORD=myrootpass -e
MYSQL_DATABASE=wordpress000db -e MYSQL_USER=wordpress000kun -e MYSQL_PASSWORD=wkunpass
mysql --character-set-server=utf8mb4 --collation-server=utf8mb4_unicode_ci --default-authentication-
plugin=mysql_native_password
```

執行結果

```
Unable to find image 'mysql:latest' locally
latest: Pulling from library/mysql
bf5952930446: Pull complete
8254623a9871: Pull complete
938e3e06dac4: Pull complete
…（以下省略）
```

Step 3 執行「run」指令，建立、啟動WordPress容器

輸入建立、啟動的指令碼，以 WordPress 映像檔（wordpress）建立名為「wordpress000ex12」的容器。

✎ 輸入的內容

```
docker run --name wordpress000ex12 -dit --net=wordpress000net1 -p 8085:80 -e WORDPRESS_DB_
HOST=mysql000ex11 -e WORDPRESS_DB_NAME=wordpress000db -e WORDPRESS_DB_
USER=wordpress000kun -e WORDPRESS_DB_PASSWORD=wkunpass wordpress
```

執行結果

```
Unable to find image 'wordpress:latest' locally
latest: Pulling from library/wordpress
bf5952930446: Already exists
a409b57eb464: Pull complete
3192e6c84ad0: Pull complete
43553740162b: Pull complete
…（以下省略）
```

Step 4 以「ps」指令確認容器的運行情況

執行「ps」指令，確認「mysql000ex11」、「wordpress000ex12」容器的運行情況。若「STATUS」顯示「Up」，表示容器正常運行。

✎ 輸入的內容

```
docker ps
```

執行結果

```
CONTAINER ID IMAGE    COMMAND                  CREATED        STATUS       PORTS                   NAMES
05482b2111d0 wordpress "docker-entrypoint.s…"  4 minutes ago  Up 4 minutes 0.0.0.0:8085->80/tcp    wordpress000ex12
5011b9c5e3d7 mysql    "docker-entrypoint.s…"   6 minutes ago  Up 6 minutes 3306/tcp, 33060/tcp     mysql000ex11
```

Step 5 確認可以在瀏覽器中顯示 WordPress

在網址列輸入「http://localhost:8085/」，確認瀏覽器顯示 WordPress 的起始頁面。若跑出錯誤訊息[※4]的話，請檢查是否有拼字錯誤。

尚有餘裕的人不妨實際登入 WordPress，確認是否可正常使用（WordPress 用法並不是本書的主題，這邊不多加贅述）。

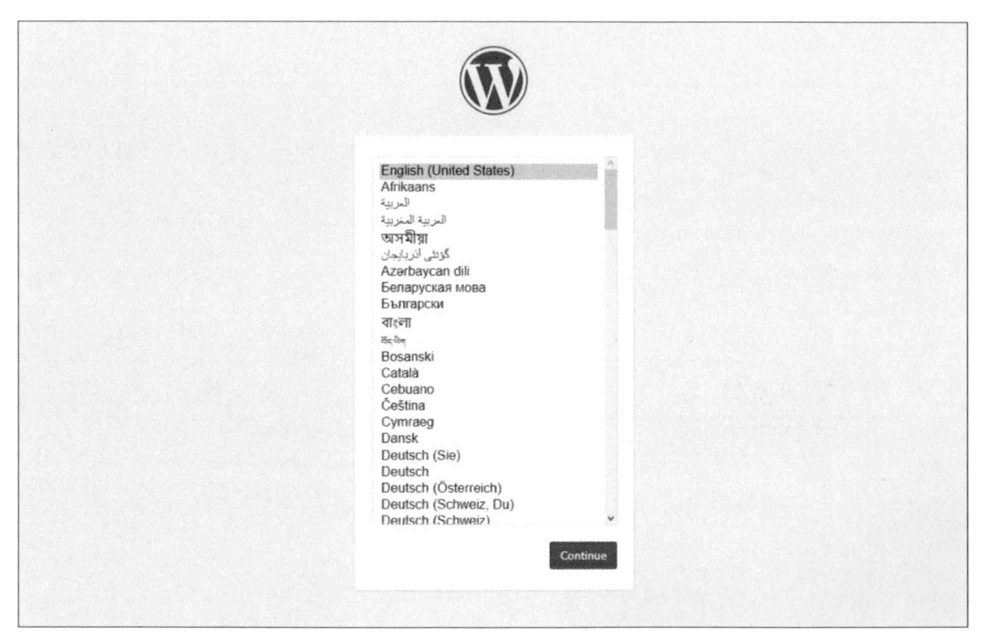

圖 5-2-1 WordPress 的起始頁面

Step 6 善後處理

充分訪問 WordPress 後，一如往常開始善後處理，先停用、刪除容器再刪除映像檔，同時也別忘了刪除網路。

✎停用容器

```
docker stop wordpress000ex12
docker stop mysql000ex11
```

※4 參見 P.133 的專欄。

✎刪除容器

```
docker rm wordpress000ex12
docker rm mysql000ex11
```

✎刪除映像檔

```
docker image rm wordpress
docker image rm mysql
```

✎刪除網路

```
docker network rm wordpress000net1
```

COLUMN：Failed 操作不順利的時候

當操作不順利的時候，請確認第4章P.93列出的檢查項目。而且，這次加上多個選項和參數的指令碼，很容易因拼字錯誤、多餘的空格、換行等，而顯示錯誤訊息。然後，檢查自訂使用者名稱、密碼，請確認WordPress容器和MySQL容器所設定的內容是否一致。

若檢查都沒有問題卻仍不順利的話，也有可能是WordPress、MySQL的版本不已經不同。請將WordPress指定5.5版本、MySQL指定8版本※，固定使用與本書相同的版本來執行。

在確認畫面的網址列，也要檢查是否正確輸入「https:」。

MEMO

關於指定版本的方式，請見第4章的P.117。指令輸入「mysql:8.1」時，是指定使用MySQL 8.1，但如「mysql:8」未標記小數點時，會使用MySQL 8系列中的最新版本。其他軟體也是一樣的情況。

Error establishing a database connection

圖 5-2-2　錯誤訊息的畫面

熟練輸入指令碼

SECTION 03

本節將會使用 WordPress 以外的軟體，練習在容器中建置執行環境。請回顧前面的學習內容，思考應該輸入什麼指令。

軟體與資料庫的關係

如前所述，除了 WordPress 的本體外，使用時還需要 Apache、PHP 執行環境和 MySQL，網路系統大多都是這樣的形式。其中，Apache、PHP、MySQL 搭配 Linux 的執行環境，又特別稱為「LAMP 環境」。這次的練習也是以 Linux 建置 LAMP 環境。

隨著軟體如雨後春筍般興盛，也出現將 Apache 改換 nginx；MySQL 改換 MariaDB、PostgreSQL 的執行環境，但基本上仍舊是「Linux ＋網路伺服器＋程式語言的執行環境＋資料庫」。

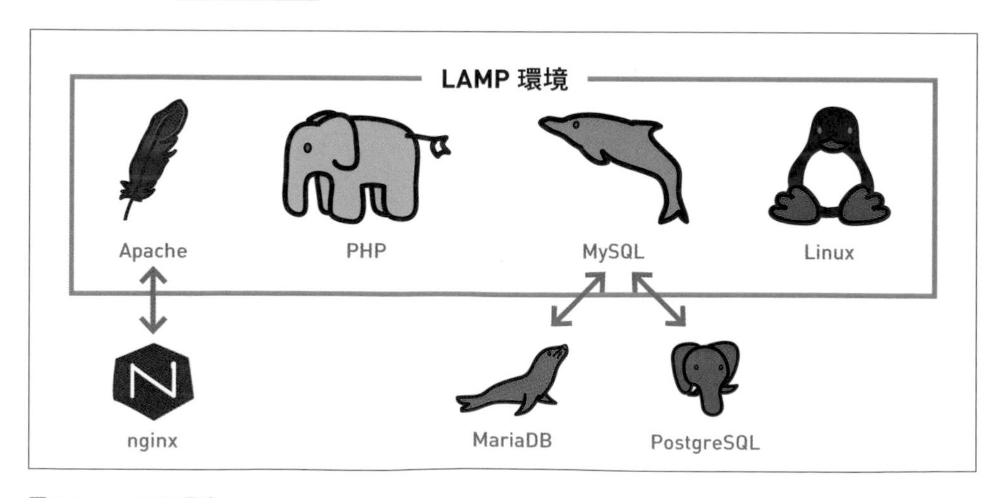

圖 5-3-1　LAMP 環境

因此，如同 WordPress 容器，其他軟體也常是「程式本體＋程式執行環境＋網路伺服器」容器搭配「資料庫」容器。

WordPress 的思維可套用到其他軟體上！

難得有練習的機會，本節就來嘗試搭配其他軟體。「run」的指令內容跟 WordPress ＋ MySQL 時幾乎一樣，僅需要修改容器名稱、埠號。因此，這次也來練習「編寫指令碼的內容」。未來在使用 Docker 時，未必能夠找到範例，**請熟練到可自行編寫指令碼**。

5-3、5-4 節為練習的內容，**不需要練習的人可直接跳到下一章**。

熟練到可自行編寫「run」指令

首先，練習前面執行過的指令碼：5-2 節執行 WordPress 和 MySQL 的指令碼。一開始就挑戰從頭編寫可能過於困難，請先練習填寫下述指令碼中的空白選項值。

讀者不需要硬背選項值，請參考選項表格來填寫。

〔問題①〕填寫 MySQL 的選項值

MySQL 的 run 指令碼

```
docker run --name [          ] -dit --net=[          ] -e MYSQL_ROOT_PASSWORD=[          ] -e
MYSQL_DATABASE=[          ] -e MYSQL_USER=[          ] -e MYSQL_PASSWORD=[          ]
mysql --character-set-server=utf8mb4 --collation-server=utf8mb4_unicode_ci --default-authentication-
plugin=mysql_native_password
```

MySQL使用的選項

項目	選項	值
網路名稱	--net	wordpress000net1
MySQL 的容器名稱	--name	mysql000ex11
操作選項	-dit	(無)
MySQL 的管理員密碼	-e MYSQL_ROOT_PASSWORD	myrootpass
MySQL 的資料庫網域名稱	-e MYSQL_DATABASE	wordpress000db
MySQL 的使用者名稱	-e MYSQL_USER	wordpress000kun
MySQL 的密碼	-e MYSQL_PASSWORD	wkunpass

〔解答①〕

對照下述解答，是否都填寫正確呢？

```
docker run --name mysql000ex11 -dit --net=wordpress000net1 -e MYSQL_ROOT_PASSWORD=myrootpass -e MYSQL_DATABASE=wordpress000db -e MYSQL_USER=wordpress000kun -e MYSQL_PASSWORD=wkunpass mysql --character-set-server=utf8mb4 --collation-server=utf8mb4_unicode_ci --default-authentication-plugin=mysql_native_password
```

接著，練習自己填寫完整的選項內容。

這次換成 WordPress 的 run 指令，請自己根據選項表格來填寫。

〔問題②〕填寫 WordPress 的選項

WordPress的run指令

```
docker run [          ] [   ] [          ] [    ]
[              ] [              ]
[              ] [              ] wordpress
```

WordPress使用的選項

項目	選項	值（任意名稱、指定值）
網路名稱	--net	wordpress000net1
WordPress的容器名稱	--name	wordpress000ex12
操作選項	-dit	（無）
指定埠號	-p	8085:80
資料庫的容器名稱	-e WORDPRESS_DB_HOST	mysql000ex11
資料庫的網域名稱	-e WORDPRESS_DB_NAME	wordpress000db
資料庫的使用者名稱	-e WORDPRESS_DB_USER	wordpress000kun
資料庫的密碼	-e WORDPRESS_DB_PASSWORD	wkunpass

建立、啟動WordPress容器

```
docker run --name wordpress000ex12 -dit --net=wordpress000net1 -p 8085:80
-e WORDPRESS_DB_HOST=mysql000ex11 -e WORDPRESS_DB_NAME=wordpress000db
-e WORDPRESS_DB_USER=wordpress000kun -e WORDPRESS_DB_PASSWORD=wkunpass wordpress
```

嘗試編寫後會發現，有些選項要加一個連字號、有些要加兩個連字號、有些需等號、有些不需要等號。如 P.77 所述，這些符號沒有固定規律，請參考相關書籍、官方說明文件的指令碼輸入格式。對工程師來說，查詢資料也是重要的技能。

・官方說明文件

https://docs.docker.com/reference/

即便經過這樣的練習，熟練 Docker 的人也很難從頭編寫指令碼。熱門、常用的指令尚可應付，但冷門、少用的指令就不太清楚格式、使用的選項和參數。

請尋找映像檔發布的原始資料，或者網路上的相關資訊，自行編寫組合指令碼。當各位哪天需要本書未收錄的指令碼時，就像這樣尋找資訊來編寫指令碼。

COLUMN：Level ★★★〔for beginners〕　自行決定密碼、使用者名稱

為了方便學習，本書是以固定的密碼、使用者名稱來建立容器。但是，使用 Docker 時並不會有人幫忙，密碼、名稱得自行決定，選項的格式也得自行查詢。尚有餘裕的人可練習這個部分，先嘗試填寫下述表格，再根據表格編寫指令碼。

完成後，實際輸入指令碼執行看看，且不要忘記善後處理。另外，MySQL 的參數比較困難，請直接參考5-2節的內容，而WordPress的參數沒有也沒關係。

執行MySQL的指令碼

```
docker run 選項 mysql 參數
```

MySQL使用的選項

項目	選項	值（可自行決定）
MySQL的容器名稱		
操作選項		
MySQL的管理員密碼		
MySQL的資料庫網域名稱		
MySQL的使用者名稱		
MySQL的密碼		

執行WordPress的指令碼

```
docker run 選項 wordpress 參數
```

WordPress使用的選項

項目	選項	值（可自行決定）
WordPress的容器名稱		
操作選項		
設定埠號		:80
資料庫的容器名稱		
資料庫的網域名稱		
資料庫的使用者名稱		
資料庫的密碼		

SECTION 04

練習建立 Redmine 的容器與 MariaDB 的容器

這次使用其他軟體來練習，建立專案管理系統的「**Redmine**」容器，而資料庫使用 **MySQL** 和 **MariaDB**。

建立Redmine和MySQL的容器

僅建立一次 WordPress 搭配 MySQL，練習量可能不太足夠，這裡也動手實作其他的練習。

首先是 Redmine。Redmine 可管理「誰該做什麼項目」的「Ticket（專案）」，是常用於開發現場的軟體，許多人應該都有接觸過。

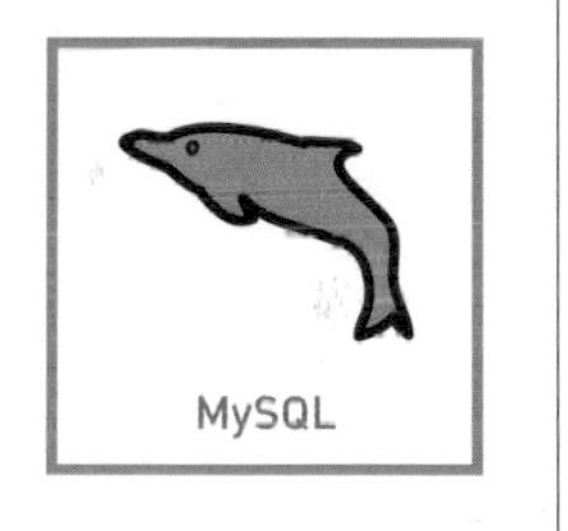

Redmine 和 WordPress 的構成相似，大概僅差在埠號不一樣，但需要留意選項的名稱有所不同。由於建立容器的順序也一樣，後面就省略細項的步驟，僅記載輸入的指令碼，請試著自行思考來動手實作。

操作流程

網路、容器的建立資訊

項目	值
網路名稱	redmine000net2
MySQL的容器名稱	mysql000ex13
MySQL的映像檔名稱	mysql
Redmine的容器名稱	redmine000ex14
Redmine的映像檔名稱	redmine

指令的選項、對象、參數

建立網路

```
docker network create redmine000net2
```

建立、啟動MySQL容器

```
docker run --name mysql000ex13 -dit --net=redmine000net2 -e MYSQL_ROOT_PASSWORD=myrootpass -e MYSQL_DATABASE=redmine000db -e MYSQL_USER=redmine000kun -e MYSQL_PASSWORD=rkunpass mysql --character-set-server=utf8mb4 --collation-server=utf8mb4_unicode_ci --default-authentication-plugin=mysql_native_password
```

建立、啟動MySQL容器的選項內容

項目	選項	值
MySQL的容器名稱	--name	mysql000ex13
MySQL的管理員密碼	-e MYSQL_ROOT_PASSWORD	myrootpass
MySQL的資料庫網域名稱	-e MYSQL_DATABASE	redmine000db
MySQL的使用者名稱	-e MYSQL_USER	redmine000kun
MySQL的密碼	-e MYSQL_PASSWORD	rkunpass

未記載的項目請見5-1節的P.125。

建立、啟動 MySQL 容器的參數

・與5-1節的P.125相同

建立、執行Redmine容器

```
docker run -dit --name redmine000ex14 --network redmine000net2 -p 8086:3000 -e REDMINE_DB_
MYSQL=mysql000ex13 -e REDMINE_DB_DATABASE=redmine000db -e REDMINE_DB_
USERNAME=redmine000kun -e REDMINE_DB_PASSWORD=rkunpass redmine
```

建立、啟動Redmine容器的選項內容

項目	選項	值（任意名稱、指定值）
Redmine的容器名稱	--name	redmine000ex14
操作選項	-dit	(無)
設定埠號	-p	8086:3000
資料庫的容器名稱	-e REDMINE_DB_MYSQL	mysql000ex13
資料庫的網域名稱	-e REDMINE_DB_DATEBASE	redmine000db
資料庫的使用者名稱	-e REDMINE_DB_USERNAME	redmine000kun
資料庫的密碼	-e REDMINE_DB_PASSWORD	rkunpass

Redmine 的確認方式

在網址列輸入「http://localhost:8086/」，確認瀏覽器顯示 Redmine 的起始頁面。若跑出錯誤訊息的話，請檢查是否有拼字錯誤。尚有餘裕的人不妨實際登入 Redmine，確認是否可正常使用（Redmine 用法偏離本書的主題，這邊不多加贅述）。

啟動後若無法連線資料庫，Redmine 容器會自動結束。操作不順利的時候，請先用 docker stop、docker rm 刪除 Redmine 的容器，再執行一次 docker run，可能就可順利顯示。

圖 5-4-1　Redmine 的起始頁面

建立Redmine和MariaDB的容器

是否順利完成 Redmine 的容器呢？這次練習搭配不同的資料庫，建立 Redmine 容器搭配 MariaDB 容器。

MariaDB 不愧是 MySQL 製作者所開發的軟體，兩者極為相似，大部分的功能也相同。

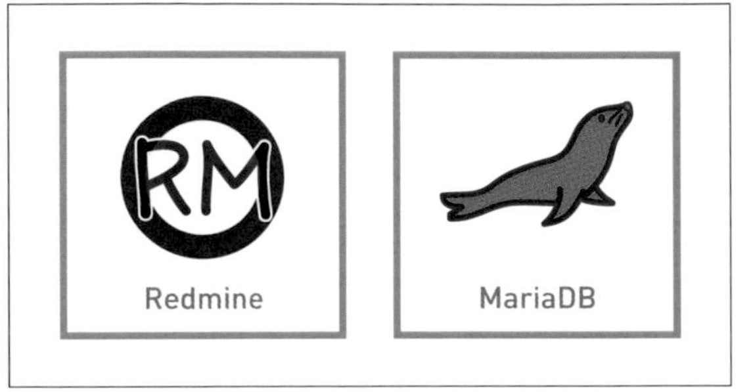

基於特殊緣由，雖然是 MaraiDB 的容器，選項名稱仍是輸入「MySQL」，如「MYSQL_ROOT_PASSWORD」、「MYSQL_DATABASE」等。明明是不一樣的軟體，真是奇妙，但這並非誤植內容，需要留意 MaraiDB 本來就得如此操作。這是 MySQL 和 MariaDB的特殊關係※5，PostgreSQL 等其他資料庫軟體沒有這樣的情況。理所當然，建立 MaraiDB 容器的步驟與 MySQL 一樣。由於該組合的容器建立方式相同，後面就省略細瑣的步驟，僅記載輸入的指令碼，請試著自行動手實作。

操作流程

建立網路 ➡ 建立MaraiDB容器 ➡ 建立Redmine容器 ➡ 確認 ➡ 善後處理

網路、容器的建立內容

項目	值
網路名稱	redmine000net3
MariaDB的容器名稱	mariadb000ex15
MariaDB的映像檔名稱	mariadb
Redmine的容器名稱	redmine000ex16
Redmine的映像檔名稱	redmine

※5　MySQL 和 MariaDB 皆取自米卡埃爾・維德紐斯的愛女名稱，長女名為 My、次女名為 Maria，這兩套資料庫系統也有宛若姊妹般的血緣關係。

指令的選項、對象、參數

建立網路

```
docker network create redmine000net3
```

建立、啟動MariaDB容器

```
docker run --name mariadb000ex15 -dit --net=redmine000net3 -e MYSQL_ROOT_PASSWORD=mariarootpass
-e MYSQL_DATABASE=redmine000db -e MYSQL_USER=redmine000kun -e MYSQL_PASSWORD=rkunpass
mariadb --character-set-server=utf8mb4 --collation-server=utf8mb4_unicode_ci --default-authentication-
plugin=mysql_native_password
```

建立、啟動 MariaDB 容器的選項內容

項目	選項	值
MariaDB的容器名稱	--name	mariadb000ex15
操作選項	-dit	(無)
MariaDB的管理員密碼	-e MYSQL_ROOT_PASSWORD	mariarootpass
MariaDB的資料庫網域名稱	-e MYSQL_DATABASE	redmine000db
MariaDB的使用者名稱	-e MYSQL_USER	redmine000kun
MariaDB的密碼	-e MYSQL_PASSWORD	rkunpass

MariaDB的容器使用「MYSQL～」並非誤植，是因為MariaDB的特殊事由。

建立、啟動 MariaDB 容器的參數

項目	參數	值
字元編碼	--character-set-server=	utf8mb4
字符對照表	--collation-server=	utf8mb4_unicode_ci
驗證方式	--default-authentication-plugin=	mysql_native_password

建立、啟動 Redmine 容器

```
docker run -dit --name redmine000ex16 --network redmine000net3 -p 8087:3000 -e REDMINE_DB_
MYSQL=mariadb000ex15 -e REDMINE_DB_DATABASE=redmine000db -e REDMINE_DB_
USERNAME=redmine000kun -e REDMINE_DB_PASSWORD=rkunpass redmine
```

建立、啟動 Redmine 容器的選項內容

項目	選項	值（任意名稱、指定值）
Redmine的容器名稱	--name	redmine000ex16
設定埠號	-p	8087:3000
資料庫的容器名稱	-e REDMINE_DB_MYSQL	mariadb000ex15

未記載的項目請見P.141。

Redmine 的確認方式

在網址列輸入「http://localhost:8087/」，確認瀏覽器顯示 Redmine 的起始頁面。若跑出錯誤訊息的話，請檢查是否有拼字錯誤。

COLUMN：Level ★★★ 挑戰WordPress搭配MariaDB

想要再稍微練習的人，不妨嘗試WordPress搭配MariaDB。這邊記載輸入的指令碼，請自行挑戰看看。

網路、容器的建立內容

項目	值
網路名稱	wordpress000net4
MariaDB的容器名稱	mariadb000ex17
MariaDB的映像檔名稱	mariadb

WordPress的容器名稱	wordpress000ex18
WordPress的映像檔名稱	wordpress
WordPress的埠號	8088:80

建立網路

```
docker network create wordpress000net4
```

建立、啟動MariaDB容器

```
docker run --name mariadb000ex17 -dit --net=wordpress000net4 -e MYSQL_ROOT_PASSWORD=mariarootpass -e MYSQL_DATABASE=wordpress000db -e MYSQL_USER=wordpress000kun -e MYSQL_PASSWORD=wkunpass mariadb --character-set-server=utf8mb4 --collation-server=utf8mb4_unicode_ci --default-authentication-plugin=mysql_native_password
```

建立、啟動WordPress容器

```
docker run --name wordpress000ex18 -dit --net=wordpress000net4 -p 8088:80 -e WORDPRESS_DB_HOST=mariadb000ex17 -e WORDPRESS_DB_NAME=wordpress000db -e WORDPRESS_DB_USER=wordpress000kun -e WORDPRESS_DB_PASSWORD=wkunpass wordpress
```

善後處理

建立容器後，養成善後處理的習慣。尤其，桌面版 Docker 的容器會占據巨量的電腦資源。至於映像檔，若會重複使用可選擇不刪除，否則建議也要一併刪除。當忘記有哪些容器、映像檔的時候，可利用「docker ps」、「docker image ls」等指令。

下面統整善後處理時會用到的指令，請偶爾確認有沒有忘記刪除。

容器的善後處理

顯示容器的清單	docker ps -a
停用容器	docker stop 容器名稱
刪除容器	docker rm 容器名稱

映像檔的善後處理

顯示映像檔的清單	docker image ls
刪除映像檔	docker image rm 映像名稱

網路的善好處理

顯示網路的清單	docker network ls
刪除網路	docker network rm 網路名稱

卷宗的善後處理

顯示卷宗的清單	docker volume ls
刪除卷宗	docker volume rm 卷宗名稱

卷宗的操作留到第 6 章詳述，這邊可先直接略過。

操作至此可能未刪除的容器如下，若清單中出現這些容器，請輸入指令刪除。

- wordpress
- mariadb
- redmine
- mysql

學習容器的應用方式

CHAPTER

本章會談到應用方面的內容，所需的知識會因職務而異，請先於Section 01整理自己所需的知識，再繼續閱讀後面的內容。
卷宗的掛載起初或許不太好理解，但讀者可先掌握如何繫結掛載（bind mounts）。

整理自己所需的技術

SECTION

01

本章會談到應用方面的內容。本節會統整什麼樣的人需要哪些技術，請先在此整理自己所需的知識。

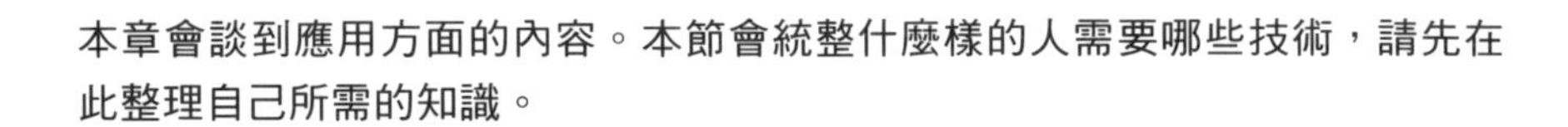

使用者與製作者所需的技術不同

練習建立了幾個容器後，是否稍微習慣了呢？指令本身並不困難，若認為自己會忘記的話，不妨多加反覆練習。

前面的學習內容屬於 Docker 的基本篇，亦即掌握前面的內容後，可應付大多數的基本情況！即便是沒有處理過的容器，只要是業務、興趣上常見[※1]的軟體（容易判斷使用哪些選項的軟體），應該都有能力建立才對，請各位對自己有信心。

圖 6-1-1　運用前面所學的內容

接著會談到應用方面的內容，有些人需要後面講解的技術，但有些人不需要。雖然無論需不需要，掌握技術是很有趣的事情，但也可能讓自己感到挫敗。即便認為總有一天會用到，強迫自己硬背尚不需要的知識，有可能耗費許多時間卻仍不順利。

※1　若不曉得該使用哪些選項，許多時候並非不熟悉容器的選項，而是不夠瞭解該軟體的建置環境，查詢資料時也要留意這點。

比起撥出時間在投報率不高的學習，不如先反覆練習掌握目前需要的技術，更能夠帶來實務效益。因此，若覺得後面的內容「對現在的我來説有點難」、「有好多不懂的地方」，請不必勉強自己，大致閱讀內容後，直接跳過動手實作。

等到需要應用篇的內容，且累積更多 Docker 的基礎知識，能夠輕鬆閱讀本書後，再回來消化理解即可。需要後面知識的人，請加把勁努力跟上，其他人可視自己有無興趣來細讀。

圖 6-1-2 後面的學習內容

那麼，怎麼思考自己需不需要呢？這會因自己的職務千差萬別。

例如，若你是伺服器工程師、資安工程師的話，則必須確實掌握 Docker 的知識。本書到底僅是入門書籍，建議進一步研讀講述進階內容的書籍、官方説明文件。

另一方面，程式工程師、程式設計師、專案經理人、系統工程師、資訊系統管理人等伺服器管理人以外的職種，雖然可能用到容器，但鮮少要求更進階的操作。

任何技術都是類似的情況，使用者和製作者所需的技術不同。以 Docker 為例，若僅單純使用容器的話，前面講解的技術就足夠了，但若需要製作的話，就稍嫌不足。

不過，縱使不需要用到，事前理解技術的概要，有助於與伺服器工程師、資安工程師溝通，理解他們想要表達的意思。

下一小節會粗略描述後面講解的技術，請隨時判斷自己需不需要，若覺得有點困難的話，大致瞭解目前用不到的技術後，就繼續閱讀下去。

後面將會講解的Docker技術

後面將會講解下述技術。各位可能不太瞭解的用語，會分別於使用的地方說明，現在只需要知道「有這樣的東西」即可。

伺服器工程師、資安工程師需要瞭解所有項目，包含這邊刻意未列出的項目。

另外，職位名稱可能因公司而異，其涵蓋的知識範圍也有所不同，所需的技術並非絕對不變。有些公司可能沒有專責的伺服器工程師，直接交給程式工程師負責。下述講解的內容僅是大概的範圍。

・6-2　容器與主機間的檔案複製

學習由容器複製檔案至主機、由主機複製檔案至容器的方法。複製檔案是 Docker 上常用的技術，建議包含初學者的所有人員都要掌握。

・6-3　卷宗掛載

講解繫結掛載與卷宗掛載。

若不使用繫結掛載，則難以連結容器與檔案，建議盡可能讓所有人員掌握。使用 WordPress 等 LAMP 環境的時候，幾乎肯定會用到繫結掛載。

雖然卷宗掛載並非必備知識，但瞭解後可於其他作業系統以相同方式使用資料。除了伺服器工程師外，建議程式工程師、維運負責人、資訊系統管理人也要瞭解。

・6-4　以容器建立映像檔

用於想要將容器複製到其他電腦、伺服器的時候，以及想要大量生產容器的時候。因此，這是伺服器工程師、維運負責人的必備知識。另外，負責將容器由開發環境移轉至正式環境的人，也必須瞭解才有辦法作業。

開發上需要大量生產相同環境時，程式工程師擁有此技能會非常方便。

專案經理人、系統工程師不需要記住實際的指令，但建議瞭解轉成映像檔的功用。

・6-5　改造容器

改造容器是架設伺服器時的必備技術，操作上需要 Docker 的知識與 Linux 的知識。除了本書的內容外，建議想要挑戰的人也要充分學習 Linux。負責將自家公司系統等轉成容器的人，務必要熟練這項技能。在分配開發環境給開發團隊時，建議首席程式工程師擁有此技能。這項技能也有助於維運系統。

接受分配者可能難以理解改造容器，相關事宜就交給專家吧！

・ **6-6　註冊Docker Hub**

想要公開自製容器的人，一般會選擇利用 Docker Hub。若自身沒有打算公開的話，此技能屬於不必要的知識。

關於公司私人的儲存空間（Registry），本書就不清楚詳細情況了，若需要利用的話，不妨向公司內部建置儲存空間的人請益，基本用法與 Docker Hub 相同。

・ **第 7 章　Docker Compose**

Docker Compose 雖非必備知識，卻是方便的工具。

想要同時啟動資料庫與應用程式的時候、想要大量生產執行環境的時候，Docker Compose 將會是一大助力。操作過程留下的文字檔，也有利於管理運用。不過，基本上僅可一併建立、停用、刪除容器與操作環境，無法處理其他事情。此工具可幫助縮短作業時間，伺服器工程師一定要學會，才能夠避免無謂的加班。維運負責人也會使用到這項工具。

在分配開發環境給開發團隊時，建議首席程式工程師擁有此技能。在不需要特地建立映像檔的情況，Docker Compose 也非常有幫助。專案經理人、系統工程師需要瞭解 Docker Compose 的功用。

・ **第 8 章　Kubernetes**

Kubernetes 也非必備知識。Kubernetes 是以多台伺服器運行容器時的「調度管理工具」，一般用於大規模的系統，普通的程式設計師通常不會接觸到。

不過，在處理大規模案件、擴增縮減規模的時候，就少不了 Kubernetes。當伺服器的訪問流量暴增時，伺服器工程師、維運負責人肯定會用到 Kubernetes。由於其調度資源的性質，Kubernetes 也常搭配雲端服務來使用。

即便公司系統屬於小規模，還是建議伺服器工程師瞭解 Kubernetes 的功用。此外，專案經理人、系統工程師、資訊系統負責人，也要瞭解 Kubernetes 的功用。

SECTION 02

容器與主機間的檔案複製

本節說明容器與主機（底層電腦）間的檔案複製方式。這是傳輸資料時常用的操作，所有人員都應該掌握。

檔案複製

大多數的系統都不是僅由程式所構成。如第5章所述，系統除了程式外，還包含程式語言的執行環境、網路伺服器、資料庫等。這些是驅動系統的要素，其他還有構成網頁的素材、輸入的資料本體等。以WordPress為例，還有構成網頁的HTML檔、CSS檔、文件檔與圖像檔。

這些檔案可透過WordPress存至伺服器，但我們有時會想要不經由軟體，直接在伺服器和自家電腦間傳輸資料。因此，建議要學會檔案複製的操作。

檔案可從容器複製至主機（底層電腦），也可從主機複製至容器。主機端可複製任何位置的檔案，容器端也可存至內部的任意位置。

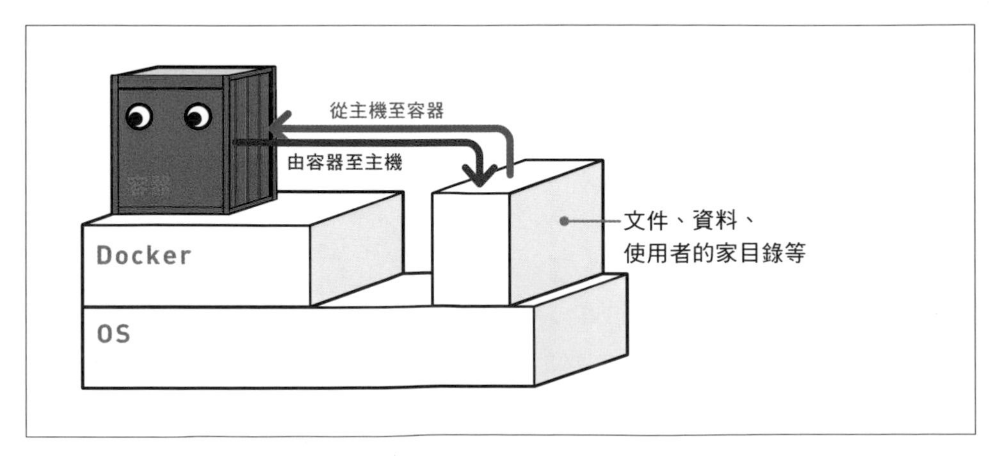

圖 6-2-1　主機與容器間的檔案複製

複製指令 docker cp（docker container cp）

想要複製檔案的時候，在 Windows、Mac 可直接拖放檔案，但在 Docker 得用指令來操作。

複製至容器的輸入範例（主機→容器）

```
docker cp 主機端路徑 容器名稱 : 容器端路徑
```

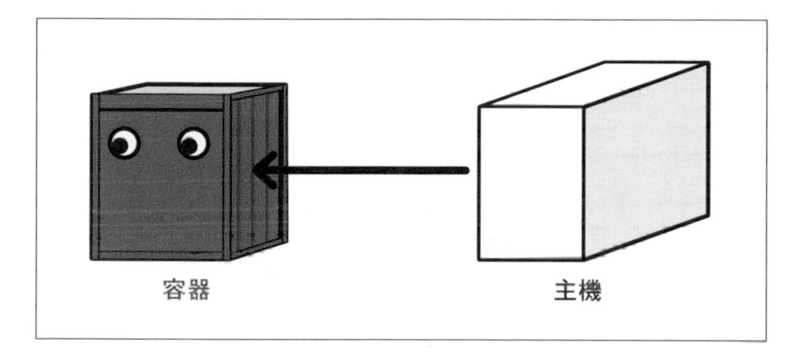

由容器複製的輸入範例（容器→主機）

```
docker cp 容器名稱 : 容器端路徑 主機端路徑
```

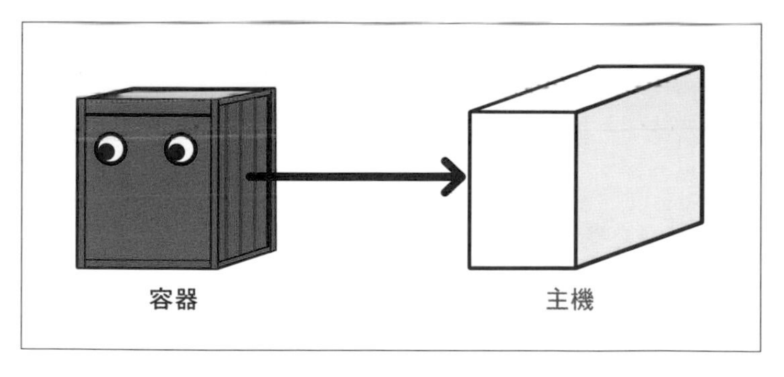

由輸入範例可知，「cp」指令後面要依序輸入「複製源頭 複製目的地」。

複製的指令碼

```
docker cp 複製源頭 複製目的地
```

主機端路徑的輸入範例

主機端（底層電腦端）可複製任何位置的檔案。以「路徑」輸入檔案的儲存位置。路徑是指，檔案、資料夾（目錄）存於電腦內部的位置。例如，若檔案存於「文件」資料夾（Windows、Mac）、使用者的家目錄（Linux），則主機端路徑如下：

路徑的範例

項目	值
Windows的「文件」	C:\Users\使用者名稱\Documents\檔案名稱
Mac的「文件」	/Users/使用者名稱/Documents/檔案名稱
Linux的家目錄	/home/使用者名稱/檔案名稱

建立 index.html 檔

使用 Apache 的容器。訪問 Apache 後會顯示起始頁面，但若容器存有「index.html」檔案，則會優先顯示該檔案的內容。在動手實作之前，先建立準備複製的「index.html」檔案。另外，此檔案也會用於 6-3 節的「卷宗掛載」，動手實作後請不要刪除檔案。

〔事前準備〕建立 index.html 檔

先用記事本等文字編輯器建立 index.html 檔 ※2，Linux 系統請用 nano 編輯器 ※3 等來製作。

將下述內容存成「index.html」的檔案。「.html」的部分為副檔名，可於儲存時存檔類型選擇 html※4，或者檔案名稱直接輸入「index.html」。檔案建立完成後，也可重新命名來修改。

※2　參見下頁的專欄。

※3　參見 Appendix。

※4　記事本儲存時，存檔類型選擇「所有檔案」，再於檔案名稱輸入「index.html」，就可存成副檔名為「.html」的檔案。

儲存時確認字元編碼為「UTF-8」，將檔案存於文件（Windows、Mac）、使用者的家目錄（Linux）。若不想要存於這些位置，也可新建資料夾／目錄來存放，但請記得修改指令中的檔案路徑。

index.html

```
01  <html>
02  <meta charset="utf-8"/>
03  <body>
04  <div> メザシおいしい！ </div>
05  </body>
06  </html>
```

COLUMN：Level ★★★〔for beginners〕　HTML和index.html檔

HTML偏離本書的主題而不詳細著墨，但這裡還是稍微講解一下。

網站是由HTML檔所構成，HTML會以<html>等標籤框起來，上下使用<html>~</html>圍起，再於<body>~</body>之間輸入內容，最後於瀏覽器呈現成網頁。

以HTML輸入內容的檔案，副檔名會存成「.html」或者「.htm」。副檔名用來表示檔案格式。

網站的首頁多是使用「index.html」檔，存放該檔案後，Apache的起始頁面就會換成「index.html」中的內容。

〔步驟〕將檔案由主機複製至容器

將 index.html 檔複製至 Apache 的容器。在此狀態下訪問 Apache，不會是先前的起始頁面，而會顯示 index.html 的內容。

操作流程

容器的建立資訊

項目	值
容器名稱	apa000ex19
映像檔名稱	httpd
設定埠號	8089:80

指令的選項、對象、參數

這次練習的前提是，將 index.html 檔存於「文件」（Windows、Mac）／使用者的家目錄（Linux）。

複製的指令

```
docker cp 複製源頭的路徑 複製目的地的容器名稱：容器端的路徑
```

項目	值
Windows的複製源路徑	C:\Users\使用者名稱\Documents\index.html※5
Mac的複製源路徑	/Users/使用者名稱/Documents/index.html
Linux的複製源路徑	/home/使用者名稱/index.html
複製目的地的容器內部目錄	/usr/local/apache2/htdocs/

Step 0 先建立Apache容器

這邊使用 Apache 的容器。已經不太記得 Apache 的人，回頭複習第 4 章的內容，參考 4-4 節建立可通訊的 Apache 容器。請將容器名稱設定為「apa000ex19」、埠號設定為「8089」。

輸入的內容

```
docker run --name apa000ex19 -d -p 8089:80 httpd
```

※5　根據 Docker Engine 版本，有些需要省略「C:」才可順利操作。若依舊操作不順利的話，可能是輸入格式有所變更，請查詢本書的支援網頁。

Step 1 以瀏覽器確認Apache的訪問情況

在網址列輸入「http://localhost:8089/」，確認瀏覽器顯示 Apache 的起始頁面。

目前尚未做任何操作，所以 Apache 呈現起始頁面。

圖 6-2-2 Apache 的起始頁面

Step 2 執行「cp」指令，將檔案由主機複製至容器

使用「cp」指令，將「index.html」檔案由主機複製至容器。

複製的指令〔Windows〕

```
docker cp C:\Users\ 使用者名稱 \Documents\index.html apa000ex19:/usr/local/apache2/htdocs/
```

複製的指令〔Mac〕

```
docker cp /Users/ 使用者名稱 /Documents/index.html apa000ex19:/usr/local/apache2/
htdocs/
```

複製的指令〔Linux〕

```
docker cp /home/ 使用者名稱 /index.html apa000ex19:/usr/local/apache2/htdocs/
```

Step 3 確認網頁呈現index.html的內容

在網址列輸入「http://localhost:8089/」，瀏覽器持續開著頁面時，可點擊重新整理按鈕或者按下〔F5〕鍵重新讀取。若顯示「index.html」檔案的內容，表示檔案複製成功。另外，畫面會顯示 index.html 中 <div>~</div> 圍起的內容。

圖 6-2-3　Apacche 的起始頁面

Step 4 善後處理

下個動手實作也會用到相同的容器，這邊可先不要刪除。

〔步驟〕將檔案由容器複製至主機

這次進行相反的操作，將前面複製至 Apache 容器的 index.html 檔，複製至主機端。為了方便區別哪個才是新的複製檔，請將主機端的檔案改名為「index2.html」或者直接刪除。

Linux 系統可用下述指令重新命名檔案、刪除檔案。

在 Linux 重新命名檔案（index.html→index2.html）

```
mv /home/ 使用者名稱 /index.html /home/ 使用者名稱 /index2.html
```

在 Linux 刪除檔案

```
rm /home/ 使用者名稱 /index.html
```

操作流程

建立、啟動 Apache 容器 → 複製 → 確認

容器的建立資訊

本節直接使用「apa000ex19」容器。

指令的選項、對象、參數

主機端的複製目的地資料夾（目錄），輸入與上一節相同的「文件」（Windows、Mac）／使用者的家目錄（Linux）。

複製的指令（Windows）

```
docker cp apa000ex19:/usr/local/apache2/htdocs/index.html C:\Users\使用者名稱\Documents\
```

複製的指令（Mac）

```
docker cp apa000ex19:/usr/local/apache2/htdocs/index.html /Users/使用者名稱/Documents/
```

複製的指令（Linux）

```
docker cp apa000ex19:/usr/local/apache2/htdocs/index.html /home/使用者名稱/
```

項目	值
Windows的路徑	C:\Users\使用者名稱\Documents\
Mac的路徑	/Users/使用者名稱/Documents/
Linux的路徑	/home/使用者名稱/
容器內的檔案路徑	/usr/local/apache2/htdocs/index.html

請根據自己的作業系統選擇指令

Step 0 先建立Apache容器

這邊沿用上一節的「apa000ex19」容器。若已經刪除的話，請重新建立容器。另外，請重新命名上一節主機端的「index.html」檔案，或者確認已經刪除。

Step 1 執行「cp」指令，將檔案由容器複製至主機

使用「cp」指令，將「index.html」檔案由容器複製至主機。

✐複製的指令〔Windows〕

```
docker cp apa000ex19:/usr/local/apache2/htdocs/index.html C:\Users\使用者名稱\Documents\
```

✐複製的指令〔Mac〕

```
docker cp apa000ex19:/usr/local/apache2/htdocs/index.html /Users/使用者名稱/Documents/
```

✐複製的指令〔Linux〕

```
docker cp apa000ex19:/usr/local/apache2/htdocs/index.html /home/使用者名稱/
```

Step 2 確認index.html檔案成功複製至主機端

打開對應的資料夾（目錄），確認 index.html 檔案成功複製至主機端。Windows、Mac 可如平時直接打開資料夾確認，而 Linux 需要使用「ls」指令。

Step 3 善後處理

確認成功後停用、刪除容器，而映像檔、index.html 檔可留到下個動手實作。關於善後處理容器的指令，請見第 5 章的 P.145。

SECTION 03

卷宗掛載

本節講解如何掛載卷宗。掛載後，可將容器的一部分當作底層電腦的一部分，非常方便。掛載存在兩種方式，內容有些困難，請慢慢理解消化。

卷宗與掛載

本節講解卷宗掛載，許多人可能會問：「卷宗是什麼東西？」、「掛載是什麼動作？」

卷宗是指，儲存空間中的一個切割區域。簡言之，就是硬碟、SSD中的一個切割區域，可想成長條蜂蜜蛋糕的一部分※6。

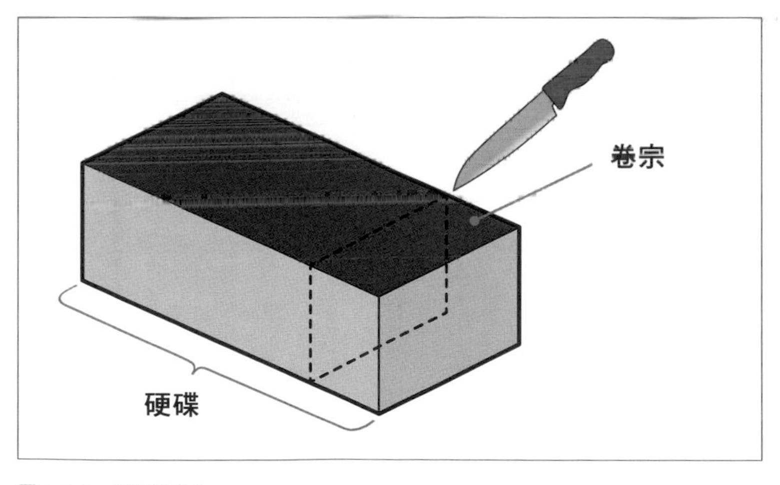

圖 6-3-1 何謂卷宗？

所謂的掛載，顧名思義是「掛上載入」的意思，將連結對象置於作業系統、軟體的支配之下。就映像檔而言，最容易理解的應該是 USB 碟，插入電腦聽到提示音後可打開資料夾，這就是 USB 碟掛載至電腦。

※6 實務上，通常是將一個儲存空間當作一個卷宗。

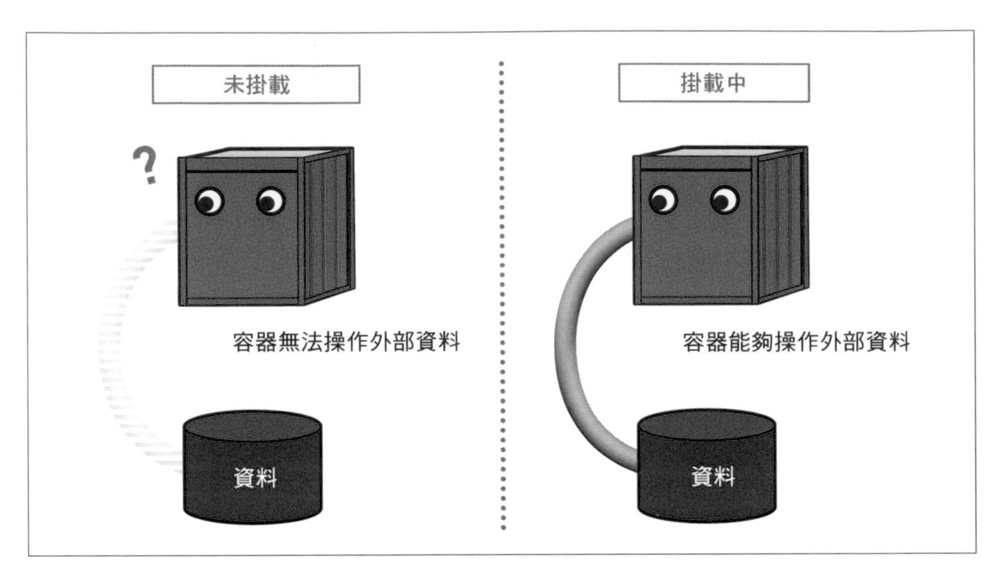

圖 6-3-2　**掛載後的情況**

前面的容器都是建立用完即捨棄，但實際上使用容器的時候，需要掛載儲存空間來留存資料。容器停用後不會馬上消失，但因「建立用完即捨棄」的性質，隨著軟體更新升級，總有一天必須刪除容器。換言之，容器在不久的將來肯定會消失。

此時，若資料放在容器內部，則會跟著容器一起消滅 ※7。談論容器資料的遺失可能沒有什麼感覺，但若想成是更換電腦、智慧手機的話，沒有辦法繼承資料會感到相當困擾，通常會將資料移至 USB 碟、SD 卡或者外接式硬碟。

同理，容器的資料也要移轉至外部。不過，由於容器經常建立用完即捨棄，一般不會選擇頻繁移動資料，而是一開始就儲存至外部，再由外部存取資料。這種做法稱為長存資料，而資料的放置場所即掛載的儲存空間。

「掛載儲存空間」感覺有點冗長，工程師習慣上會說成「掛載卷宗」，但掛載的儲存空間不僅限於卷宗，有時也會掛載檔案夾、檔案、記憶體。

掛載儲存空間的方式

Docker 有兩種掛載儲存空間的方式，分別為卷宗掛載與繫結掛載。

※7　在 MySQL 等資料庫，容易區分資料消滅的映像檔，但 WordPress 等資料庫以外的容器，裡頭也包含設定檔、上傳的圖像檔等。

①卷宗掛載

卷宗掛載是，在 Docker Engine 管理的空間中建立卷宗，再當作硬碟掛載至容器。雖然可僅靠名稱管理、容易上手，但卻難以直接操作卷宗，通常用來放置「想要臨時使用的資料」、「少用但不可刪除的檔案」。

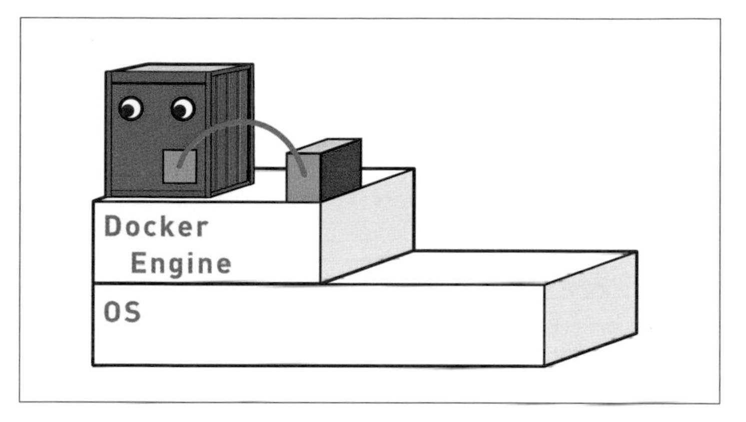

圖 6-3-3　**卷宗掛載**

②繫結掛載

繫結掛載是，在已安裝 Docker 的電腦，將文件夾、桌面等不在 Docker Engine 管理下的既存目錄 ※8 掛載至容器。除了目錄之外，也可以檔案單位進行掛載。

由於可直接在資料夾（目錄）儲存、開啟檔案，常用來存放需要頻繁使用的檔案。

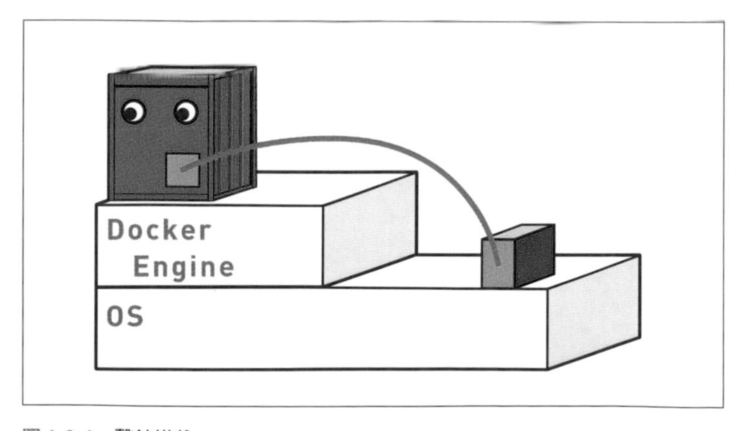

圖 6-3-4　**繫結掛載**

※8　在 Widnows 習慣上稱為資料夾，但在 Linux 會稱為目錄。

兩種掛載方式的差異

兩種掛載方式有三個差異：「簡不簡單」、「可不可由底層電腦操作」、「想不想排除對系統環境的依賴」。

卷宗掛載時，檔案處於 Docker Engine 的管理下[※9]，使用者不必特別注意檔案的位置，也不會發生「隨意放在桌面上，一不小心就刪掉！」的情況。另外，指令不會因作業系統而異。例如，由於 Windows、Mac、Linux 指定目錄方式（路徑）各自不同，分配 Linux 使用者建立的容器後，Windows、Mac 使用者必須修改該部分（路徑），而卷宗掛載不需要這樣的作業，路徑不會因系統環境而改變。

換言之，卷宗掛載習慣後很容易上手，Docker 官方也推薦這種方式。

不過，卷宗掛載得由 Docker 容器操作才可存取容器，勉強加以變更恐造成卷宗毀損。備份時也不可簡單複製，需要複雜的操作步驟[※10]。另一方面，繫結掛載可將檔案存於 Docker 管理外的其他位置，可如同普通的資料夾進行處理，也可由其他軟體輕鬆編輯，不需要受限於 Docker Engine。因此，WordPress 等需要頻繁編輯檔案的情況，就得使用繫結掛載來作業。

如上所述，兩者差在簡易性與功用不同，需要經常編輯裡頭的檔案時選擇繫結掛載，否則不妨直接選擇卷宗掛載。

卷宗掛載與繫結掛載的差異

項目	卷宗掛載	繫結掛載
儲存空間	卷宗	目錄、檔案
掛載位置	Docker Engine管理的位置	任意位置
掛載時的動作	掛載建立的卷宗	掛載既存的檔案、資料夾
編輯內容	經由Docker容器操作	當作普通檔案操作
備份	需要複雜的步驟	當作普通檔案操作

其中，卷宗掛載建議事前建立卷宗。

※9　Linux 的位置是 /var/lib/docker/volumes/……。桌面版的檔案存於類似 Docker Engine 管理下的位置，以主機讀寫這裡的檔案恐造成毀損。

※10　需要將對應的卷宗掛載至僅安裝 Linux 系統的其他容器，進行備份操作。

COLUMN：Level ★★★　暫存檔案系統（tmpfs）掛載

其實，還有一種掛載方式——暫存檔案系統（tmpfs）掛載。

暫存檔案系統掛載的掛載對象不是磁碟而是記憶體，由於讀寫速度比磁碟更快，主要用於高速存取的時候，但會隨著Docker Engine停用、主機重新開機而消滅。

掛載儲存空間的指令

無論選用哪種掛載方式，都得使用「run」指令加上選項，來指定掛載儲存空間。

掛載時，會將欲掛載儲存空間的位置（路徑），設定成宛若容器中的特定位置。這可能不太好理解。舉個簡單的例子，各位應該在桌面上建立過捷徑，但執行軟體的程式其實位於其他位置。然而，建立捷徑後，看起來就像是直接將本體置於桌面。

掛載儲存空間也是同樣的道理，欲掛載的儲存空間其實位於其他位置，但卻設定成宛若容器中的特定位置。若以桌面來比喻，就相當於在容器內部建立捷徑。

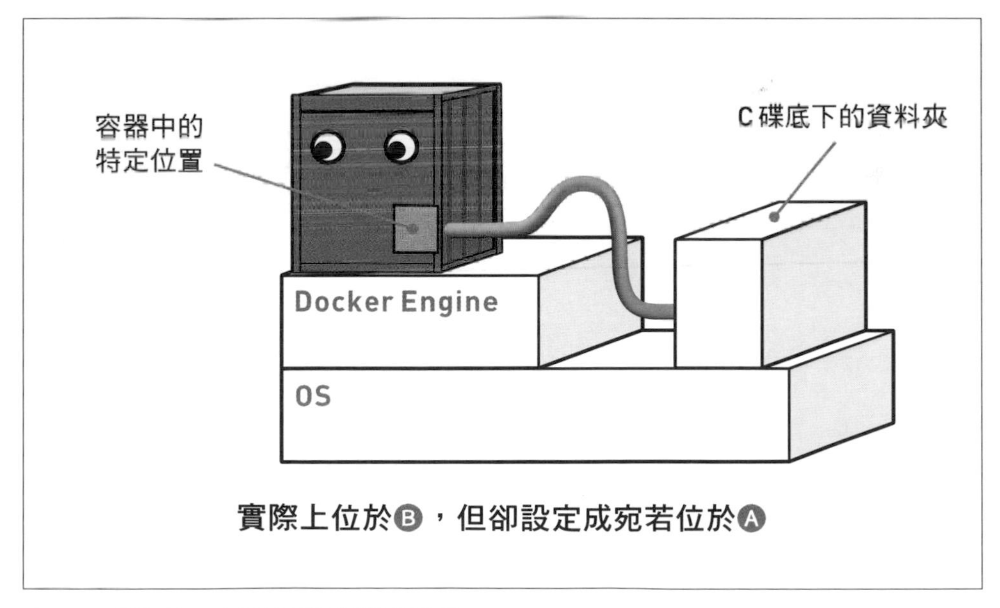

圖 6-3-5　掛載就好比建立捷徑（繫結掛載的例子）

使用路徑指定掛載源頭的儲存空間位置（圖 6-3-5 的Ⓑ），與掛載目的地的位置（圖 6-3-5 的Ⓐ）。例如，若欲以 Windows 桌面 ※11 中的「mezashi」資料夾為源頭，則指定路徑「C:\Users\ 使用者名稱 \Desktop\mezashi※12」。

掛載目的地的儲存空間位置（容器內部的位置），通常是選擇該軟體儲存容器的位置。例如，Apache 會指定「/usr/local/apache2/htdocs」；MySQL 會指定「/var/lib/mysql」。

關於資料的儲存位置，可查詢 Docker 映像檔的説明文件。

掛載儲存空間的步驟

在掛載儲存空間之前，得先建立該儲存空間。

若是選擇卷宗掛載，即便不事前建立，掛載時沒有找到卷宗（儲存空間）就會自動建立，但不推薦這個方式，建議還是事前建立比較好。

儲存空間的建立方式

若選擇繫結掛載，建立儲存空間需要準備資料夾（目錄）、檔案。請按照平時的操作 ※13 新增資料夾，雖然位置沒有限制，但建議選擇文件夾、C 碟底下等不會隨意碰到的場所。

若選擇卷宗掛載，則用卷宗系列的指令建立。

建立卷宗（卷宗掛載）

```
docker volume create 卷宗名稱
```

刪除卷宗（卷宗掛載）

```
docker volume rm 卷宗名稱
```

※11 打開桌面上的任意資料夾，點擊檔案總管的位址欄位，就會顯示該資料夾的位置路徑。桌面本身不會顯示位置路徑。

※12 應該以「\」區隔輸入。

※13 Windows 系統用滑鼠右鍵新增資料夾；Mac 系統用〔control〕+點擊彈出選單，或者用〔Shift〕+〔command〕+〔N〕新增檔案夾；Linux 系統用 mkdir 指令建立目錄。

主要的副指令

指令	內容	省略	常用的選項
create	建立卷宗	不可	不常指定
inspect	顯示卷宗的詳細資訊	不可	不常指定
ls	顯示卷宗的清單	不可	不常指定
prune	刪除所有目前未掛載的卷宗	不可	不常指定
rm	刪除指定的卷宗	不可	不常指定

掛載儲存空間的指令

在「-v」選項後面，依序輸入「實際的儲存空間路徑」或者「卷宗名稱 ※14」、「容器的儲存空間路徑」，兩路徑間用冒號「:」區隔。

若選擇繫結掛載，雖然掛載對象不是卷宗，但仍使用與卷宗掛載相同的「-v」選項。

繫結掛載常用的輸入範例

```
docker run（省略）-v 實際的儲存空間路徑:容器的儲存空間路徑（省略）
```

卷宗掛載常用的輸入範例

```
docker run（省略）-v 卷宗名稱:容器的儲存空間路徑（省略）
```

〔步驟〕繫結掛載

下面來練習繫結掛載。延續前面的檔案複製，以 Apache 建立容器。繫結掛載需要事前建立普通的資料夾（目錄），再於建立容器時使用指令選項來掛載。以資料夾（目錄）中的檔案有無改變，來確認掛載情況。

這次儲存「index.html」檔案，確認瀏覽器的 Apache 起始頁面顯示「index.html」檔案的內容。

※14 卷宗的建立方式請見下頁詳述。

操作流程

容器的建立資訊

項目	值
容器名稱	apa000ex20
映像檔名稱	httpd
埠號	8090

「-v」選項的設定內容

項目	值
容器內部的儲存空間路徑（掛載目的地）	/usr/local/apache2/htdocs
實際的資料夾名稱／目錄名稱（掛載源頭）	apa_folder
Windows實際的儲存空間路徑	C:\Users\使用者名稱\Documents\apa_folder
Mac實際的儲存空間路徑	/Users/使用者名稱/Documents/apa_folder
Linux實際的儲存空間路徑	/home/使用者名稱/apa_folder

請根據自己的作業系統選擇指令

-v選項（Windows的情況）

```
-v C:/Users/使用者名稱/Documents/apa_folder:/usr/local/apache2/htdocs
```

-v選項（Mac的情況）

```
-v /Users/使用者名稱/Documents/apa_folder:/usr/local/apache2/htdocs
```

-v選項（Linux的情況）

```
-v /home/ 使用者名稱 /apa_folder:/usr/local/apache2/htdocs
```

Step 1 建立掛載的資料夾／目錄

以「apa_folder」的名稱建立準備掛載的資料夾／目錄。

Windows、Mac 直接建立於文件（Documents）裡頭；而 Linux 使用「mkdir 檔案名稱」[※15] 指令建立於使用者的家目錄。

Step 2 以「run」指令啟動 Apache 容器

輸入建立、啟動的指令碼，以 Apache 映像檔（httpd）建立名為「apa000ex20」的容器，需要留意檔案路徑會因作業系統而異。使用「ps」指令確認容器的執行情況。

輸入的內容（Windows）

```
docker run --name apa000ex20 -d -p 8090:80 -v C:/Users/ 使用者名稱 /Documents/apa_folder:/usr/local/apache2/htdocs httpd
```

輸入的內容（Mac）

```
docker run --name apa000ex20 -d -p 8090:80 -v /Users/使用者名稱 /Documents/apa_folder:/usr/local/apache2/htdocs httpd
```

輸入的內容（Linux）

```
docker run --name apa000ex20 -d -p 8090:80 -v /home/使用者名稱 /apa_folder:/usr/local/apache2/htdocs httpd
```

Step 3 以瀏覽器確認 Apache 的訪問情況

在網址列輸入「http://localhost:8090/」，確認瀏覽器顯示 Apache 的起始頁面。目前沒有放置任何檔案，所以畫面會顯示「Index of /」。一般沒有任何檔案時，畫面會顯示「It's Works」；存在資料夾但沒有檔案時，畫面會顯示「Index of /」。

※15 完整的指令碼為「mkdir /home/ 使用者名稱 /apa_folder」。

圖 6-3-6　Apache 的起始頁面

Step 4 將index.html存於掛載的資料夾／目錄

將「index.html」檔案存至「apa_folder」中，Windows、Mac 可一如往常拖放檔案，而 Linux 使用「cp 複製源頭 複製目的地」※16 指令複製檔案。

Step 5 確認網頁顯示index.html的內容

在網址列輸入「http://localhost:8089/」，瀏覽器持續開著頁面時，可點擊重新整理按鈕或者按下〔F5〕鍵重新讀取。若顯示「index.html」檔案的內容，表示檔案複製成功。

圖 6-3-7　顯示的 index.html

Step 6 善後處理

確認成功後停用、刪除容器，將映像檔留存下來。關於容器的善後處理指令，請見 P.145 的專欄。

※16　完整的指令碼為「cp /home/ 使用者名稱 /index.html /home/ 使用者名稱 /apa_folder」。

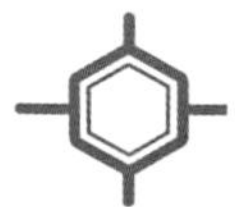

〔步驟：應用〕掛載容器

卷宗掛載比較困難，若覺得不好理解的話，可先跳過這小節的內容。另外，由於完整的確認方式複雜，這邊僅以「volume inspect」指令確認，步驟基本上跟繫結掛載相同。

操作流程

建立卷宗 ➡ 建立Apache容器 ➡ 確認

容器的建立資訊

項目	值
容器名稱	apa000ex21
映像檔名稱	httpd
卷宗名稱	apa000vol1（末尾是小寫英文的 l 和數字的 1）
埠號	8091

指令的選項、對象、參數

建立卷宗

```
docker volume create apa000vol1
```

顯示卷宗的詳細資訊

```
docker volume inspect apa000vol1
```

刪除卷宗

```
docker volume rm apa000vol1
```

-v選項

```
-v apa000vol1:/usr/local/apache2/htdocs
```

掛載源頭與掛載目的地的資訊

項目	值
掛載目的地的容器內部儲存空間路徑	/usr/local/apache2/htdocs
掛載目的地的卷宗	apa000vol1

Step 1 建立掛載的卷宗

以「apa000vol1」的名稱建立準備掛載的卷宗。Docker Engine 會適當設定卷宗的建立位置，不需要另外掛心。

輸入的內容

```
docker volume create apa000vol1
```

Step 2 以「run」指令啟動 Apache 容器

輸入建立、啟動的指令碼，以 Apache 映像檔（httpd）建立名為「apa000ex21」的容器。使用「ps」指令確認容器的運行情況，以 -v 選項指定剛才建立的卷宗，與掛載目的地的容器內部儲存空間。

輸入的內容

```
docker run --name apa000ex21 -d -p 8091:80 -v apa000vol1:/usr/local/apache2/htdocs httpd
```

Step 3 以「volume inspect」指令顯示卷宗的詳細資訊

使用「volume inspect」指令顯示卷宗的詳細資訊，並以「container inspect」指令查詢掛載情況。

✏ 輸入的內容

```
docker volume inspect apa000vol1
```

執行結果

```
[
  {
    "CreatedAt": "2020-09-01T12:36:51Z",
    "Driver": "local",
    "Labels": {},
    "Mountpoint": "/var/lib/docker/volumes/apa000vol1/_data",
    "Name": "apa000vol1",
    "Options": {},
    "Scope": "local"
  }
]
```

✏ 輸入的內容

```
docker container inspect apa000ex21
```

執行結果

```
[
…省略…
    "Mounts": [
        {
            "Type": "volume",
            "Name": "apa000vol1",
            "Source": "/var/lib/docker/volumes/apa000vol1/_data",
            "Destination": "/usr/local/apache2/htdocs",
            "Driver": "local",
            "Mode": "z",
            "RW": true,
            "Propagation": ""
        }
    ],
…省略…
]
```

Step 4 善後處理

確認成功後停用、刪除容器，映像檔、卷宗也要刪除，不刪除會顯示錯誤訊息。關於容器和映像檔的善後處理指令，請見 P.145 的內容。

刪除容器的指令

```
docker volume rm apa000vol1
```

COLUMN：Level ★★★ 高手專欄

卷宗掛載的確認方式

即便前面說步驟複雜，想必還是有人想要知道卷宗掛載的確認方式。為了滿足這些人的需求，這邊提供幾個確認方式。

卷宗掛載的確認方式之所以困難，是因為操作得經由容器才可進入卷宗裡頭，無法像繫結掛載一樣簡單確認「裡頭有檔案」。因此，確認卷宗掛載是否成功時，如同前面的動手實作，需要使用「volumn inspect」指令、「container inspect」指令，但想要確認實際能否讀寫時，請採取下述方式：

（1）實務上想要確認的時候

實務上想要確認的時候，會將其他容器掛載至該卷宗查看內容。例如，WordPress的容器以WordPress更新資料後，容器應該會儲存圖像檔。此時，將僅搭載Linux※的容器連結至該卷宗，顯示卷宗的檔案清單，就可確認WordPress是否成功寫進卷宗。

MEMO

也可用Ubuntu、CentOS等發行版，不過busybox容量小且易於使用。

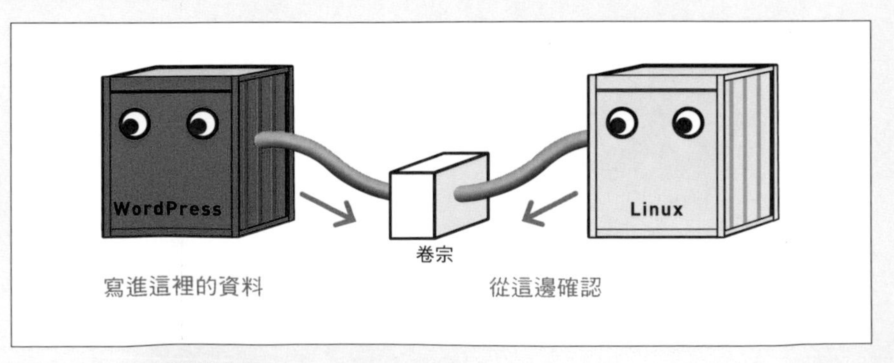

圖 6-3-8　由其他容器掛載確認情況

（2）學習上想要確認的時候

學習上想要確認的時候，可採取更簡單的方式。在卷宗掛載中，卷宗和容器是不一樣的東西，捨棄容器時不會一併刪除卷宗。想要確認的時候，可於容器建立完成後，以WordPress、MySQL更新資料。若有成功寫進內容，則刪除容器後再掛載相同的卷宗，仍可建立WordPress容器、MySQL容器。

若最初的容器有成功連結卷宗，則後面建立的容器也可使用相同的資料。

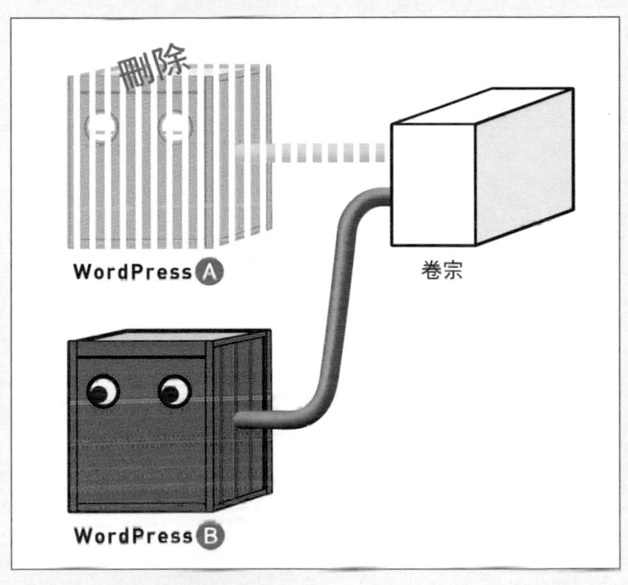

圖 6-3-9
刪除容器後再由其他容器掛載相同的卷宗

COLUMN：Level ★★★ 高手專欄

備份卷宗

繫結掛載的備份僅需要事前複製檔案，而卷宗掛載的備份卻相當麻煩。由於卷宗本身無法複製，需要如同確認方式時的做法，連結其他的Linux容器來壓縮、儲存。需要留意在建立容器（run）的時候，就使用tar指令※進行備份，且要將壓縮檔案存至外部。

> MEMO
>
> **tar 指令：**
> 壓縮檔案的指令，類似zip等壓縮格式。

文字敘述可能有點難懂，但操作流程如下：

確認停用主要的容器 ➡ 建立僅搭載Linux的容器，並以tar指令進行備份。

▶接續下一頁

卷宗備份的輸入範例

```
docker run --rm -v 卷宗名稱 :/moto -v 備份目的地的資料夾名稱 :/saki busybox tar czvf /saki/ 備
份檔名稱 .tar.gz -C /moto .
```

此指令碼是以run執行僅搭載Linux的容器（busybox），並加上「--rm」選項來實現「建立用完即捨棄」。

省略-v選項和參數的輸入範例

```
docker run --rm（選項）busybox（參數）
```

選項的部分掛載了兩個儲存空間。

一個是將卷宗掛載至busybox容器（/moto），採取一般的卷宗掛載。另一個是備份目的地的電腦資料夾，也掛載至busybox容器（/saki），但採取繫結掛載。

這是將掛載/moto的卷宗資料轉至/saki，再由/saki將資料存於容器外部。另外，「/moto」、「/saki」是為方便說明而取的目錄名稱，可自行改成喜歡的稱呼※。

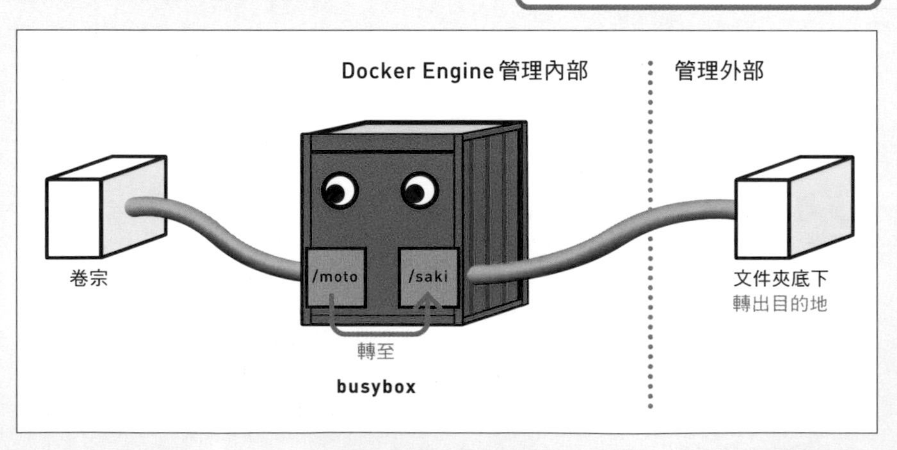

圖 6-3-10　備份卷宗

將卷宗掛載至busybox容器的「/moto」

```
-v 卷宗名稱 :/moto
```

將備份目的地的電腦資料夾掛載至busybox容器的「/saki」

```
-v 備份目的地的資料夾名稱 :/saki
```

參數的部分為「壓縮檔案」和檔案名稱，「tar」是存成tar格式的指令；「czvf」、「-C」是建立時的選項；「備份檔名稱.tar.gz」是檔案名稱。

整個參數的意思是：將/moto壓縮存至/saki內部，並取名為「備份檔名稱.tar.gz」。另外，注意不要漏掉最後的空格和句號。

參數

```
tar czvf /saki/ 備份檔名稱名 .tar.gz -C /moto .
```

這是根據右述資訊所編寫的指令碼。

項目	值
容器名稱	apa000vol1
備份目的地的資料夾名稱	C:\Users\使用者名稱\Documents
busybox內部的轉入目錄名稱	/moto
busybox內部的轉出目錄名稱	/saki
備份檔名稱	backup_apa

完整的輸入範例

```
docker run --rm -v apa000vol1:/moto -v C:\Users\ 使用者名稱 \Documents:/saki busybox tar czvf
/saki/backup_apa.tar.gz -C /moto .
```

在歸檔的時候，請確認主要使用該卷宗的容器是否停用或者不存在。雖然操作起來挺複雜，但這是修改自Docker官方的推薦方式，屬於相當常見的做法，有需要的人就自行記住吧！

另外，本書是針對初學者的書籍，不詳細說明解壓縮的方式，僅提供指令範例給讀者參考。「xzvf」是解壓縮時的選項。

常用的輸入範例（解壓縮）

```
docker run --rm -v apa000vol2:/moto -v C:\Users\ 使用者名稱 \Documents:/saki busybox tar xzvf
/saki/ busybox tar xzvf /saki/backup_apa.tar.gz -C /moto
```

以容器建立映像檔

SECTION 04

本節說明以容器建立映像檔的方法，可用於想要把容器複製至其他環境等，是伺服器工程師的必備知識。

建立容器的映像檔

前面的內容都是使用官方提供的映像檔，但只要利用既存的容器，任誰都可簡單[※17]建立映像檔。透過建立原創的映像檔，可量產相同構成的容器，也可移轉[※18]至其他的電腦、伺服器。

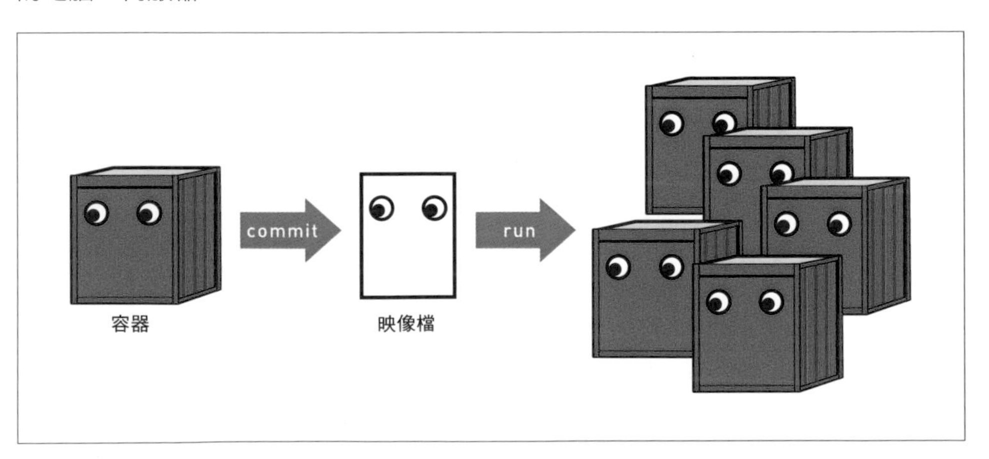

圖 6-4-1　可量產容器

※17　即便是專家也難以從 Scratch（空白映像檔）建立映像檔，但有興趣的人可嘗試跳戰。
※18　容器沒有辦法直接複製，得以 docker commit 指令暫時輸出映像檔，再以 docker save 指令將映像檔轉成檔案。

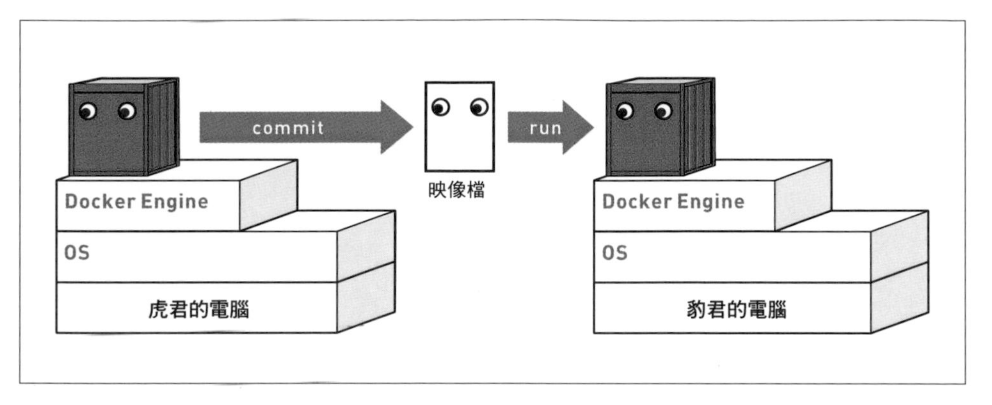

圖 6-4-2　可移轉容器

映像檔的建立方式有兩種：將既存容器以「docker commit」輸出映像檔，與直接以「Dockerfile」建立映像檔。

①以 commit 建立映像檔

先準備好容器，再將其建立成映像檔。僅需要容器和一個指令即可，相當容易操作，但必須先製作容器才可建立鏡像檔。在複製既存的容器、或者移轉容器的時候，此方式非常方便。

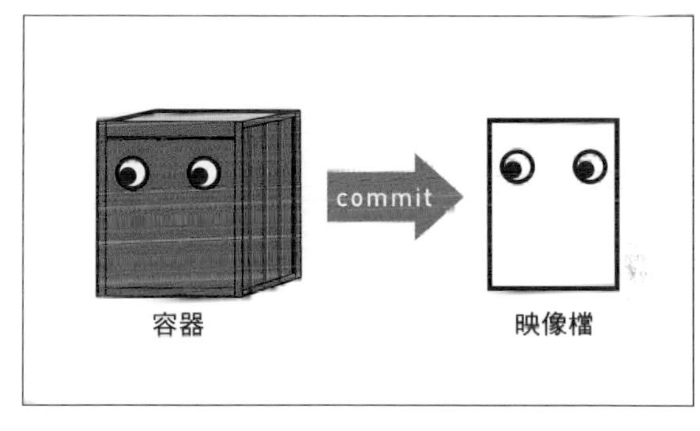

圖 6-4-3　以容器建立映像檔

常用的輸入範例

```
docker commit 容器名稱  建立的映像檔名稱
```

②以 Dockerfile 建立映像檔

準備名為「Dockerfile」的檔案，再以「build」指令建立映像檔。

雖然由字面上來看 Dockerfile，感覺好像可做到許多事情，但其實僅可建立映像檔。簡言之，它就像是「Docker image File」的存在。Dockerfile 裡頭包含了原始映像檔、欲執行的指令等，編寫時需要使用記事本等文字編輯器。

這個檔案會裝進主機（底層電腦）於適當位置新增的材料資料夾，材料資料夾也會儲存其他想要裝進容器內部的檔案，並不需要建立實際的容器。

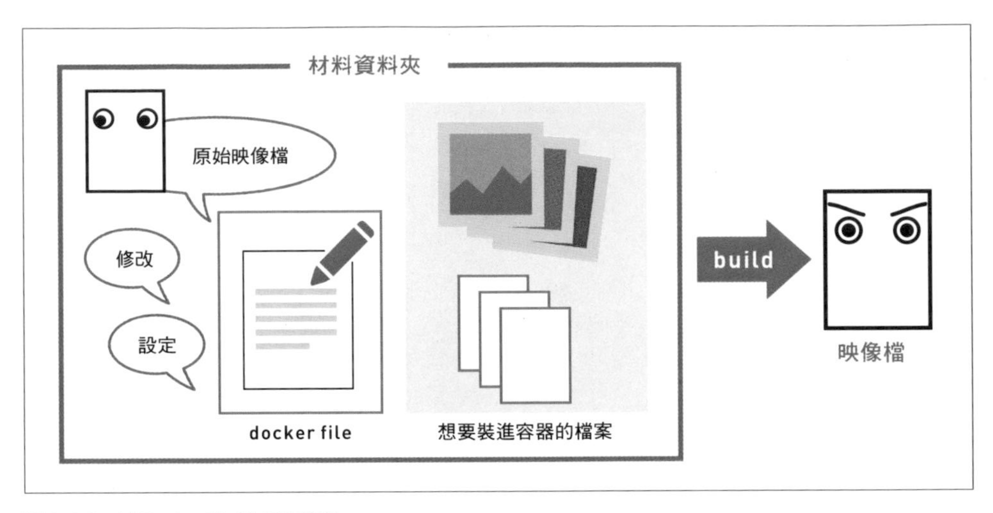

圖 6-4-4　以 Dockerfile 建立映像檔

常用的輸入範例

```
docker build -t 建立的映像檔名稱 材料資料夾路徑
```

Dockerfile 的輸入範例

```
01  FROM 映像檔名稱
02  COPY 複製源頭路徑　複製目的地路徑
03  RUN Linux 指令
04  ……
```

Dockerfile 會先在「FROM」輸入映像檔名稱，再編寫複製、執行指令等想要容器進行的動作。

下面統整了常用的 Dockerfile 指令，在新手階段可先掌握「FROM」、「COPY」、「RUN」。

常用的Dockerfile指令

指令	內容
FROM	指定原始映像檔
ADD	將檔案、資料夾加入映像檔

COPY	將檔案、資料夾複製至映像檔
RUN	建立映像檔時執行指令
CMD	指定啟動容器時執行哪些既定的指令
ENTRYPOINT	強行要求執行映像檔時的指令
ONBUILD	建立完成時執行任意命令
EXPOSE	向映像檔利用者傳達設定的通訊埠
VOLUME	向映像檔利用者傳達長存資料的位置
ENV	定義環境變數
WORKDIR	指定RUN、CMD、ENTRYPOINT、ADD、COPY時的工作目錄
SHELL	指定建立時的外殼部分
LABEL	設定名稱、版本號、製作者資訊等
USER	設定可執行RUN、CMD、ENTRYPOINT等指令的使用者、群組
ARG	宣告docker build可指定的參數
STOPSIGNAL	變更執行docker stop時，傳送給容器程式的訊號
HEALTHCHECK	自訂確認容器存活情況的檢測項目

〔步驟〕以commit由容器建立映像檔

這次也是操作Apache容器，雖然可能會覺得有點愚蠢，但練習直接以Apache建立映像檔。想要挑戰難度的人，可嘗試本章一開始的檔案複製等來改造。完成映像檔後，以「image ls」指令顯示映像檔的清單，確認其存活情況。

操作流程

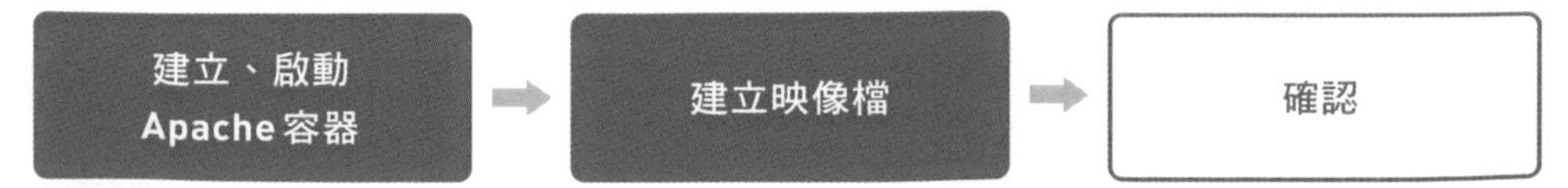

映像檔的建立資訊與指令

項目	值
容器名稱	apa000ex22
輸出的映像檔名稱	（末尾是小寫英文的l和數字的1）

以容器建立映像檔

```
docker commit apa000ex22 ex22_original
```

Step 0 事前建立Apache容器

這次使用 Apache 的容器，參考 4-3 節的 P.89 先建立可通訊的 Apache 容器，將容器名稱設定「apa000ex22」、埠號設定為「8092」。

輸入的內容

```
docker run --name apa000ex22 -d -p 8092:80 httpd
```

Step 1 以容器建立映像檔

以「commit」指令將「apa000ex22」容器轉成映像檔，映像檔名稱取為「ex22_original」。

輸入的內容

```
docker commit apa000ex22 ex22_original1
```

Step 2 確認映像檔的建立情況

以「image ls」指令確認映像檔的建立情況。

輸入的內容

```
docker image ls
```

執行結果

REPOSITORY	TAG	IMAGE ID	CREATED	SIZE
ex22_original1	latest	2fd1456ac170	About a minute ago	166MB

Step 3 善後處理

刪除容器與建立的映像檔「ex22_original」，但不要刪除 Apache 的原始映像檔（httpd）。關於刪除容器和映像檔的指令，請見 P.145 的內容。

〔步驟：應用〕以 Dockerfile 建立映像檔

沿用相同的 httpd 映像檔，以檔案複製將檔案加入 httpd 映像檔。雖然練習的 Dockerfile 內容有點少，但熟練的人可試著添加各種檔案（此時，建議添加僅有 Ubuntu、CentOS 等 Linux 的映像檔，建立可執行安裝等的內容）。接著需要材料資料夾，直接沿用在 6-3 節繫結掛載時建立的「apa_folder」。

操作流程

映像檔的建立資訊與指令

直接沿用 httpd 映像檔。

項目	值
原始映像檔	httpd
輸出的映像檔名稱	ex22_original2
Windows的材料資料夾路徑	C:\Users\使用者名稱\Documents\apa_folder
Mac的材料資料夾路徑	/Users/使用者名稱/Documents/apa_folder
Linux的材料資料夾路徑	/home/使用者名稱/apa_folder

請根據自己的作業系統選擇指令

建立Dockerfile

```
docker build -t ex22_original2 材料資料夾的路徑
```

Dockerfile的輸入內容

指令	值
FROM	httpd
COPY	index.html /usr/local/apache2/htdocs/

複製源頭的路徑可使用相對路徑[※19]，不需要輸入「C:\User~」等絕對路徑。
指定的複製目的地是Apache的檔案根目錄（DocumentRoot）。

Step 1 在材料資料夾準備映像檔的材料

在文件（Windows、Mac）、使用者的家目錄（Linux），確認有「apa_fokder」材料資料夾，資料夾內僅存放「index.html」檔案。

Step 2 建立Dockerfile

遵照下述的輸入範例，以記事本等文字編輯器建立Dockerfile。

Linux系統可使用nano編輯器[※20]，檔案名稱取為不加副檔名的「Dockerfile」，再存至「apa_folder」。Windows系統需要先建立帶有「.txt」等副檔名的檔案，再於檔案總管中刪除副檔名。

Dockerfile的輸入範例（Windows／Mac／Linux通用）

```
01 FROM httpd
02 COPY index.html /usr/local/apache2/htdocs/
```

Step 3 執行「build」指令建立映像檔

執行「build」指令，由材料資料夾建立映像檔。

輸入的內容（Windows）

```
docker build -t ex22_original2 C:\Users\使用者名稱\Documents\apa_folder\
```

※19 在該目錄下，位址欄所顯示的路徑內容。
※20 請參考Appendix以nano編輯器建立「Dockerfile」，基本的操作方式同index.html時的講解。

✎輸入的內容（Mac）

```
docker build -t ex22_original2 /Users/ 使用者名稱 /Documents/apa_folder/
```

✎輸入的內容（Linux）

```
docker build -t ex22_original2 /home/ 使用者名稱 /apa_folder/
```

Step 4 確認映像檔的建立情況

以「image ls」指令確認映像檔的建立情況，尚有餘裕的人不妨使用該映像檔建立 Apache 容器，確認起始頁面轉為 index.html 的內容。

✎輸入的內容

```
docker image ls
```

執行結果

```
REPOSITORY      TAG     IMAGE ID      CREATED             SIZE
ex22_original2  latest  32ea92c35c43  About a minute ago  166MB
```

Step 5 善後處理

刪除容器與建立的映像檔「ex22_original2」，但保留 Apache 的原始映像檔。關於善後處理容器和映像檔的指令，請見 P.145 的內容。

COLUMN：Level ★★★ 高手專欄

搬運映像檔時使用「save」指令轉為 tar 檔

容器無法直接搬運、複製，得轉成自製的映像檔。然而，映像檔也無法直接處理，得經由 Docker Registry（參見第 4 章），或者以「save」指令轉為 tar 檔脫離 Docker 的管理。由主機端建立檔案，搬運後再以「load」指令將檔案轉成映像檔。

建立 tar 檔

```
docker save -o 檔案名稱 .tar 自製的映像檔名稱
```

SECTION 05

改造容器

本節將會說明如何改造容器，這部分需要 Linux 方面的知識，僅需要操作容器的人，可跳過本節的內容。不過，如果你是負責管理伺服器的人，就得掌握本節的內容。

何謂改造容器？

談完如何建立映像檔後，也差不多該討論如何改造容器。

在實務上使用 Docker 的時候，通常會搭載自家開發的系統。另外，有時也會想要改造官方發布的軟體。即便不是大規模修改，每次都要編寫設定檔，也是件麻煩的事情。

改造容器的方式

那麼，該如何改造容器呢？主要有兩種方式，通常會一併使用。

第一種方式是，在 6-2、6-3 節學到的檔案傳輸，如複製檔案、掛載儲存空間等。另一種方式是，使用 Linux 指令下達命令，如安裝軟體、修改設定內容等。

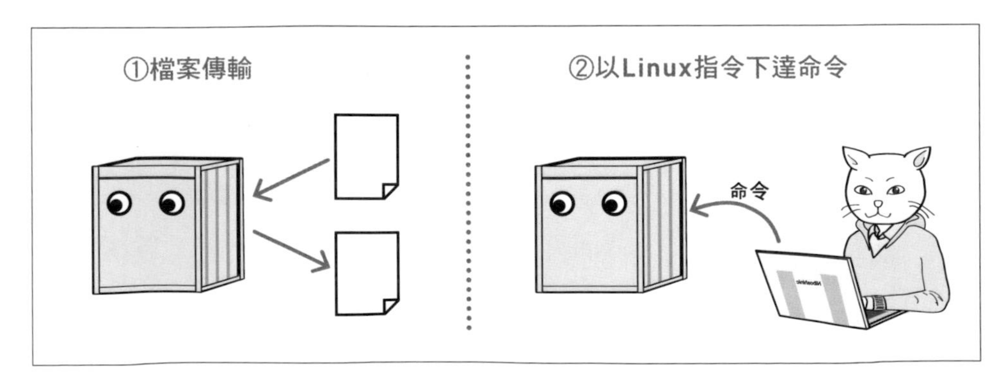

圖 6-5-1　改造容器的兩種方式

命令容器需要外殼程式（bash）

想要用 Linux 指令下達命令，需要名為「外殼（shell）」、將我們的命令傳達給 Linux 的程式。

shell 存在幾種不同的類型 ※21，大部分的容器都裝載最普遍的外殼程式「bash」，這邊也是透過 bash 來下達命令。

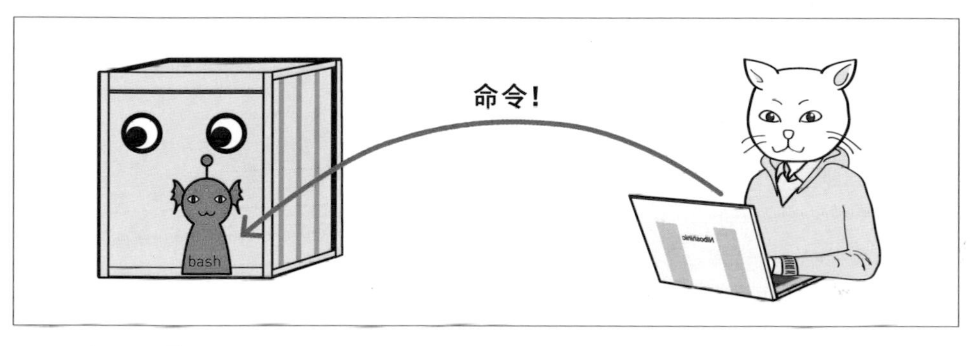

圖 6-5-2　命令容器

在未下達任何指示運行容器，bash 會處於未運行的狀態，需要先啟動 bash 來接收我們的命令。這邊以參數來啟動 bash。

啟動bash的參數

```
/bin/bash
```

此參數需要加在「docker run」指令、「docker exec」指令後面。

docker exec 是在容器中執行指令的命令。運行中的容器無法執行「run」，所以改成使用該指令。若不透過 bash 直接執行 exec 指令，雖然可傳遞某種程度的命令，但可能因沒有初期設定而無法動作，基本上得經由外殼程式執行指令。

在 docker run 後面加上參數，情況會變得有點複雜，此時不是運行容器中的軟體（如 Apache）而是運行 bash，雖然可成功建立容器，但軟體（Apache）處於未啟動的狀態。

以 bash 操作完成後，需要再以「docker start」指令啟動。然而，遇到這種情況的時候，不太常使用「docker run」，其實只要記住「docker exec」指令就行了。

※21　其他還有最古老的「sh」（Bourn Shell）、導入 C 語言風格的「csh」（C 外殼程式）、進一步改良的「tcsh」等。

「exec」指令加上參數的範例

```
docker exec（選項）容器名稱 /bin/bash
```

「run」指令加上參數的範例

```
docker run（選項）映像檔名稱 /bin/bash
```

例如，對「apa000ex23」Apache 容器加上 bash 參數的指令碼如下：

exec 指令加上參數的範例

```
docker exec -it apa000ex23 /bin/bash
```

Apache 的啟動指令加上參數的範例（Apache 未啟動）※22

```
docker run --name apa000ex23 -it -p 8089:80 httpd /bin/bash
```

啟動 bash 後，操作對象由 Docker Engine 轉為指定的容器。操作對象改變後，提示字元也會跟著改變。Docker Engine 和容器就好比親子關係。

如同親子雖有血緣關係，卻是不同的個體，Docker 和容器彼此有所關聯，卻是不一樣的存在。因此，使用 bash 擺弄容器內部的時候，Docker 指令沒有作用。以 Docker 指令操作其他容器時，即便是指定的容器也無法執行該指令。

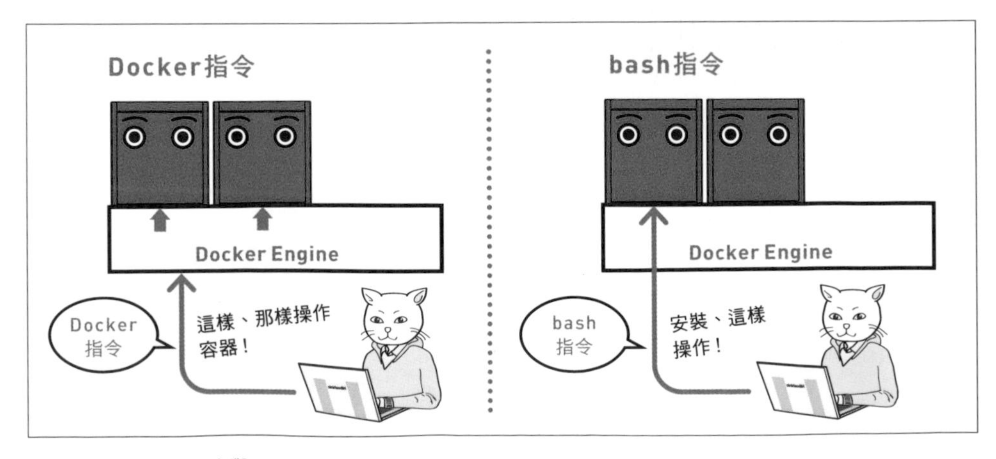

圖 6-5-3 Docker 指令與 bash 指令的差異

※22 run 指令加上參數時，會啟動 bash 而不是 Apache，Apache 處於未啟動狀態。

粗略來說，建立、刪除容器時，是透過 Docker 對容器本身下達命令，而擺弄容器內部時，則是透過 bash 進行操作。因此，擺弄完容器內部後，必須離開容器回到外部。回到外部的指令使用「exit」，這是 Linux 使用者相當熟悉的指令。如此一來，就可從操作容器內部，切換為命令 Docker Engine。

離開操作容器內部、回到命令 Docker Engine 的指令

```
exit
```

另外，以 bash 命令容器內部時，需要使用 Linux 指令。

本書不會詳細講述 Linux 指令，習慣 Linux 的人不妨試著建立僅搭載 Ubuntu※23 的容器，再於內部安裝 Apache、MySQL。

Ubuntu 容器指令的輸入範例（顯示「Hello World」）

```
echo "Hello World"
```

安裝 Apache 的輸入範例（安裝 Apache）

```
apt install apache2
```

安裝 MySQL 的輸入範例（安裝 mysql-server）

```
apt install mysql-server
```

COLUMN：Level ★★★ 為何啟動 bash 後會停用 Apache 呢？

為何啟動 bash 後會停用 Apache 呢？簡單來說，因為 Apache 是軟體，所以沒有辦法運行。容器內部會搭載類作業系統，Apache 得在該系統上運作。

啟動 bash 後，已經運行了 bash 這個軟體，沒辦法再運行 Apache，就像是 bash 取代了 Apache。在 MySQL 等其他軟體的容器，也會出現相同的情況。

※23 建議搭載 Ubuntu、Debian 等 Debian 系列發行版，理由請見後面詳述，但熟練者也可搭載 CentOS。

在Docker做的事情 與在容器內部做的事情宛若親子關係

「在容器內部做的事情」與在 Docker 做的事情，讀者可能難以理解其中的差異，下面就來簡單整理不同之處。

在 Docker 執行的操作與在容器內部執行的操作

在母親 Docker Engine 執行的操作，包含開始結束 Docker Engine 本身、設定網路或者磁碟、顯示運行中容器的清單等，是有關管理整個容器的操作。

如同前面的操作，建立或者啟動停用容器、下載建立容器用的映像檔等，使用 docker 指令下達命令。另一方面，在容器內部執行的操作，包含對容器新增軟體、執行停止內部軟體、變更設定、容器內部間複製移轉檔案、刪除檔案等。

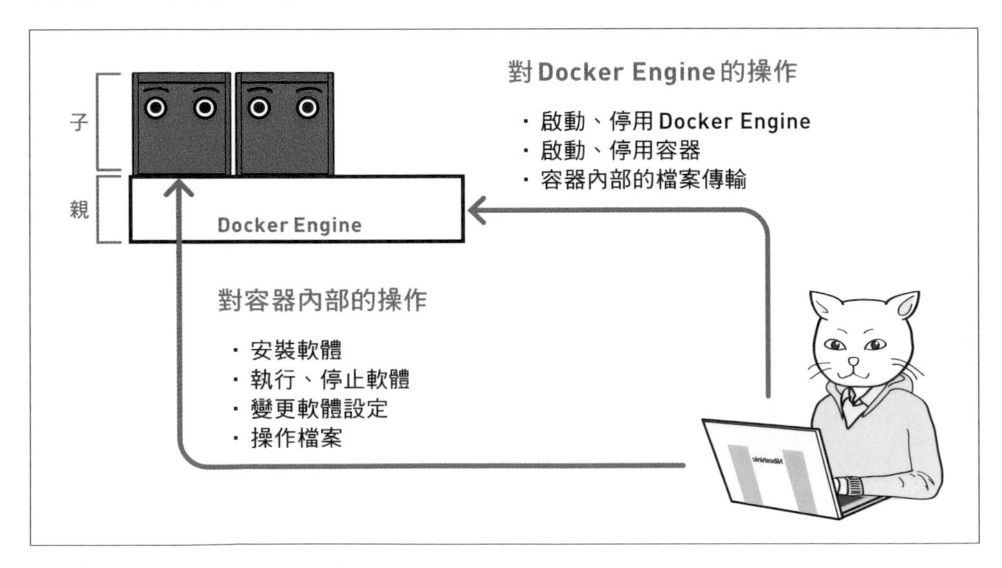

圖 6-5-4　Docker Engine 與容器內部的操作

Docker 與容器可能要用不同的語法（語言）

如前所述，Docker 和容器宛若親子卻是不一樣的存在，根據情況可能要用不同的語法（語言）。

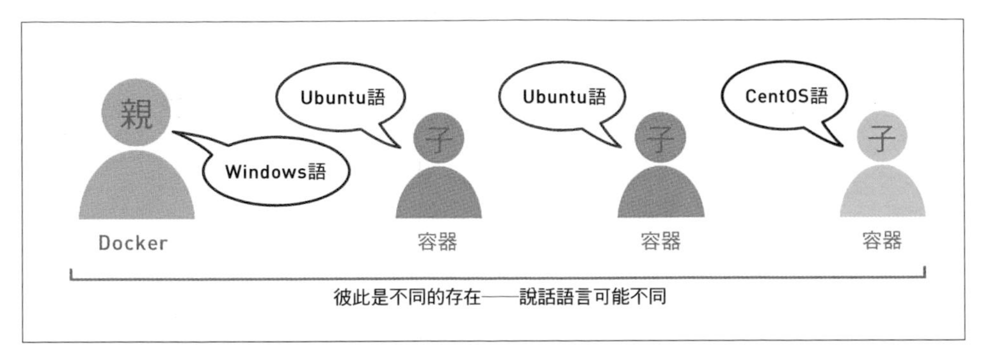

圖 6-5-5　Docker 與容器的說話語言可能不同

使用前面的桌面版 Docker[※24] 時，是以 Windows、Mac 的語法（語言）對母親 Docker Engine 下達命令。由於兩系統的 Docker 指令彼此通用，有些人可能訝異：Windows、Mac 使用的指令竟然一樣！

在安裝桌面版 Docker 的時候，由於只需要啟動安裝程式，並不曉得內部是怎麼下達命令，所以可能不好理解，但 Widnows 和 Linux 其實是以不同的語法來安裝 Docker。而且，Linux 有 CentOS、Ubunu 等不同的發行版[※25]，各發行版的語法又不盡相同。尤其，安裝指令[※26]等幾個命令，在 Red Hat 系列[※27]與 Devian 系列[※28]的語法截然不同。

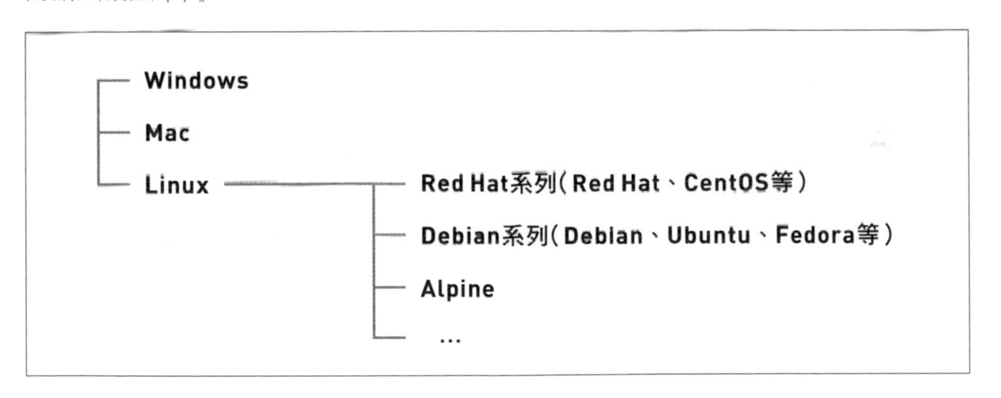

圖 6-5-6　語法（語言）的種類

※24　若是桌面版的前身 Toolbox 版，需要 Docker 官方提供的虛擬環境，命令得採用 Linux 的語法，且不在命令提示字元、終端機操作。
※25　請見 3-1 節的 P.50 專欄。
※26　因為軟體套件管理系統不同。
※27　Red Hat Enterprise Linux、CentOS 等。
※28　Debian、Ubuntu、Fedora 等。

這與容器有什麼關聯呢？容器搭載了類作業系統，根據安裝哪種 Linux 類作業系統，容器內部使用的指令會有若干差異。換言之，若容器 A 搭載 Debian 系列、容器 B 搭載 Red Hat 系列的話，即便兩個容器承載於相同 Docker，命令容器內部的語法仍會不一樣。

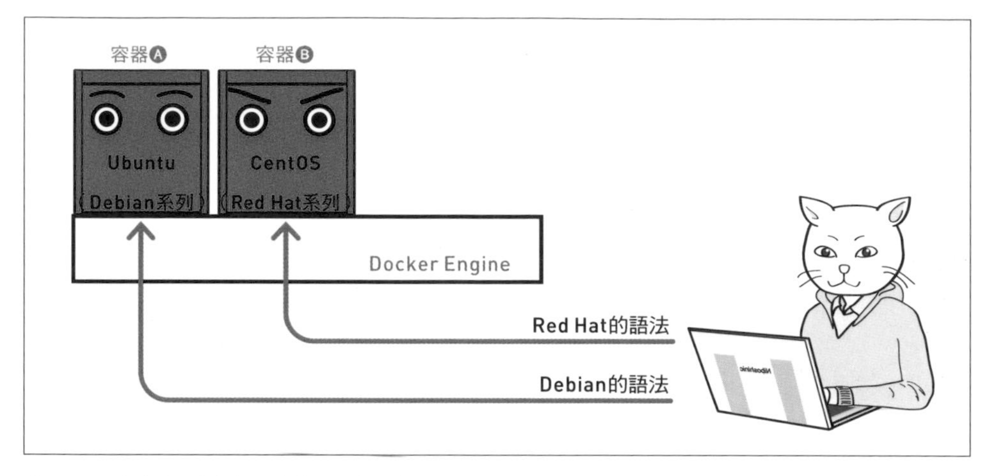

圖 6-5-7　命令容器內部的語法會因作業系統而異。

更複雜的是，若安裝 Linux 版 Docker Engine 的底層電腦是 CentOS（Red Hat 系列），而容器 A 是 Ubuntu（Debian 系列）、容器 B 是 Alpine 的話，親子之間的語法各自不同，整個非常混亂。

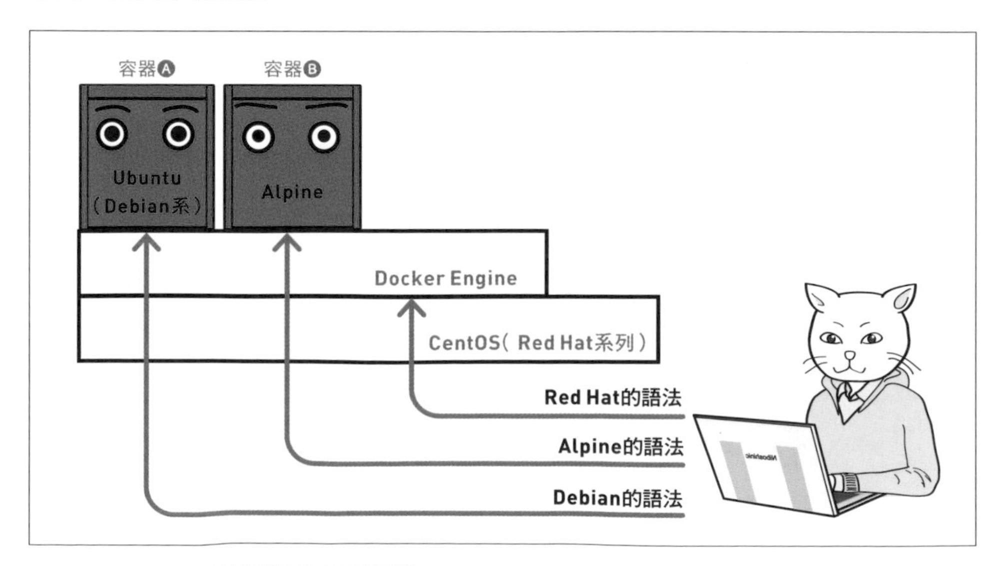

圖 6-5-8　底層作業系統的語法也有可能不同。

雖說如此，語法的差異並不大，除了幾個指令外幾乎彼此通用。讀者只要知道語法可能不同就行了。

在Debian系列安裝Apache的指令

```
apt install apache2
```

在Red Hat系列安裝Apache的指令

```
yum install httpd
```

只需要留意自身的作業系統，選擇輸入的指令就沒有問題。Docker官網祭出明確的方針：「若無特別的理由，建議使用Debian系列作業系統」，所以容器大多搭載Debian系列※29。尤其，進入裡頭改造的容器多是安裝Debian系列，讀者可只先瞭解該類系統的語法。

※29 講究輕量的容器大多搭載Alpine，而Apache等軟體都會提供Alpine和Debian系列的版本。Alpine的指令較少，常用於不需要複雜內部改造的容器。

註冊 Docker Hub

SECTION 06

本節將會介紹可上傳映像檔的 Docker Hub，詳細說明第 2 章提到的 Docker Hub 和 Docker Registry。

哪裡可存放映像檔？

前面建立容器時，都是先下載映像檔，再以該映像檔建立容器。

執行「docker run」指令後便會下載映像檔，所以通常不會注意到，run指令訪問映像檔的發布場所Docker Hub，自動捉取檔案。那麼，自製的映像檔該怎麼辦呢？有時也需要使用自製的映像檔，以run指令建立容器，所以得存放至可被指令捉取的場所。

Docker Hub也可存放自製的映像檔，甚至還可以架設類似Docker Hub的私人儲存空間。

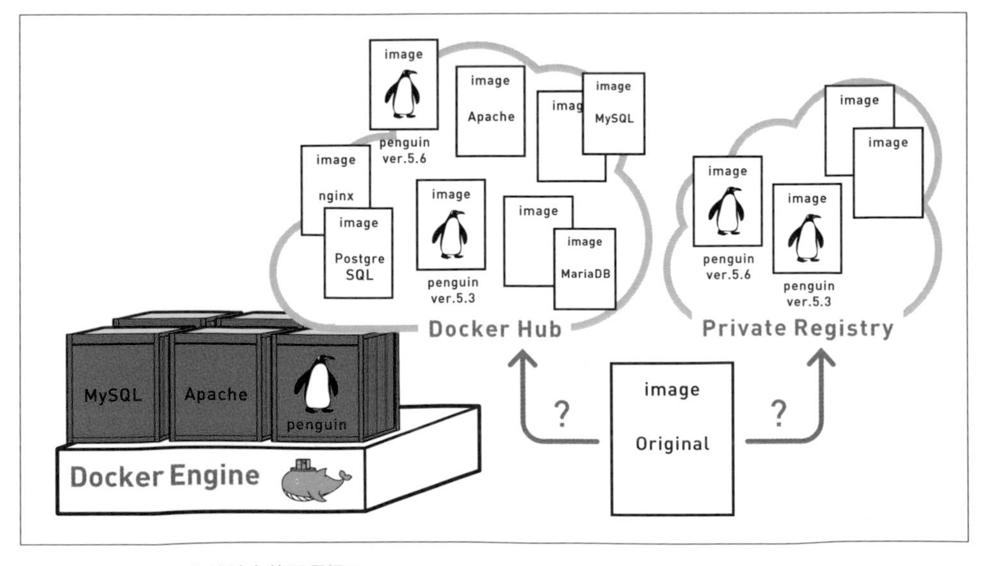

圖 6-6-1　自製的映像檔該上傳至哪裡？

> **COLUMN：Level ★★★**　映像檔可複製
>
> 若是使用自製的映像檔，在建立映像檔的階段會存於自己的電腦，相當於已下載檔案的狀態，可直接使用該映像檔。然後，當想要搬運至其他電腦時，使用第6章的P.185專欄的方式儲存，就可用USB碟等移轉。

Docker Hub與Docker Registry

這邊稍微整理Docker Hube與Docker Registry的關係。發布映像檔的場所稱為「Docker Registry」，無論是否對外公開，發布場所都稱為Docker Registry。

Docker Hub是，Docker官方營運的Docker Registry。Apache、MySQL、Ubuntu等皆有參與Docker Registry，提供各種官方的映像檔。執行run指令的時候，就是捉取Docker Hub的映像檔。

其他企業、個人也可架設Docker Registry，世界上存在眾多的儲存空間，但未對外公開的無法訪問，難以看見其蹤影。就發布映像檔的系統而言，Docker Registry是非常方便的儲存空間。

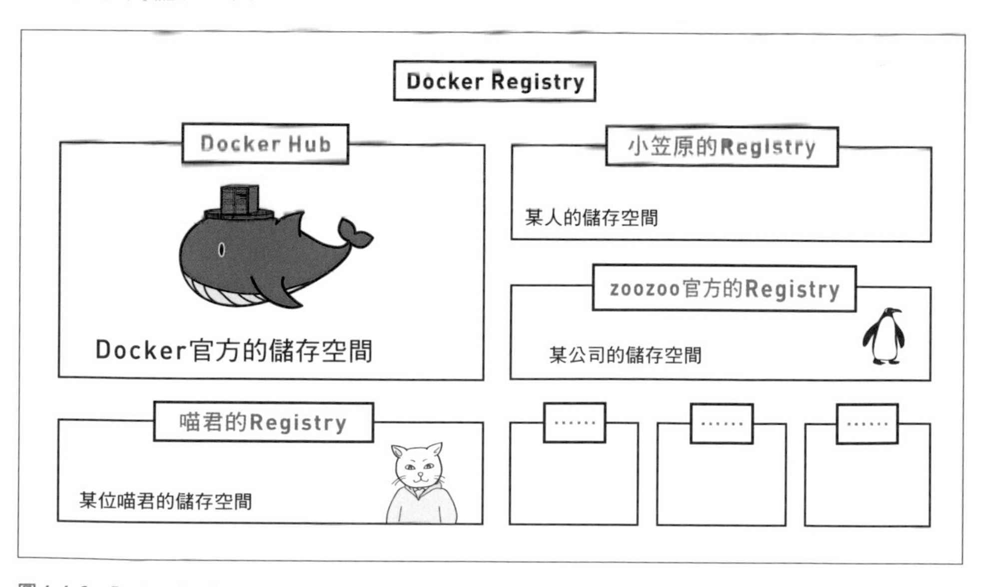

圖 6-6-2　Docker Registry

Registry 與 Repository

Registry（儲存空間）與 Repository（儲存庫）是容易混淆的相似字詞，但兩者不太一樣。Registry 是發布映像檔的儲存空間，而 Repository 是儲存空間再進一步分割的單位。

例如，假設 zoozoo 公司製作了「喵咪拳」、「汪狗 SQL」等軟體，Registry 是以公司單位、部門單位架設的空間，而 Repository 是再以軟體單位架設的空間。

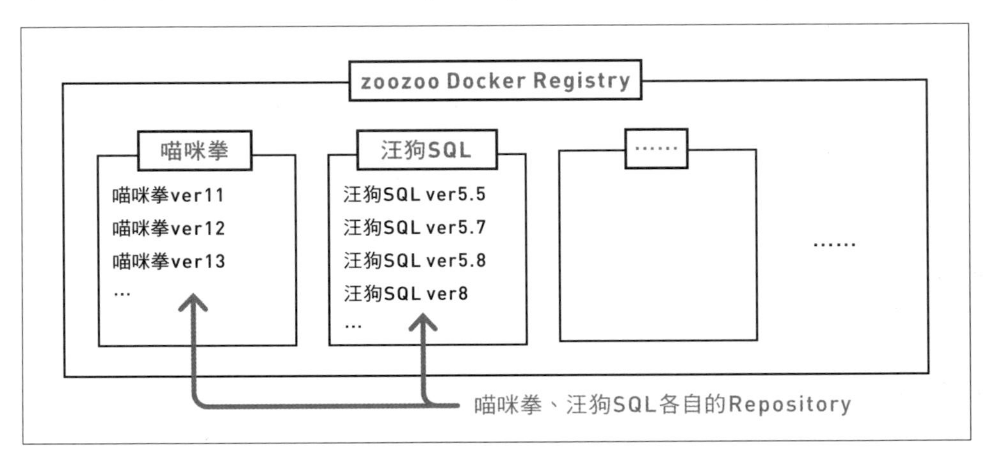

圖 6-6-3 各自的 Repository

Docker Hub 是根據 ID 劃分不同的 Repository※30。因此，在 Docker Hub 裡頭，就像是聚集各家公司、個人迷你 Registry 的儲存空間。

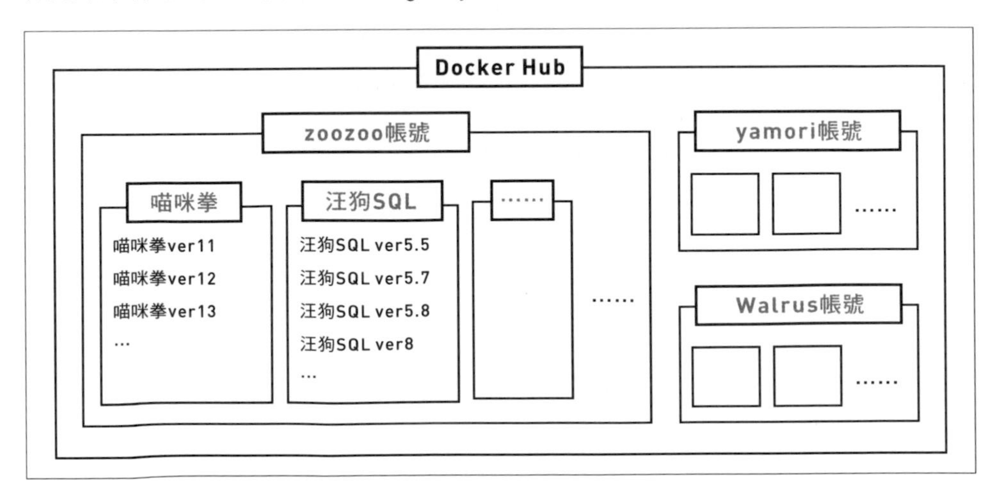

圖 6-6-4 Docker Hub 集聚了眾多迷你的 Registry

※30 免費版只能架設一個私人的 Repository。

標籤與映像檔的上傳

無論上傳目的地是 Docker Hub，還是私人的 Docker Registry，映像檔都得附加標籤。

映像檔名稱與標籤名稱

談到標籤，可能會聯想部落格、社群網站標記「#Docker # 初學者 # 入門書籍」，但兩者是不一樣的東西。真要說的話，比較接近 Registry 內部用來辨識的映像檔名稱。

若以人來比喻，就好比乳名（私人名稱）「竹千代」是指「德川家康 43 歲」。在自家電腦內任意命名的「nyapa000ex22」檔案，正式名稱需要像「zoozoo.coomm/nyapacchi:13」附加 Registry 的位置與版本編號[※31]。

竹千代	德川 家康 43歲 姓 名 年齡
nyapa00ex22 ➡	zoozoo.coomm/nyapacchi:13 Registry的位置 Repository名稱 版本

圖 6-6-5 標籤的附加方式

標籤名稱的表示方式為「Registory 的場所（如 Docker Hub 的 ID）／ Repository 名稱：版本號」。版本號可省略但會變得不好識別，若想要單獨管理版本的話，建議添加版本號。

私人Registry的標籤名稱範例

私人 Registry 的標籤名稱	Registry 的位置／ Repository 名稱：版本號
在自家電腦架設的Registry、Repository名稱為「nyapacchi」、版本為ver13	localhost:5000/ nyapacchi:13
在網域「zoozoo.coomm」、Repository名稱為「nyapacchi」、版本為ver13	zoozoo.coomm/nyapacchi:13

Docker Hub的標籤名稱範例

Docker Hub 的標籤名稱	Docker Hub 的 ID ／ Repository 名稱：版本號
在Docker Hub的ID「zoozoousag」、Repository名稱為「nyapacchi」、版本為ver13	zoozoousagi/nyapacchi:13

※31 若未指定版本，會標記為 lastest。

對映像檔附加標籤名稱並複製的 docker tag（docker image tag）

對映像檔附加標籤名稱時，使用下述的輸入語法。乍看之下不太好懂，但其涵義為：將原始映像檔名稱改為標籤名稱，並且進行複製。因此，以「image ls」指令顯示映像檔的清單時，會列出 ID 相同的映像檔，但兩者是不同的存在，刪除的時候得分別處理。

對映像檔附加標籤並複製的輸入範例

```
docker tag 原始映像檔名稱 Registry 的位置 / 欲命名的 Repository 名稱：版本號
```

針對原始映像檔「**apa000ex22**」，附加在「**zoozoo.coomm**」網域、**Repository** 名稱為「**nyapacchi**」、版本為 **ver13** 的標籤

```
docker tag apa000ex22 zoozoo.coomm/nyapacchi:13
```

上傳映像檔的 docker push（docker image push）

上傳映像檔時使用「push」指令。

「Registry 的位置／ Repository 名稱：版本號」的標籤名稱冗長，可能不太好理解，感到混亂時請回想「德川家康 43 歲」的結構，標籤名稱會像這樣概括資訊。然後，雖然沒有標示上傳至哪個 Registry，但可由標籤名稱來判斷。換言之，若是「德川家康 43 歲」的話，Docker Engine 會判斷「由德川的姓氏可知要傳至該處」。一開始上傳時並不存在 Registry，執行 push 後會同時架設。雖然這邊未詳細說明，但有些上傳目的地會要求先登入儲存空間。

上傳至 **Registry** 的輸入範例

```
docker push Registry 的位置 / Repository 名稱 : 版本號
```

上傳「**zoozoo.coomm/nyapacchi:13**」的指令碼

```
docker push zoozoo.coomm/nyapacchi:13
```

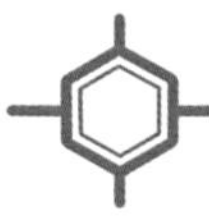

如何架設 Registry？

架設私人的 Docker Registry，再由該處提供開發環境，對開發公司來說是不錯的做法。不過，若是想要對外公開的話，就建議使用 Docker Hub。

架設私人 Registry 的方法

架設 Docker Registry 相當簡單，可直接使用 Registry 的容器（registry）。換言之，Registry 也是在 Docker 上運行。架設完成後，使用者需要登入 Registry，並指定該 Registry 為下載源頭。Registry 的連接埠使用埠號 5000。

架設Registry的輸入範例

```
docker run -d -p 5000:5000 registry
```

使用 Docker Hub

Docker Hub開放電郵帳號註冊，只要輸入ID等必要資訊後，再選擇使用方案即可。使用上分為付費方案和免費方案※32（Community※33），若想要先嘗試看看的話，不妨選擇免費方案試用。

- **Docker Hub**

  https://hub.docker.com

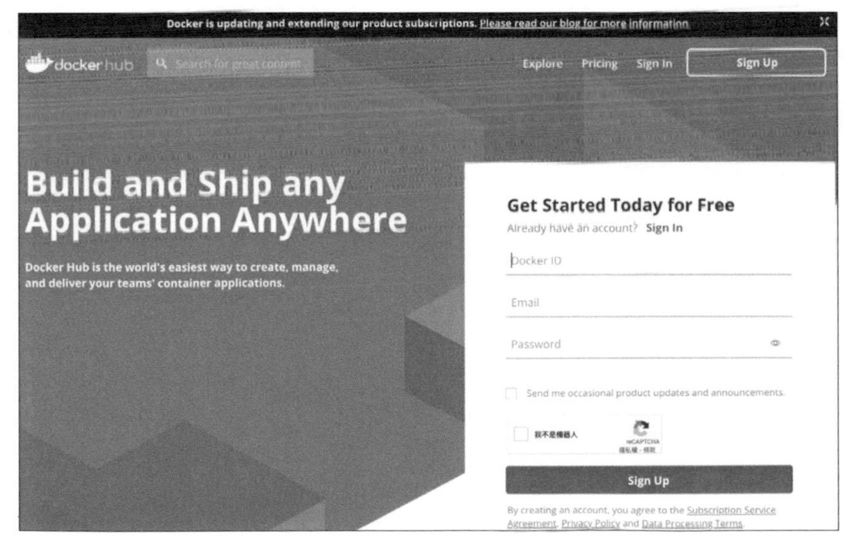

圖 6-6-6　Docker Hub

※32　自 2020 年 11 月起，免費方案會自動刪除未使用超過 6 個月的映像檔。
※33　若本書出版後方案名稱有所不同，請選擇帶有 $0、Free 等字樣的方案。

映像檔存於 Docker Hub，就可向全世界的人提供檔案，也可透過私人設定選擇非公開利用。不過，兩者都得先架設 Repository 才行。以 push 指令架設 Repository 時，會自動設定為公開利用（public）。

Repository 也可由〔Create a Repository〕建置，但礙於版面的限制，這裡就不多加著墨了。

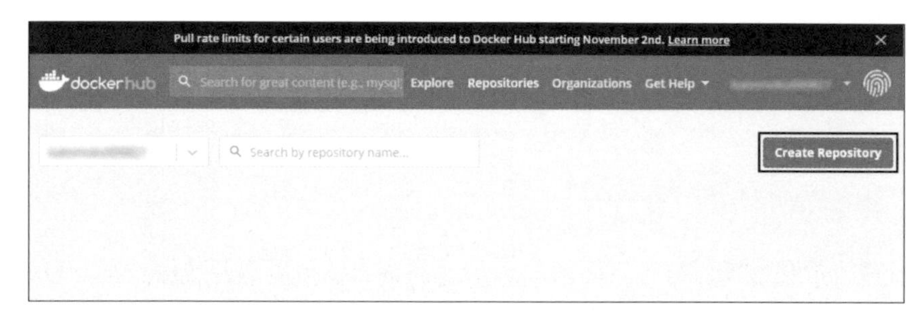

圖 6-6-7　由〔Create a Repository〕建置

不過，伺服器需要花費金錢維護運行，即便是選擇免費方案，胡亂註冊後卻閒置不用，反而會增加官方的困擾，請在合理的範圍內使用。

學習 Docker Compose

CHAPTER

7

本章將會學習Docker Compose這項便利的工具。透過Docker Compose，可先將Docker的設定編寫成定義檔，再一口氣完成建立、執行、捨棄容器。需要處理多個容器的時候，不妨善加利用Docker Compose。

何謂 Dcoker Compose？

SECTION 01

本節將會學習 Docker Compose 的概要。Docker Compose 可先將對 Docker 的命令編寫成定義檔，再來執行指令。其性質與 Dockerfile 相似，接著就來說明兩者之間有何差別。

何謂 Docker Compose？

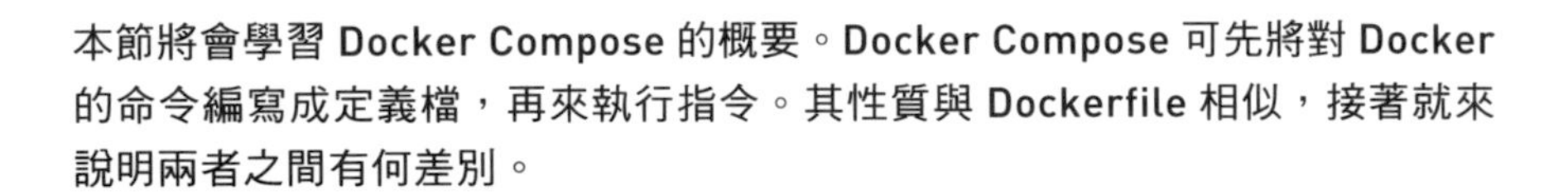

習慣編寫指令碼後，對於建立 WordPress 等多個容器構成的系統，會逐漸感到有些麻煩，不但得加上許多參數、選項，還需要用到卷宗、網路。然後，善後處理的時候，也得以「ps」指令查詢存在的容器，再一一刪除，相當耗時又耗力。

而 Docker Compose，可將有關建置的指令碼寫進 1 個文字檔案（定義檔[※1]），再一口氣完成執行、停用、捨棄。

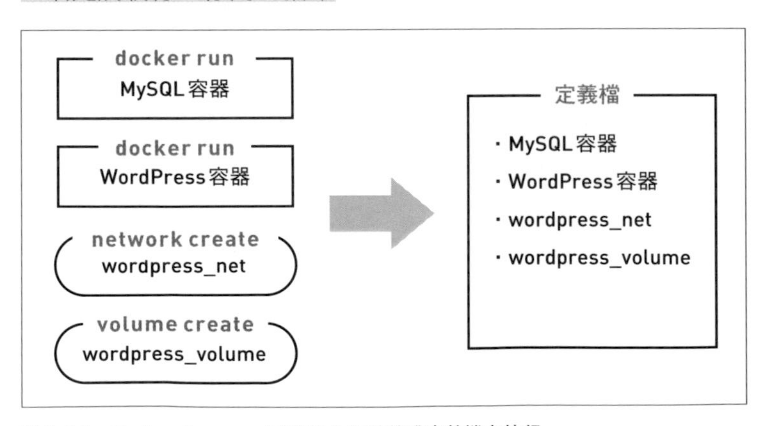

圖 7-1-1　Docker Compose 可將指令碼統整成定義檔來執行

Docker Compose 的機制

Docker Compose 需要編寫有關建置的設定，將該定義檔存成 YAML（YAML Ain't a Markup Language）的格式，再以「up（一次執行＝run）」、「down（一次停用、刪除容器和網路）」等指令執行檔案中的內容。

※1　Compose file。

在定義檔中，會編寫「想要如此建立」容器、卷宗的項目。雖然輸入的內容類似指令碼，但該內容卻不是指令。

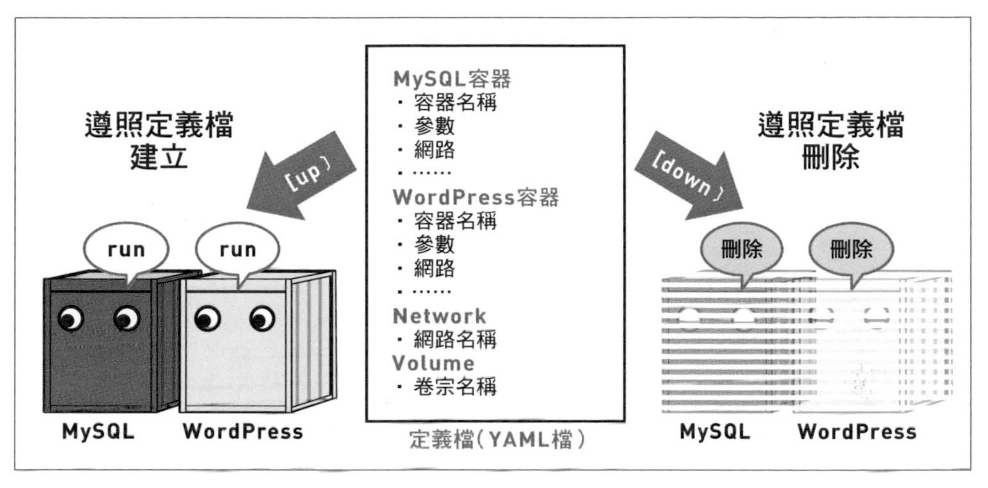

圖 7-1-2 Doocker Compose 的定義檔包含所有細節

跟 Docker run 指令相似，「up」指令會遵照定義檔中的內容，下載映像檔、建立啟動容器。定義檔也包含網路、卷宗的內容，執行後也會一併建置運行環境。

「down」指令會停用、刪除容器和網路，但保留卷宗和映像檔。若想要僅停用但不刪除，則可使用「stop」指令。

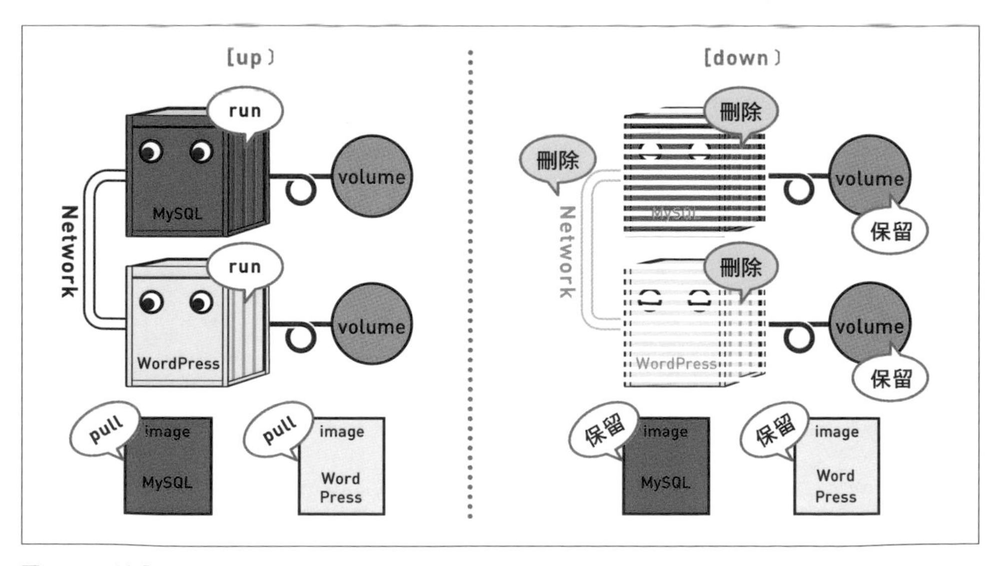

圖 7-1-3 以「up」指令建立、啟動；以「down」指令停用、刪除

Docker Compose 與 Dockerfile 的差異

Docker Compose 是將定義編寫成文字檔案來執行，這跟前一章學到的 Dockerfile 感覺非常相像！

雖然的確很類似，但執行的內容明顯不同。

Docker Compose 好比「docker run」指令的集合體，用來建立容器和運行環境，可一併建立網路、卷宗。而 Dockerfile 是用來建立映像檔，沒辦法建立網路、卷宗。由名稱難以看出執行的內容、容易混淆一塊，如果搞不清楚的話，就記得「建立的東西不同」。

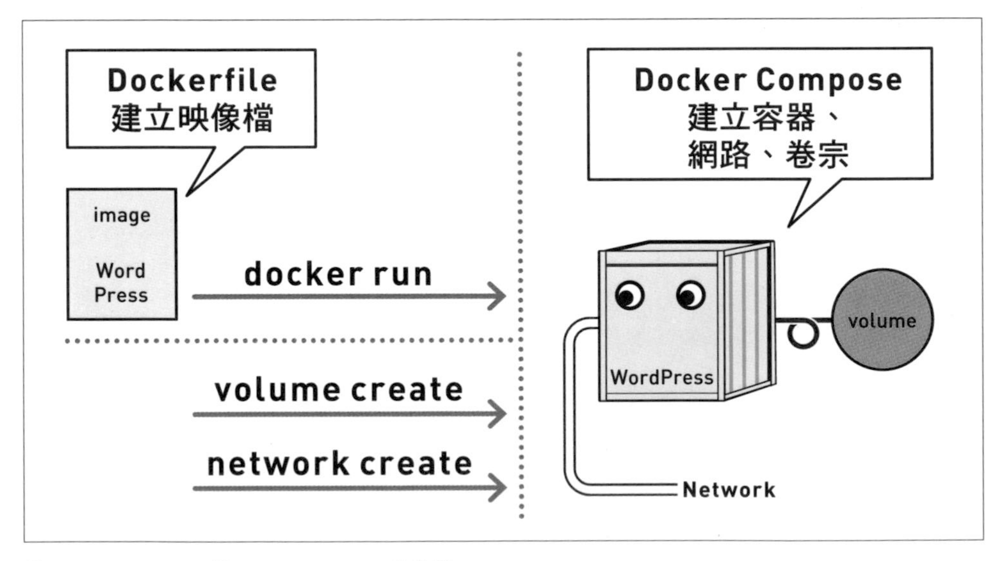

圖 7-1-4　Dockerfile 與 Docker Compose 的差異

> **COLUMN：Level ★★★　Docker Compose與Kubernetes的差異**
>
> 本書的第8章會解說Kebernentes的內容。
>
> Kubernetes是管理Docker容器、調度多個容器的工具，雖然容易與Docker Compose混淆，但Kubernetes是管理容器的工具，而Docker Compose粗略來說僅可建立、刪除容器，不具備管理容器的功能。相關細節請見第8章詳述。

SECTION 02

Docker Compose 的安裝與用法

本節說明 Docker Compose 的事前準備與簡單用法。對於閱讀到這邊的讀者來說，本節的內容應該不難理解才對，請以輕鬆的心情閱讀。

〔步驟〕安裝 Docker Compose

Docker Compose 跟 Docker Engine 是不一樣的軟體，需要另外安裝才可使用。順便一提，下一章講解的 Kubernetes 也是不一樣的軟體。不過，操作方式跟 Docker Engine 類似，使用上不會覺得是不同軟體，可用 Docker Engine 命令 Docker Compose 建立的容器。除了指令有所差異外，就像是相同的軟體。而且，Windows、Mac 系統的桌面版 Docker，裡頭已經內建 Docker Compose，不需要另外安裝，非常貼心。

Linux 系統得另外安裝 Docker Compose、Python 3※2 的執行環境與相關工具（python3 和 python3-pip※3）。Docker Compose 是以 Python 編寫的程式，所以需要 Python 的執行環境。Python 3 的安裝指令為「apt」※4，而 Docker Compose 的安裝指令為「pip3」。

Step 1 安裝 Docker Compose

Windows、Mac 系統的桌面版 Docker 已經內建，不需要進行其他安裝。Linux 系統則必須安裝 Python 的執行環境和 Docker Compose。

Linux的情況（安裝Python 3與安裝Docker Compose）

```
sudo apt install -y python3 python3-pip
sudo pip3 install docker-compose
```

※2　注意 Python 3 的套件名稱為小寫英文的「python3」。另外，Red Hat 系列的 Linux 預設採用 Python 2.x 版本，得事先新增 yum Repository 。
※3　用來安裝 Python 函式庫的工具。
※4　Debian 系列使用「apt」；Red Hat 系列使用「yum」。

想要確認是否成功安裝，可使用「docker-compose -version」指令來查詢。

Step 2 啟動 Docker Compose

安裝 Docker Compose 後，不需要特別操作就會啟動。

Docker Compose的使用方式

如同 Dockerfile（參見 6-4 節）的情況，使用 Docker Compose 時需要在主機端（底層電腦）上頭，建立資料夾存放定義檔（YAML 檔）。

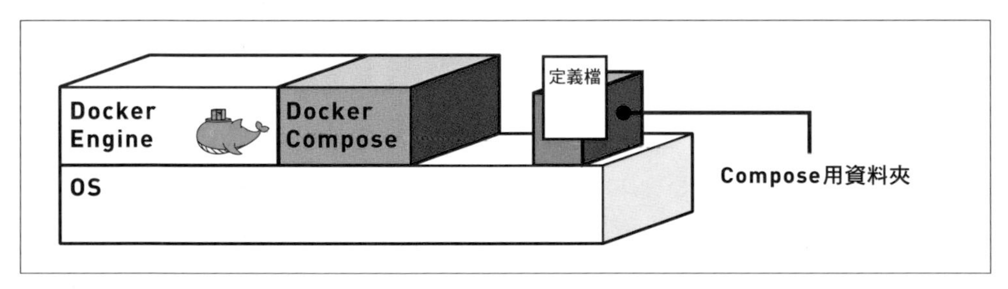

圖 7-2-1　主機端準備定義檔

定義檔的檔案名稱固定命名為「docker-compose.yml」※5。雖然檔案置於主機端，但指令仍是對 Docker Engine 下達命令，容器一樣是建立於 Docker Engine 上頭。

換言之，其機制就像是，由 Docker Compose 代為輸入手打的指令碼。

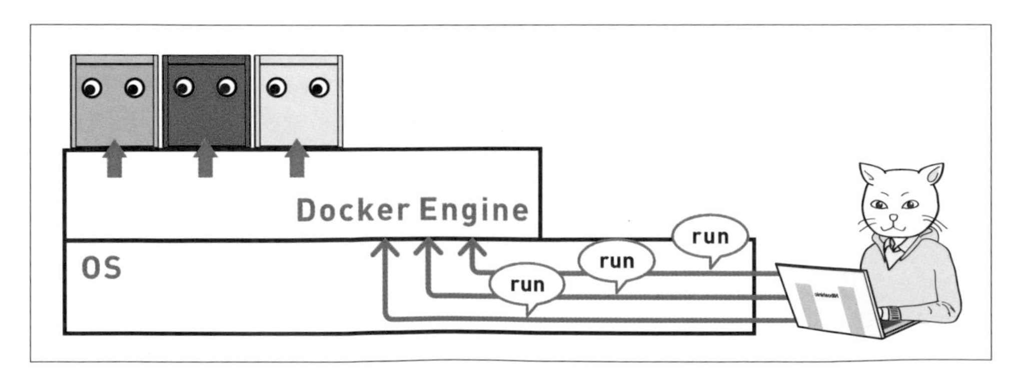

圖 7-2-2　以手打傳送指令碼

※5　雖然也可取為其他名稱，但 Docker 預設使用此檔案名稱。改用其他名稱時，得用參數重新指定。後面的實作是採用以參數指定的方式，可命名其他名稱沒有關係。

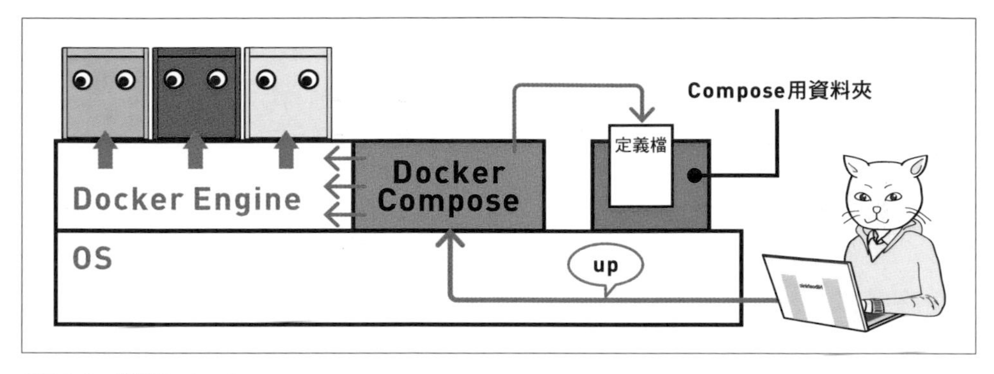

圖 7-2-3　使用 Docker Compose

一個資料夾（目錄）僅存放一個定義檔 ※6。因此，想要使用多個定義檔時，需要建立相應數量的 Compose 用資料夾。建立容器時需要的圖像檔、HTML 檔等，也是存於 Compose 用資料夾。

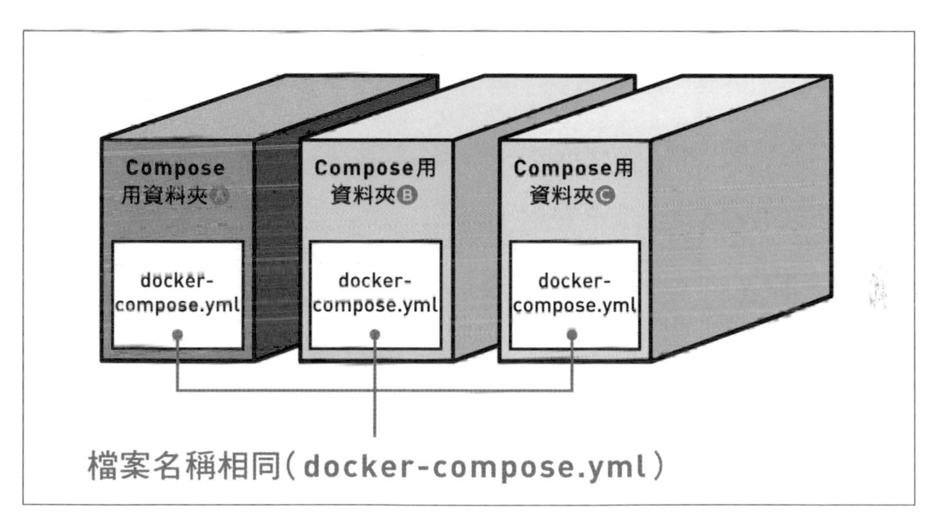

圖 7-2-4　一個資料夾僅存放一個定義檔

COLUMN：Level ★★★　伺服器與容器

在 Docker Compose 中，會將容器的集合體稱為「伺服器」。因此，官方的說明文件會穿插混用容器和伺服器，但用語全數替換成容器也沒有什麼問題。為了預防混淆不清楚，本書統一稱為「容器」。

※6　雖然也可存放多個檔案，但跟命名其他名稱的情況一樣，得以參數重新指定。

SECTION 03

Docker Compose 檔案的編寫格式

這節要來學習如何編寫 Docker Compose 的定義檔。乍看之下，或許會覺得檔案的內容難以理解，但瞭解格式規則後，就會覺得相當簡單。在後半部的動手實作，將開始實際挑戰編寫檔案。

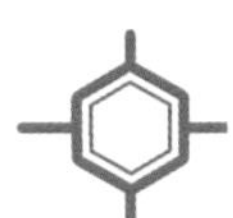

閱讀Docker Compose的定義檔

Docker Compose 是如實執行定義檔（Compose 檔）的工具，少了定義檔也就英雄無用武之地。不過，編寫格式相當簡單，操作起來並不困難。

百聞不如一見，我們直接閱讀實際的檔案。這個 Docker Compose 的定義檔，是建立如同第 4 章的 Apache 容器（apa000ex2）。請別先入為主地認為肯定看不懂，嘗試閱讀裡頭的內容。對努力學習到此章節的讀者來說，應該能看懂大部分的內容才對。

Apache容器的定義檔範例

```
01 version: "3"
02
03 services:
04   apa000ex2:
05     image: httpd
06     ports:
07       - 8080:80
08     restart: always
```

除了開頭的「version」外，其他部分的含義應該都能大概瞭解。比較下述的指令碼，會發現僅是稍微改變寫法而已。

在第4章執行的apa000ex2容器指令碼

```
docker run --name apa000ex2 -d -p 8080:80 httpd
```

再舉一個例子，這個 Docker Compose 的定義檔，是建立如同第 5 章的 WordPress 容器（wordpress000ex12）。由於定義檔有點冗長，這邊省略 MySQL、網路的內容，如下僅列示 WrodPress 容器的部分。然後，定義檔下面也列出第 5 章執行的指令碼，請試著比較看看。

WordPress容器的定義檔範例

```
01 version: "3"
02 
03 services:
04   wordpress000ex12:
05     depends_on:
06       - mysql000ex11
07     image: wordpress
08     networks:
09       - wordpress000net1
10     ports:
11       - 8085:80
12     restart: always
13     environment:
14       WORDPRESS_DB_HOST=mysql000ex11
15       WORDPRESS_DB_NAME=wordpress000db
16       WORDPRESS_DB_USER=wordpress000kun
17       WORDPRESS_DB_PASSWORD=wkunpass
```

在第5章執行的wordpress000ex12容器指令碼

```
01 docker run --name wordpress000ex12 -dit --net=wordpress000net1 -p
   8085:80 -e WORDPRESS_DB_HOST=mysql000ex11 -e WORDPRESS_DB_
   NAME=wordpress000db -e WORDPRESS_DB_USER=wordpress000kun -e WORDPRESS_
   DB_PASSWORD=wkunpass wordpress
```

如上所示，定義檔與 run 指令相似。只要曉得編寫格式，就能夠簡單建立檔案。

定義檔（Compose 檔）的編寫格式

定義檔是使用記事本等文字編輯器，以 YAML 格式編寫再存成副檔名為「.yml」的檔案。Linux 系統可使用 nano 編輯器 ※7 等來建立。

※7 參見 Appendix。

檔案名稱存成「docker-compose.yml」。若使用「-f」選項指示檔案位置的話，定義檔可取為其他名稱，否則請務必存成此檔名。

項目	內容
定義檔的格式	YAML格式
檔案名稱	docker-compose.yml

 定義檔的編寫格式

定義檔的開頭會編寫Docker Compose的版本，接著依序定義「services」、「networks」、「volumes」。「services」簡單說就是指容器，在Docker Compose、Kubernetes會將容器的集合體稱為「Services」。用語未統一可能令人感到混亂，不過在Linux上運行的軟體會稱為Services，這部分是沿用Linux的慣例。

依序編寫大項目→新增名稱→設定內容，這樣想會比較容易理解格式。大項目包含「services」、「networks」、「volumes」等，先如「services:」加上「：(冒號)」，再於後面輸入欲定義的內容。之後會動手實作內容，這邊就先不操作。

定義檔的輸入範例（僅有大項目的情況）

```
version: "3"     ←編寫版本
services:        ←容器的資訊
networks:        ←網路的資訊
volumes:         ←卷宗的資訊
```

「services」等大項目底下需要輸入名稱，段落可縮排「1格半形空格」、「2格半形空格」、「3格半形空格」都沒有關係，但禁止使用tab鍵縮排。另外，一旦縮排「1格半形空格」後，大項目底下的內容得比照空出相同的格數。

在YAML格式中，空格具有意義，但tab鍵不具有意義。若第一行決定縮排「2格空格」，之後的縮排每次都得增加「2格空格」。

名稱後面務必加上「：(冒號)」。若該行後面要繼續輸入設定，則「：」後面務必空出1格空格。這個空格很容易忘記，顯示錯誤訊息時請先檢查是否少了空格。

需要編寫多個名稱時，請並列輸入內容。

```
version: ␣"3"
services:
␣␣容器名稱 1：
␣␣容器名稱 2：
networks:
␣␣網路名稱 1:
volumes:
␣␣卷宗名稱 1:
␣␣卷宗名稱 2:
```

編寫名稱後，接著輸入容器的設定內容。僅需輸入單一設定時，可直接於冒號（空出 1 格空格）後編寫內容；需要輸入多項設定時，換行加上連字號並列編寫。此時，若前面縮排「2 格空格」輸入名稱，則需要再縮排「2 格空格」來編寫。相較於大項目的「services」，總共縮了 4 格。另外，換行加上連字號並列編寫時，需要再進一步縮排「2 格空格」。相較於大項目，總共縮了 6 格。

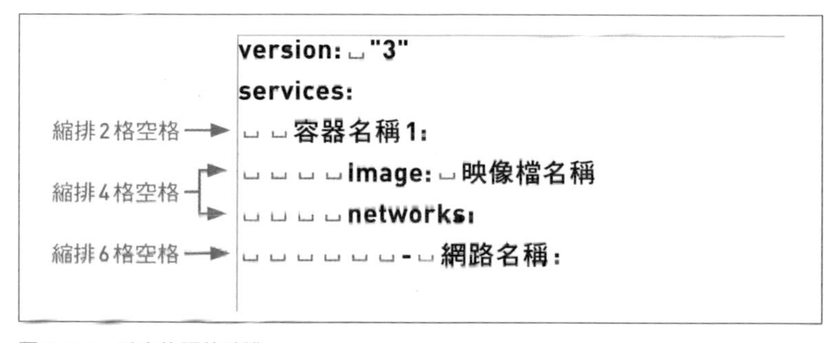

圖 7-3-1　以空格調整縮排

定義檔的輸入範例（編寫設定內容）

```
version: ␣"3"
services:                    ←容器的設定內容
␣␣容器名稱 1:                ←容器 1 的設定內容
␣␣␣␣image: ␣映像檔名稱
␣␣␣␣networks:
␣␣␣␣␣␣-␣網路名稱
␣␣␣␣ports:
␣␣␣␣␣␣-␣連接埠設定
␣␣␣␣......
```

▶接續下一頁

```
␣␣容器名稱 2:                    ←容器 2 的設定內容
␣␣␣␣image:␣映像檔名稱
␣␣␣␣……
networks:                        ←網路的設定內容
␣␣網路名稱 1:
␣␣……
volumes:                         ←卷宗的設定內容
␣␣卷宗名稱 1:
␣␣卷宗名稱 2:
␣␣……
```

定義檔的輸入規則

稍微整理一下定義檔的輸入規則。除了上述的編寫格式外，還有以 # 插入註解（註解排出）、以「'（單引號）」、「"（雙引號）」輸入字串等規則。定義檔開頭的「version: "3"」，正是以引號框起來的字串。

定義檔（YAML格式）的輸入規則

- 開頭編寫Docker Compose的版本
- 接著編寫大項目「services」、「networks 」、「volumes」的設定內容
- 以空格縮排編寫大項目的子內容
- 縮排的空格數需要為同格數的倍數
- 名稱需要換行縮排編寫於大項目底下
- 容器的設定內容需要換行縮排編寫於名稱底下
- 插入「-」可指定複數內容。
- 名稱後面需要加上「:」
- 「:」後面需要插入空格（立即換行者不需要）
- 以「#」輸入註解（註解排除）
- 以「'（單引號）」、「"（雙引號）」框起輸入字串

定義檔的項目

這邊稍微整理定義檔的項目，請注意大項目皆為複數型態。

大項目

項目	內容
services	定義有關容器的內容
networks	定義有關網路的內容
volumes	定義有關卷宗的內容

常用的定義內容

項目	與docker run指令的對應	內容
image	映像檔參數	指定利用的映像檔
networks	--net	指定連接的網路
volumes	-v、--mount	設定掛載儲存空間
ports	-p	設定連接埠轉送
environment	-e	設定環境變數
depends_on	無	指示依存其他服務
restart	無	設定容器停用時的重啟策略

由與 docker run 指令的對應，應該可大致瞭解定義項目的用法。不過，Docker Engine 沒有「depends_on」和「restart」等項目。

「depends_on」用來指示依存其他服務，決定建立順序、是否聯動建立等。例如，若在「penguin」容器裡頭編寫「depends_on: -nankyoku」，則建立「 nankyoku 」容器後，會接著建立「 penguin 」容器。在 WordPress 等得先建立 MySQL 容器的情況，可用來指定建立順序。「restart」可設定容器停用時採取什麼的動作。

restart 的設定值

設定值	內容
no	不做任何動作
always	總是重新啟動
on-failure	容器非正常退出（退出狀態非0）時重新啟動
unless-stopped	除了已經停用的容器外，其餘總是重新啟動

COLUMN：Level ★★★ 高手專欄

其他的定義項目

本節僅介紹常用的項目，但其實還有以下的其他定義項目。定義項目可能因版本升級而改變，使用前建議前往官網確認。

項目	與docker run指令的對應	內容
command	指令參數	覆寫啟動時既定的指令
container_name	--name	指示啟動的容器名稱
dns	--dns	設定自定義的DNS伺服器
env_file	無	讀取記載環境設定檔
entrypoint	--entrypoint	覆寫啟動時的ENTRYPOINT
external_links	--link	設定外部連結
extra_hosts	--add-host	指定外部連接埠的IP位址
logging	--log-driver	設定日誌的輸出位置

COLUMN：Level ★★☆

指令會改變定義檔的內容嗎？定義檔的內容可修改嗎？

透過Docker Compose建立容器後，可用Docker Engine對該容器下達命令。

那麼，該命令會改變定義檔的內容嗎？答案是不會改變檔案內容。

因為定義檔僅是文字檔案，而Docker Compose只是讀取內容的工具。透過Docker Compose建立「penguin」容器後，即便以Docker Engine將容器改名為「penguin000special」並且啟動，也不會對定義檔造成任何影響。因此，即便改名後想要以Docker Compose停用、刪除容器，也會因為實際名稱與定義檔的內容不符而無法作用。

相反地，雖然定義檔可修改內容，但同樣會因與實際容器不符而無法作用。使用定義檔時，請遵守不隨意變更內容的原則。

〔步驟〕建立定義檔

接著，實際建立定義檔。這次挑戰的內容是第5章的WordPress容器和MySQL容器。MySQL容器需要先建立，所以先編寫該容器的定義檔內容。而WordPress容器的定義檔需要編寫「depends_on」（依存關係）。需要留意的是，前面都是使用Latest（最新版）的MySQL 8，但考慮到參數設定的問題，這裡改成使用MySQL 5.7，請注意設定值不一樣。P.220的專欄有記載使用MySQL 8的方法，熟悉編寫定義檔後，不妨自行挑戰看看。另外，定義檔中會加入第5章時尚未用到的卷宗資訊。

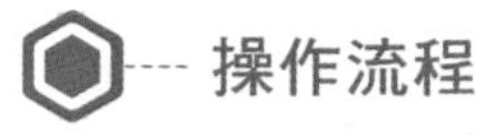

操作流程

並列大項目 ➡ 編寫名稱 ➡ 定義MySQL容器 ➡ 定義WordPress容器

網路、卷宗與容器的建立資訊

項目	值
網路名稱	wordpress000net1
MySQL的卷宗名稱	mysql000vol11
WordPress的卷宗名稱	wordpress000vol12
MySQL的容器名稱	mysql000ex11
WordPress的容器名稱	wordpress000ex12

定義內容

MySQL容器的定義內容(mysql000ex11)

項目	項目名稱	值
MySQL的映像檔名稱※	image:	mysql:5.7
使用的網路	networks:	wordpress000net1
使用的卷宗	volumes:	mysql000vol11
掛載目的地		/var/lib/mysql

▶接續下一頁

設定重啟策略	restart:	always
設定MySQL	environment:	設定★的項目
★MySQL的管理員密碼	MYSQL_ROOT_PASSWORD	myrootpass
★MMySQL的資料庫域名	MYSQL_DATABASE	wordpress000db
★MySQL的使用者名稱	MYSQL_USER	wordpress000kun
★MySQL的密碼	MYSQL_PASSWORD	wkunpass

※映像檔需要指定MySQL 5.7的版本，但因MySQL 5.7為小眾版本，運行時可能有不穩定的情況，解決辦法請見P.228的專欄。使用MySQL 8.0的方法請見P.220的專欄。

WordPress容器的定義內容（wordpress000ex12）

項目	項目名稱	值
依存關係	depends_on:	mysql000ex11
WordPress的映像檔名稱	image:	wordpress
使用的網路	networks:	wordpress000net1
使用的卷宗	volumes:	wordpress000vol12
掛載目的地		/var/www/html
指定埠號	port:	8085:80
設定重啟策略	restart:	always
資料庫的相關資訊	environment:	設定★的項目
★資料庫的容器名稱	WORDPRESS_DB_HOST	mysql000ex11
★資料庫的網域名稱	WORDPRESS_DB_NAME	wordpress000db
★資料庫的使用者名稱	WORDPRESS_DB_USER	wordpress000kun
★資料庫的密碼	WORDPRESS_DB_PASSWORD	wkunpass

定義檔的儲存位置

定義檔的儲存位置可自行任意指定，這邊為了方便解說，示範於老位置建立「com_folder」來儲存。

項目	值
Windows的儲存位置	C:\Users\使用者名稱\Documents\com_folder
Mac的儲存位置	/Users/使用者名稱/Documents/com_folder
Linux的儲存位置	/home/使用者名稱/com_folder

請根據自己的作業系統選擇指令碼。Windows的路徑指定需要從C:編寫。

Step 1 建立Docker-compose.yml

以記事本等文字編輯器建立定義檔，Linux 系統可用 nano 編輯器編寫。在適當的位置建立「com_folder」資料夾，並將檔案存成「docker-compose.yml」。

Step 2 並列編寫大項目

在版本的底下，並列編寫必填的大項目（services、networks、volumes），注意大項目皆為複數型態。

docker-compose.yml的輸入內容（1）

```
version: "3"
services:
networks:
volumes:
```

Step 3 編寫名稱

在各大項目的底下，換行縮排編寫名稱。這邊示範縮排 2 格空格。

docker-compose.yml的輸入內容（2）

```
version: "3"
services:
  mysql000ex11:
  wordpress000ex12:
networks:
  wordpress000net1:
volumes:
  mysql000vol11:
  wordpress000vol12:
```

Step 4 輸入 MySQL 容器的定義

輸入 MySQL 容器的相關定義，請注意縮排的格數。這邊示範縮排 4 格空格和 6 格空格。

✎ docker-compose.yml的輸入內容（3）

```
version:␣"3"
services:
␣␣mysql000ex11:
␣␣␣␣image:␣mysql:5.7
␣␣␣␣networks:
␣␣␣␣␣␣-␣wordpress000net1
␣␣␣␣volumes:
␣␣␣␣␣␣-␣mysql000vol11:/var/lib/mysql
␣␣␣␣restart:␣always
␣␣␣␣environment:
␣␣␣␣␣␣MYSQL_ROOT_PASSWORD:␣myrootpass
␣␣␣␣␣␣MYSQL_DATABASE:␣wordpress000db
␣␣␣␣␣␣MYSQL_USER:␣wordpress000kun
␣␣␣␣␣␣MYSQL_PASSWORD:␣wkunpass
␣␣wordpress000ex12:
networks:
␣␣wordpress000net1:
volumes:
␣␣mysql000vol11:
␣␣wordpress000vol12:
```

Step 5 輸入 WordPress 容器的定義

輸入 WordPress 容器的相關定義，若對照下述範例沒有問題，就將檔案儲存起來。建議重點檢查容易疏忽的地方，如空格的有無、格數、冒號的有無等。

✎ docker-compose.yml的輸入內容（4）

```
version:␣"3"
services:
␣␣mysql000ex11:
␣␣␣␣image:␣mysql:5.7
␣␣␣␣networks:
```

```
      - wordpress000net1
    volumes:
      - mysql000vol11:/var/lib/mysql
    restart: always
    environment:
      MYSQL_ROOT_PASSWORD: myrootpass
      MYSQL_DATABASE: wordpress000db
      MYSQL_USER: wordpress000kun
      MYSQL_PASSWORD: wkunpass
  wordpress000ex12:
    depends_on:
      - mysql000ex11
    image: wordpress
    networks:
      - wordpress000net1
    volumes:
      - wordpress000vol12:/var/www/html
    ports:
      - 8085:80
    restart: always
    environment:
      WORDPRESS_DB_HOST: mysql000ex11
      WORDPRESS_DB_NAME: wordpress000db
      WORDPRESS_DB_USER: wordpress000kun
      WORDPRESS_DB_PASSWORD: wkunpass
networks:
  wordpress000net1:
volumes:
  mysql000vol11:
  wordpress000vol12:
```

Step 6 儲存檔案

對照 Step 5 和手邊的檔案，重點檢查空格的有無、格數、冒號的有無等容易疏忽之處，若沒有問題就儲存起來。

COLUMN：Level ★★★ 輸入空格好麻煩！！

各行前面都要輸入空格好麻煩，每次都得用滑鼠點擊開頭，著實令人煩躁。因此，這邊就來介紹方便的按鍵和Windows的編輯器。

首先是按鍵，Windows使用者應該都看過鍵盤上的〔Home〕，這是能夠「跳到該行最前頭」的按鍵，而〔End〕是能夠跳到該行最後頭的按鍵。

在滑鼠尚未普及的時代，〔Home〕和〔End〕是經常使用的按鍵，但滑鼠成為標準配備後，使用者便一口氣銳減。在Mac系統中，〔command〕＋〔←〕或者〔Fn〕＋〔←〕相當於〔Home〕的功能。

接著是編輯器，市面上有編輯器具備一律在最前頭加上〔Tab〕、空格的功能，櫻花編輯器（サクラエディタ）便是其中之一。

- **櫻花編輯器**
  https://sakura-editor.github.io

櫻花編輯器可指定所有想要縮排的字元數量，在選取的狀態下按下空格，所有字行的最前面都會輸入空格。若覺得一一輸入空格很麻煩，不妨嘗試這類編輯器。另外，Visual Studio Code等也具有上述功能，且同時提供Windows版、Mac版，相當受到歡迎。

COLUMN：Level ★★★ 高手專欄

使用MySQL 8.0的方法

如第5章所述，MySQL自8.0版本改變了驗證方式，需要使用參數解決該問題。Docker Compose只要加上參數，就也可使用MySQL 8.0。

加入參數需要使用「command」項目，請於「restart」和「environment」之間輸入下述內容，縮排的空格數與「restart」、「environment」相同。

使用MySQL 8.0時的輸入內容

```
␣␣␣␣command: mysqld --character-set-server=utf8mb4 --collation-server=utf8mb4_unicode_ci --default-authentication-plugin=mysql_native_password
```

執行 Docker Compose

SECTION 04

終於要來執行 Docker Compose 了。使用上一節建立的定義檔，嘗試建立、啟動 MySQL 和 WordPress 兩個容器。

Docker Compose的操作指令

建立定義檔後，接著解說指令並實際執行。前面是以「docker」指令對 Docker Engine 下達命令，而 Docker Compose 得換成使用「docker-compose」指令。同樣是使用命令提示字元／終端機輸入。

常用的指令有「up」、「down」，但也可使用「stop」。其他指令不太常用，先記住這三個指令就足夠了。up 指令用來建立檔案中所定義的容器、網路，而 down 指令用來停用、刪除。

建立容器、運行環境的指令「docker-compose up」

遵照定義檔的內容建立容器、卷宗和網路並且執行，以「-f」選項指示定義檔的位置※8。

常用的輸入範例

```
docker-compose -f 定義檔的路徑 up 選項
```

例如，若在「C:\Users\使用者名稱\Documents\」建立名為「com_folder」的 Compose 用資料夾，則輸入如下的指令碼。如前所述，「-d」是在背景執行的選項。

輸入範例

```
docker-compose -f C:\Users\使用者名稱\Documents\com_folder\docker-compose.
yml up -d
```

※8　若將現行目錄變更為 Compose 用資料夾，可不指示定義檔的位置。

選項內容

選項	內容
-d	在背景執行
--no-color	顯示成黑白畫面
--no-deps	不顯示連結的服務
--force-recreate	一律強制重新建立容器
--no-create	若容器已經存在，則不重新建立
--no-build	一律不建立映像檔
--build	在啟動容器前建立映像檔
--abort-on-container-exit	當1個容器停用，停用所有的容器
-t、 --timeout	多少秒數後停用容器，預設為10秒
--remove-orphans	刪除定義檔中未定義的服務容器
--scale	修改容器數量

刪除容器、網路的指令「docker-copose down」

遵照定義檔的內容停用、刪除容器和網路，但保留卷宗和映像檔。以「-f」選項指示定義檔的位置。

常用的輸入範例

```
docker-compose -f 定義檔的路徑 down 選項
```

選項內容

選項	內容
--rmi 種類	捨棄容器後刪除映像檔。種類指定「all」的時候，會刪除所有利用的映像檔；指定「local」的時候，僅刪除image項目底下無自定義標籤的映像檔
-v,--volumes	刪除volumes項目底下編寫的卷宗，但不刪除external所指定的卷宗
--remove-orphans	一併刪除定義檔未定義的Service容器

停用容器的指令「docker-compose stop」

遵照定義檔的內容停用容器，以「-f」選項指示定義檔的位置。

常用的輸入範例

```
docker-compose -f 定義檔的路徑 stop 選項
```

主要指令的清單

這邊再介紹其他指令，裡頭有許多眼熟的指令。除了常見的指令外，多與 Docker Engine 執行的指令重複，但不太常使用。

指令	內容
up	建立、啟動容器
down	停用、刪除容器和網路
ps	顯示容器的清單
config	顯示定義檔的內容
port	顯示分配的連接埠
logs	顯示容器的日誌輸出
start	運行容器
stop	停用容器
kill	強制停用容器
exec	執行指令
run	執行容器

指令	內容
create	建立容器
restart	重新啟動容器
pause	暫時停用容器
unpause	重新運行容器
rm	刪除停用中的容器
build	建立、重新建立容器用的映像檔
pull	下載容器用的映像檔
scale	指定容器用的容器數量
events	即時接收容器的活動內容
help	顯示幫助資訊

COLUMN：Level ★★★ 高手專欄

將現行目錄變更為Compose用資料夾

正在操作的目錄，稱為「現行目錄（current directory）」。因此，移至某目錄下進行操作，又可說成「將現行目錄變更為〇〇目錄」。

Windows、Mac系統只要以滑鼠打開資料夾，再點一下開啟的資料夾，就完成現行目錄的變更，但Linux系統需要以「cd」指令移動至該目錄。

使用Docker Compose的時候，只要在命令提示字元／終端機，將現行目錄變更為Compose用資料夾，就不需要再指示定義檔的位置。

Windows、Mac系統平時是以滑鼠操作，但使用Compose時得以指令變更現行目錄。

將現行目錄變更為目標資料夾的指令（Windows、Mac、Linux通用）

```
cd 資料夾路徑
```

移動至現行目錄時的輸入範例（可省略-f選項）

```
docker-compose up -d
```

COLUMN：Level ★★★ 高手專欄

Docker Compose的容器名稱與複數啟動（scale選項）

透過Docker Compose建立的容器，也可用Docker Engine進行操作，但需要注意一點：Docker Compose建立的容器後，會自行變更容器名稱。

例如，將定義檔存於「com_folder」、建立名為「penguin」的容器時，Docker Compose會自行加上資料夾名稱和編號，將容器命名為「com_folder_penguin_1」（省略-f選項時不會加上資料夾名稱）。麻煩的是，明明加上資料夾名稱和編號，在Docker Compose內部指定容器的時候，卻要使用原本的名稱（定義檔中所記載的名稱）。

那麼，什麼時候使用附加編號的名稱呢？答案是由Dcoker Engine操作的時候，以及啟動多個同結構容器的時候。沒想到Compose自己平時不使用，卻要其他人（Engine）使用！

因此，在以Docker Engine操作的時候，得先用「ps」指令確認實際的名稱。

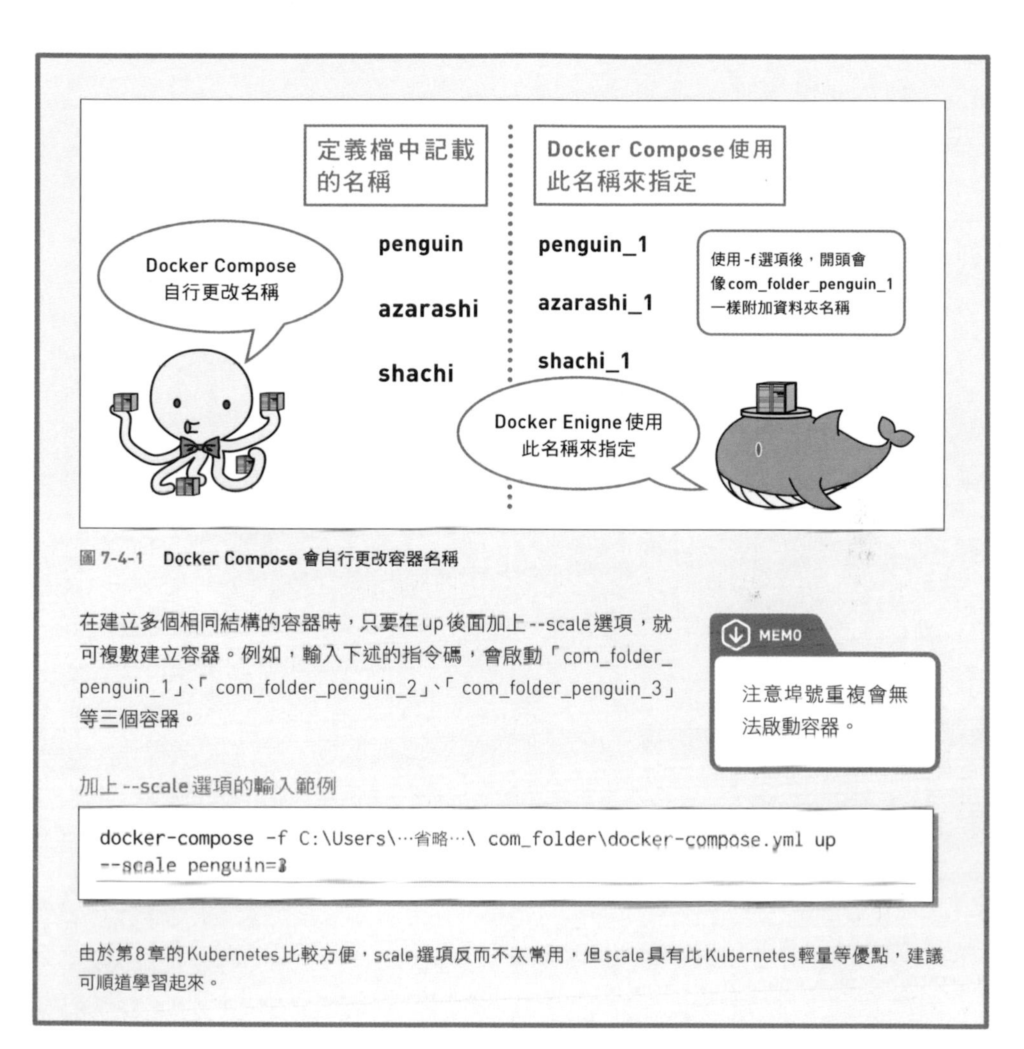

圖 7-4-1　Docker Compose 會自行更改容器名稱

在建立多個相同結構的容器時，只要在 up 後面加上 --scale 選項，就可複數建立容器。例如，輸入下述的指令碼，會啟動「com_folder_penguin_1」、「com_folder_penguin_2」、「com_folder_penguin_3」等三個容器。

MEMO

注意埠號重複會無法啟動容器。

加上 --scale 選項的輸入範例

```
docker-compose -f C:\Users\…省略…\ com_folder\docker-compose.yml up
--scale penguin=3
```

由於第8章的Kubernetes比較方便，scale選項反而不太常用，但scale具有比Kubernetes輕量等優點，建議可順道學習起來。

〔步驟〕執行 Docker Compose

執行編寫的定義檔後，就會建立、啟動容器。同樣地，若可顯示 WordPress 的起始畫面，表示操作成功。

操作流程

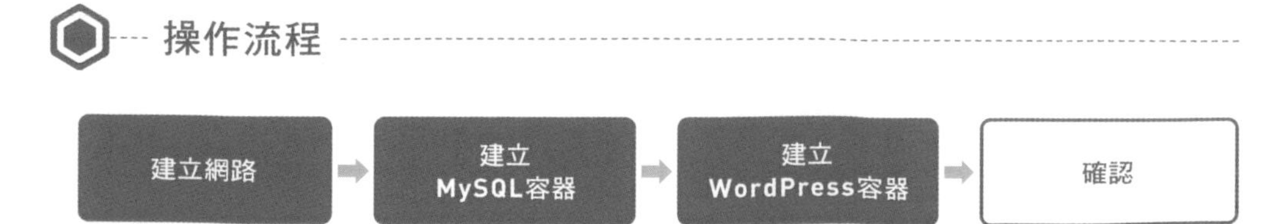

使用的定義檔

定義檔的儲存位置可自行任意指定，後面示範直接使用上一節的「com_folder」定義檔。

項目	值
Windows	C:\Users\使用者名稱\Documents\com_folder\docker-compose.yml
Mac	/Users/使用者名稱/Documents/com_folder/docker-compose.yml
Linux	/home/使用者名稱/com_folder/docker-compose.yml

請根據自己的作業系統選擇指令碼

Step 1 將定義檔存於適當的位置

將定義檔存於適當的位置，這次使用上一節的「com_folder」和「docker-compose.yml」。

Step 2 執行定義檔的內容

以「docker-compose up」指令執行定義檔的內容，最後面加上「-d」，並以「-f」選項指示定義檔的位置。

Windows的情況

```
docker-compose -f C:\Users\使者名稱\Documents\com_folder\docker-compose.yml up -d
```

Mac的場合

```
docker-compose -f /Users/使用者名稱/Documents/com_folder/docker-compose.yml up up -d
```

Linux的場合

```
docker-compose -f /home/使用者名稱/com_folder/docker-compose.yml up -d
```

Step 3 以瀏覽器確認WordPress的訪問情況

在網址列輸入「http://localhost:8085/」，確認瀏覽器顯示 WordPress 的起始頁面。若跑出錯誤訊息 ※9 的話，請檢查是否有拼字錯誤。

※9　參見 P.133 的專欄。

尚有餘裕的人不妨實際登入 WordPress，確認是否可正常使用。

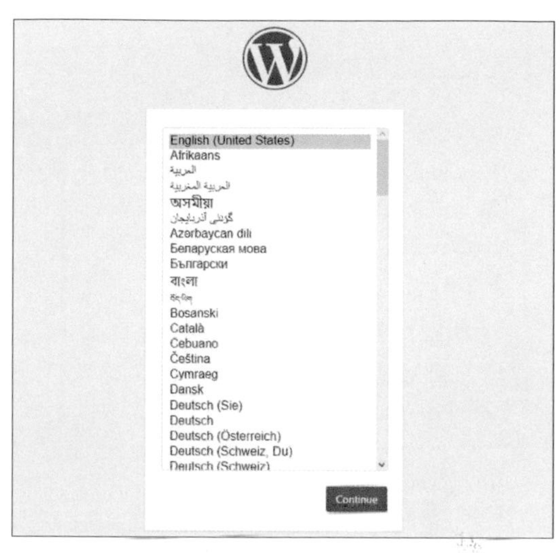

圖 7-4-2 **WordPress 的起始頁面**

STEP 4 停用、刪除容器和網路

操作成功後，使用「docker-compose down」指令停用、刪除容器和網路，加上「-f」來指示定義檔的位置。刪除後，使用「ps」指令確認情況吧[※10]。

Windows的情況

```
docker-compose -f C:\Users\使用者名稱\Documents\com_folder\docker-compose.yml down
```

Mac的情況

```
docker-compose -f /Users/使用者名稱/Documents/com_folder/docker-compose.yml down
```

Linux的情況

```
docker-compose -f /home/使用者名稱/com_folder/docker-compose.yml down
```

STEP 5 善後處理

down 指令不會刪除映像檔和卷宗，需要另外手動操作。在刪除之前，不妨多操作幾次 up 指令和 down 指令。關於善後處理的指令，請見第 5 章的專欄。

※10 執行 up 指令後，若有修改容器名稱等定義檔內容，可能造成 down 指令無法順利刪除容器、網路。

COLUMN：Level ★★★ 想要更多練習的時候

若想要再稍微練習的話，不妨挑戰第5章的「Redmine＋MySQL」、「WordPress＋MariaDB」等。容器名稱、卷宗名稱、網路名稱皆可任意命名。

原則上，一個資料夾存放一個定義檔，請勿建立不同的資料夾存放「docker-compose.yml」檔※。

MEMO

docker-compose.yml檔：
若採用以 -f選項指定檔案路徑的方法，也可於同資料夾內建立不同名稱的定義檔，但需要調整檔案路徑。

MEMO

Redmine的長存資料
除了/usr/src/redmine/files外，Redmine也可於/usr/src/redmine/plugins、/usr/src/redmine/vendor/plugins、/usr/src/redmine/public/themes等位置長存資料。

COLUMN：Level ★★★ 容器不穩定的解決辦法

軟體可能因版本升級，造成運行不穩定。在筆者的系統環境，MySQL 5.7.31的容器無法正常動作，而MySQL 5.7系列的最新版本5.7.32可正常動作，由此可知小眾版本可能發生運作不正常的情況。

例如，Redmine並未正式支援MariaDB，當覺得執行起來不對勁的時候，不妨更換其他版本或者軟體種類。Redmine搭配MySQL的時候，請指定5.7.32的版本。

若出現反覆重新啟動等不正常情況，請刪除容器與映像檔，並重新啟動Docker Engine。

學習Kubernetes

CHAPTER

8

本書的最後一章將會講解Kubernetes。Kubernetes是容器的調度管理工具，其管理容器的能力比上一章介紹的Docker Compose更為強大。負責管理許多伺服器的人，務必學習起來嘗試。

何謂 Kubernetes？

SECTION 01

本節將會粗略解說 Kubernetes 是什麼東西、用於什麼地方、具有什麼功用等，請先有大致上的認識。

何謂 Kubernetes？

Kubernetes（[kubənetis]）[※1] 是容器的調度管理工具，也就是統籌整個系統、管理多個容器的工具。Kubernetes 就好比管弦樂團中的指揮家，指揮著複數名為容器的樂團成員。

Kubernetes 也可簡稱為 k8s，意為 k 和 s 之間有 8 個英文字母，知道這個簡稱有助於在網路上蒐集資訊。

圖 8-1-1

※1 Kubernetes 存在不同的唸法，本書採用 Open Source Summit（舊稱 Linux Con）的發音。

一般工程師鮮少用到 Kubernetes 管理容器

雖然最近 Kubernetes 逐漸盛行起來，但一般工程師卻少有機會積極使用 Kubernetes。因為如同前述，Kubernetes 是用來管理「複數容器（＝伺服器）」的工具。這裡的「複數容器」是指，多個結構完全相同的容器。換言之，工程師少有機會維運如下由多台伺服器構成的大規模系統。

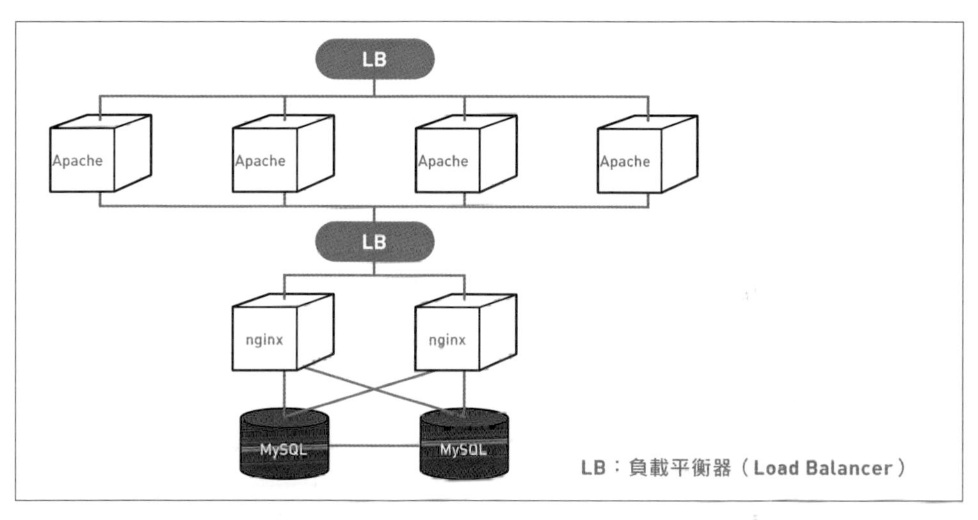

圖 8-1-2　少有導入大規模系統的情況

這樣想的話，即便有幸建置大規模系統中的內容，工程師也不常管理大規模伺服器群，當然也就不太有機會用到 Kubernetes。不過，瞭解 Kubernetes 的功用，有助於建置以 Kubernetes 管理為前提的系統，完全發揮 Kubernetes 的優勢。同樣地，任職專案經理人、系統工程師等職務的人，也建議瞭解 Kubernetes 的功用。

Kubernetes 是以多台實體主機、多個容器為前提

過去學習的 Docker，可能給人單台實體主機執行的印象，但 Kubernetes 是以多台實體主機[※2]為前提，且各台實體主機內部又有多個容器。

※2　當然也有不是實體主機，而以虛擬主機構成的情況。

圖 **8-1-3**　Kubernetes 是以多台實體主機為前提

逐台建立並管理多個容器非常麻煩，因而催生了 Kubernetes。例如，建立 20 個容器必須執行 20 次 docker run 指令，光是聽起來就很累人吧！

即便利用 Docker Compose，當實體主機的數量一多，仍舊非常麻煩。而且，由於分成多台實體主機，1 台主機處理完成後，又要接著另 1 台主機……真的非常麻煩。縱使靠毅力完成了，後續還得監視各台主機，發現問題就要重做容器，每次更新容器也耗時耗力，當天可能避免不了加班 ※3。

Kubernetes 是可有效處理建立、管理容器等繁雜事務的工具。只要編寫如 Docker Compose 時的定義檔（清單檔案〔manifest file〕），Kubernetes 就會遵照檔案內容，在所有實體主機上建立、管理容器。

※3　肯定要加班吧！！

主要節點與工作節點

SECTION
02

接著說明 Kubernetes 的「主要節點（master node）」與「工作節點（worker node）」，瞭解這兩個節點如何發揮作用、透過什麼路徑傳達使用者的命令。

主要節點與工作節點

Kubernetes 是由負責控制的主要節點，和負責實際運作的工作節點所構成。讀者可能聽不慣「節點」的說法，基本上可直接想成實體主機 ※4。

主要節點和工作節點差在功能不一樣。

如同其名，主要節點扮演第一線總監的角色，相當於木匠口中的棟樑。主要節點不會運行容器，僅是管理工作節點上的容器，裡頭沒有安裝 Docker Engine 等容器引擎 ※5。主要節點（第一線總監）光管理容器就分身乏術了，看來不僅只有人類而已，Docker 的管理職也非常忙碌！

工作節點相當於實體伺服器，容器會於該節點運作。當然，裡頭必須安裝 Docker Engine 等容器引擎。

像這樣由主要節點和工作節點所構成的 Kubernetes 系統群，就稱為叢集(Cluster)。叢集會自律運作，不是人類下達命令才開始動作，而是遵照主要節點所設定的內容，自律地管理工作節點。管理員僅會對主要節點進行初期設定、調整，不會直接由管理員的電腦管理工作節點。

※4　根據叢集的建立方式，也有可能無法視為實體主機。
※5　Kubernetes 的官網發布聲明，自 ver1.2 以後不推薦 Docker 的容器引擎。使用 ver1.2 以後的版本時，Docker Engine 的部分請改用 containerd 等其他引擎（2021 年 1 月）

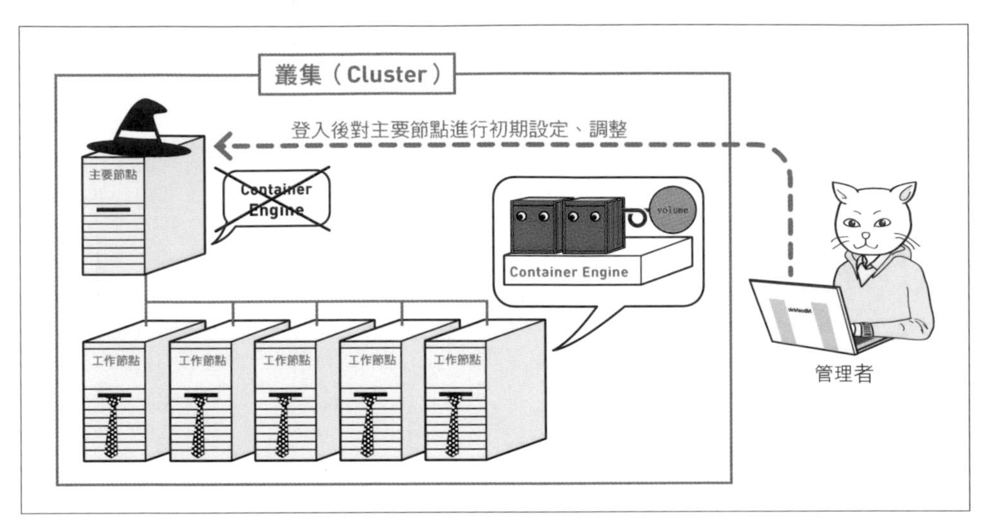

圖 8-2-1　**叢集會遵照定義檔自律運作**

使用前需要安裝 Kubernetes

Kubernetes 跟 Docker Engine 等容器引擎是不同的軟體，使用前需要另外安裝 Kubernetes 本體和 CNI※6（虛擬網路※7的驅動介面）。具代表性的 CNI 軟體有 flannel、Calico、AWS VPC CNI※8。

然後，主要節點會安裝名為 etcd※9的資料庫，用來管理容器等的狀態。理所當然，工作節點得安裝 Docker Engine 等容器引擎。

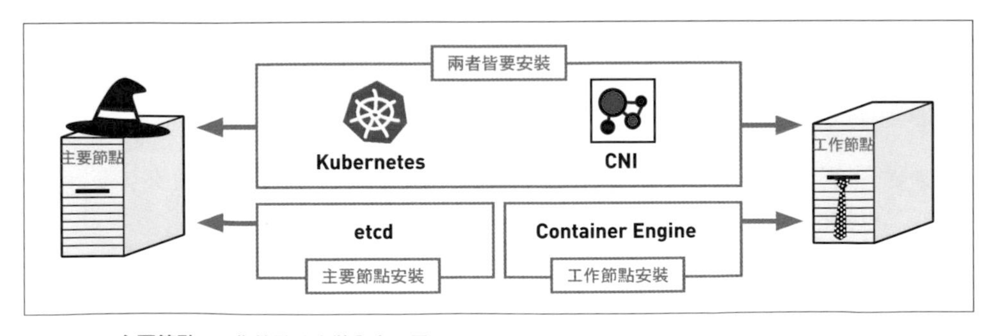

圖 8-2-2　**主要節點、工作節點的安裝內容不同**

※6　Container Networking Interface。
※7　無論是單獨使用 Docker 還是使用 Kubernetes，都需要用到虛擬網路，但兩者的網路性質不同。前者是同一主機的內部網路，而後者是在同一 LAN 上與其他主機共用的覆蓋網路(overlay network)。這部分比較困難，新手可直接跳過。
※8　Amazon AWS 專用的 CNI。
※9　鍵值儲存資料庫（Key-value database）。也可使用其他的資料庫。

然後，管理員的電腦需要安裝 kubectl 才可設定主要節點，kubectl 安裝完成後登入主要節點，進行初期設定、調整。

圖 8-2-3
管理員的電腦需要安裝 kubectl

控制平面組件與 kube-let

主要節點是以控制平面（control plane）管理工作節點，而控制平面包含下表中的 5 個組件（元件）。除了 etcd 組件外，其餘皆已內建於 Kubernetes，不需要另外安裝。只要安裝 etcd 和 Kubernetes，就全數準備完成[※10]。

主要節點端的控制平台組件

項目	內容
kube-apiserver	與外部傳輸的管道，根據kubectl的命令執行動作
kube-controller-manager	統籌管理、執行控制器
kube-scheduler	分派Pod至工作節點
cloud-controller-manager	與雲端服務聯動建立Service
etcd	全面管理叢集資料的資料庫

工作節點包含 kube-let 和 kube-proxy 等組件，kube-let 會與主要節點端的 kube-scheduler 聯動，在工作節點上配置、執行容器和卷宗。這些組件也內建於 Kubernetes，不需要另外安裝。

※10 如後所述，Kubernetes 存在不同的供應商，可能因供應商的不同而缺少 kube-let 等，需要另外安裝組件。

工作節點的組件

項目	內容
kube-let	與主要節點端的kube-scheduler聯動，在工作節點上配置Pod，並且監視運行中Pod的狀態，定期通知kube-scheduler。
kube-proxy	網路通訊的路由機制

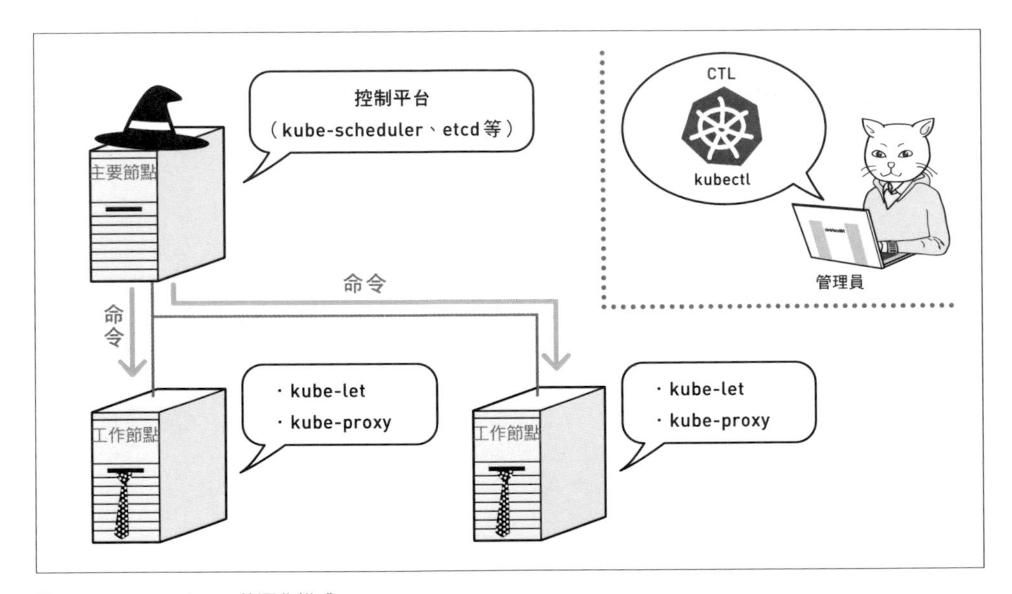

圖 8-2-4 Kubernetes 的運作構成

Kubernetes常態保持理想狀態

Kubernetes 也可建立、刪除容器，但不需要一一輸入指令，基本上只要如同「建立╳個容器、○個卷宗」，將應有姿態（理想狀態）編寫成 YAML 格式的定義檔，Kubernetes 就會遵照指示建立、刪除容器，並且維持理想的狀態。

光靠文字說明，可能不好理解與 Docker Compose 的差異 ※11。簡言之，Docker Compose 是以選項手動更改容器數量，但不會監視後續情況，僅於建立時發揮作用，功能屬於「建立用完即捨棄」※12，而 Kubernetes 的功能屬於「維持理想狀態」。

※11 其他與 Docker Compose 明顯不同的地方，還有 Kubernetes 可跨越主機建構系統，也可結合置於不同資料中心的主機。

※12 docker-compose 也可透過選項（always 等）監視容器，維持理想狀態。

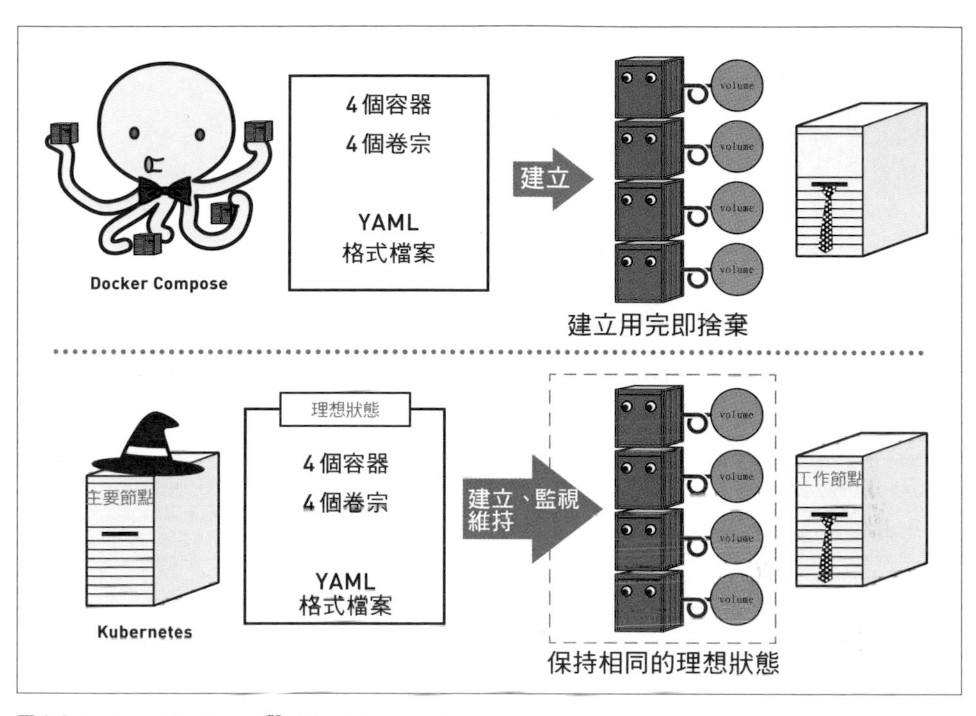

圖 8-2-5　Docker Compose 與 Kubernetes

因此，當容器因故毀損時，Kubernetes 會自行刪除毀損的容器，重新建立新的容器。若將原本定義的「5 個容器」改成「4 個容器」，則 Kubernetes 會自動刪除 1 個容器。

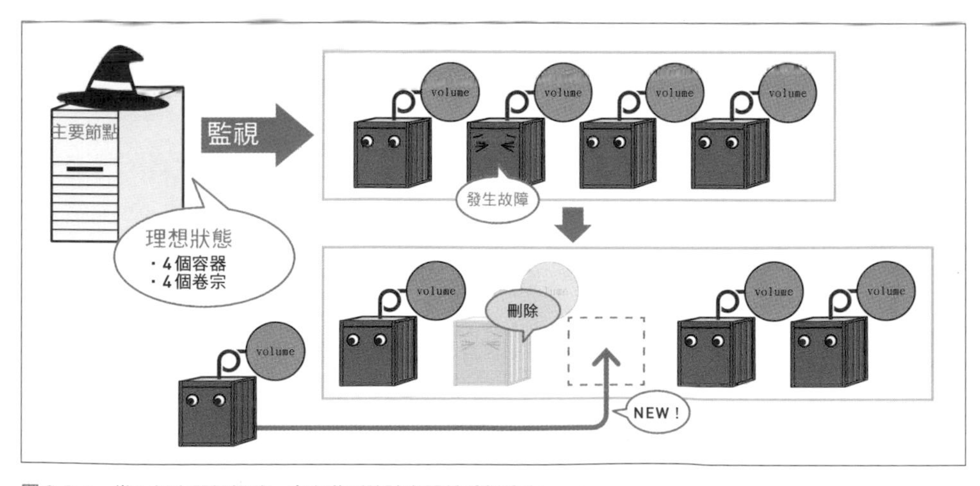

圖 8-2-6　當 1 個容器毀損時，會自動刪除該容器並重新建立

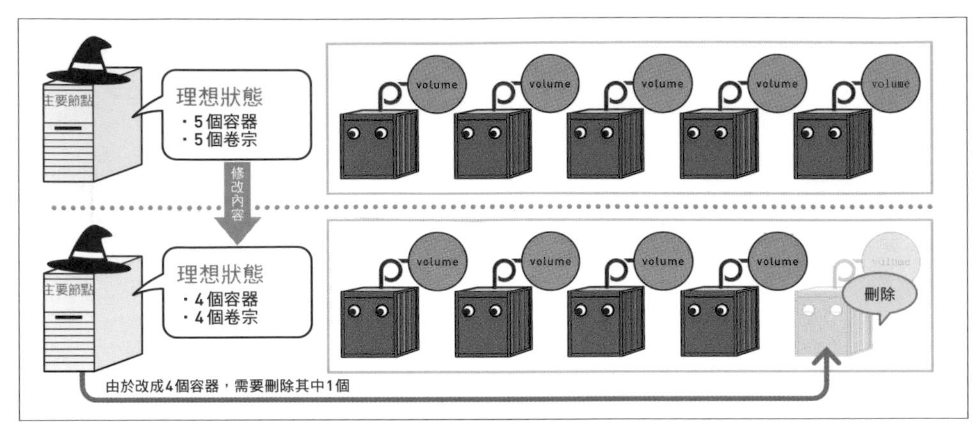

圖 8-2-7　當理想狀態的數量改變，會增減容器來保持定義的狀態

刪除 Kubernetes 系統中的容器

Kubernetes 僅只是「自動保持狀態」的工具，想要刪除容器的時候，不是直接輸入刪除指令，而是修改清單檔案的「理想狀態」。

當然，我們可使用 Docker 指令等方式刪除容器，但刪除完成後，Kubernetes 會發現「咦？少了 1 個容器喔！？」自行重新建立，就像打也打不死的殭屍一樣，不由得感到背脊發涼！然而，Kubernetes 無法辨別是誰故意刪除容器，還是基於正當理由而刪除。再說，Kubernetes 的使命就是「維持理想狀態」，當然不允許他人任意刪除。

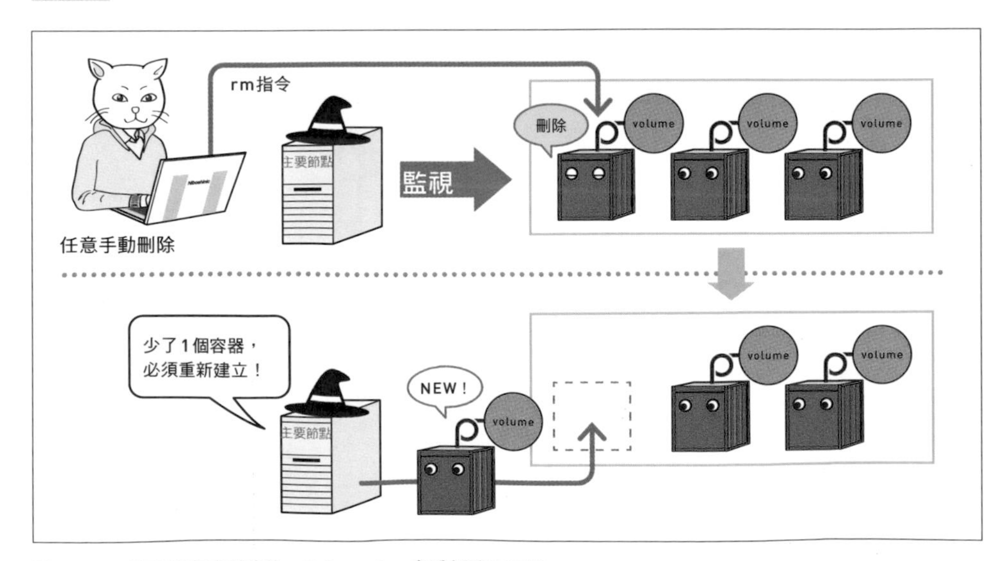

圖 8-2-8　管理員直接刪除後，Kubernetes 會重新建立容器

在各位身邊是否也有跳過第一線的負責人，直接向作業員指示更動規格的上司呢？負責人不曉得已經更動規格，繼續依照先前的規格作業，結果造成現場大混亂。作業員向負責人反應一下「上司剛才有下達這樣的指示。」問題或許就獲得解決，但 Kubernetes 卻沒辦法如此。

使用 Kubernetes 時也應該避免這樣的混亂。因此，想要刪除的時候，務必指示減少「理想狀態」的容器數量。若想要刪除所有容器，只要指示「容器數量為 0」就可全部刪除。

如上所述，Kubernetes 會保持定義的狀態。總之，請記得 Kubernetes 是維持「理想狀態」的工具。

COLUMN：Level ★★★〔for beginners〕

負載平衡器（負載分散器）與雲端運算

Kubernetes 用於調度多台相同伺服器所構成的大規模系統，讀者可能沒有什麼概念。在深入瞭解之前，得先認識負載平衡器（負載分散器）才行。

負載平衡是指，準備多台伺服器分散訪問流量，避免極端集中於單一伺服器。以人為例，當書店的結帳櫃檯、銀行的服務窗口，若僅有一位負責人服務顧客，「啊哇哇！」該人員肯定會分身乏術。部署多個服務櫃檯來分散處理，不但可快速消化人流，也可減輕每位負責人的負擔。

同樣地，伺服器也可藉由多台主機分散處理的機制，避免過度負載造成伺服器停機、反應遲緩。書店、銀行的顧客會自行前往空櫃檯，但伺服器的流量並不會自動分散，需要有人幫忙引導：「請往這邊的伺服器。」而這個幫忙引導的裝置，就稱為「負載平衡器（負載分散器）」。

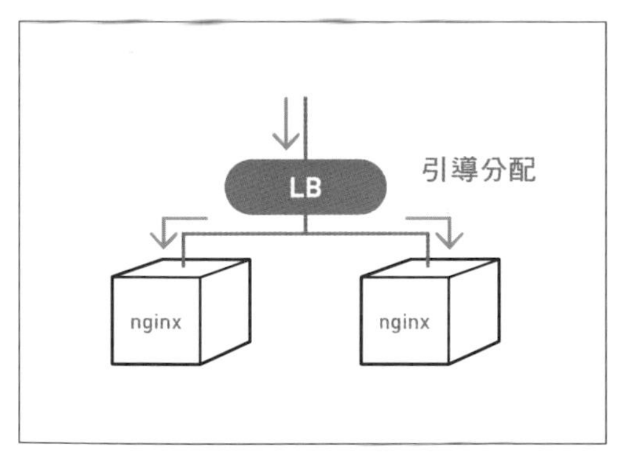

圖 8-2-9
負載平衡器是幫忙引導的工具

不過，伺服器的訪問流量並非一直處於高峰，任何系統基本上都存在訪問流量高的時期和流量低的時期。這樣的話，若配合流量高的時期多準備一些伺服器，在流量低的時期會出現閒置的伺服器，反而需要額外的經費維運。

▶接續下一頁

這邊就輪到Docker、Kubernetes登場，配合負載情況增減容器，不但可減少閒置的伺服器，關閉未使用的伺服器也可節約電費。

然而，相較於「僅冬季訪問流量驟減，在冬季關閉多餘的伺服器」的體制，「僅夏季訪問流量暴增，在春、秋、冬季關閉多餘的伺服器」的體制，還是覺得多餘的伺服器很浪費吧。這類問題可透過AWS、Azure、GCP等雲端運算服務來解決，只要採取僅夏季訪問流量飆升時，在雲端增加伺服器的體制，其他時期就可不用確保多餘的伺服器。

另外，雖然與如何配置有所關聯，但容器技術與雲端服務非常契合，可自動配合容器的增減來調整伺服器的數量。像這樣增減容器的機制，稱為可擴縮性(scalability)。國民如今大多都有智慧手機，隨時隨地都可訪問伺服器，容易造成訪問流量飆升，設計系統時肯定得考慮可擴縮性，Kubernetes因而備受關注。

COLUMN：Level ★★★ 高手專欄

etcd的功用

Docker Compose和Kubernetes有許多不同之處，其中最明顯的差異是，Kubernetes是以資料庫來管理定義檔（清單檔案）。Kubernetes讀取定義檔後，會將其內容寫進etcd（資料庫）。

Kubernetes會遵照該資訊管理Pod（後面詳述），與Docker Compose不同的是，其定義檔可用指令修改內容。因此，Kubernetes讀取定義檔後以指令直接調整容器，會發生手邊的定義檔與etcd上的資訊內容有所出入，建議制定規則來嚴格管理運用。

Kubernetes 的構成與用語

SECTION 03

是否瞭解了 Kubernetes 主要節點和工作節點的功用呢？本節將會解說 Kubernetes 在使用上應該知道的事情與其他用語。

Kubernetes的構成與用語（Pod、Service、Deployment、ReplicaSet）

Kubernetes 有幾個獨特的用語，這邊會稍微統整一下相關用語。雖然同樣的東西有不同的名稱可能令人感到混亂，但慢慢瞭解記住就可以了。

Pod 是成套的容器與卷宗

Kubernetes 管理容器的單位是 Pod（容器組），也就是成套的容器和卷宗。一個 Pod 基本上有一個容器，但也可裝載多個容器[※13]。

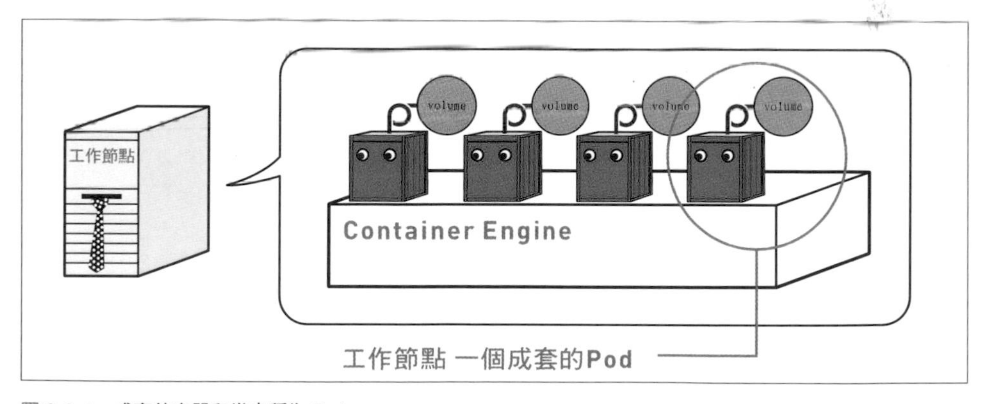

圖 8-3-1 成套的容器和卷宗稱為 Pod

如同大規模的系統由多台伺服器所構成，Pod 的容器通常也是以複數構成。而 Pod 的卷宗多用來讓複數容器共用資訊，所以 Pod 通常不建立卷宗。

※13 談到複數容器可能聯想到如 WordPress 和 MySQL 的關係，但這邊是指程式協作關係，如「主要程式」和「深夜統計主要程式的輸出數據的程式」。

本書為了方便說明，是將圖示畫成「容器＋卷宗」，但後面的動手實作不會建立卷宗。這樣的話，何必特地建立 Pod 呢？直接使用容器不就好了。這是因為 Kubernetes 是以 Pod 為單位來管理容器，即便僅有一個容器也會當作「Pod」。

管束 Pod 的 Service

Service（服務）是統籌管理 Pod 的功能。許多場景都會用到 Service 一詞，難以清楚區別其中的差異，但 Kubernetes 的 Service 可想成是管束 Pod 的班長。

Service 基本上是管理相同構成的 Pod，不同構成的 Pod 需由其他 Service 來管理。

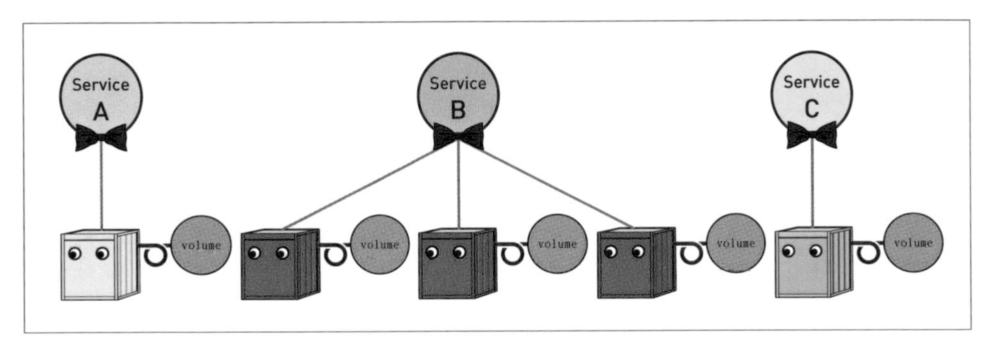

圖 8-3-2　一個 Service 管理同種類的 Pod

由於 Service 是管束 Pod 的班長，即便 Pod 分散於多個工作節點（實體主機），Service 也可統籌管理。這感覺有點奇妙。

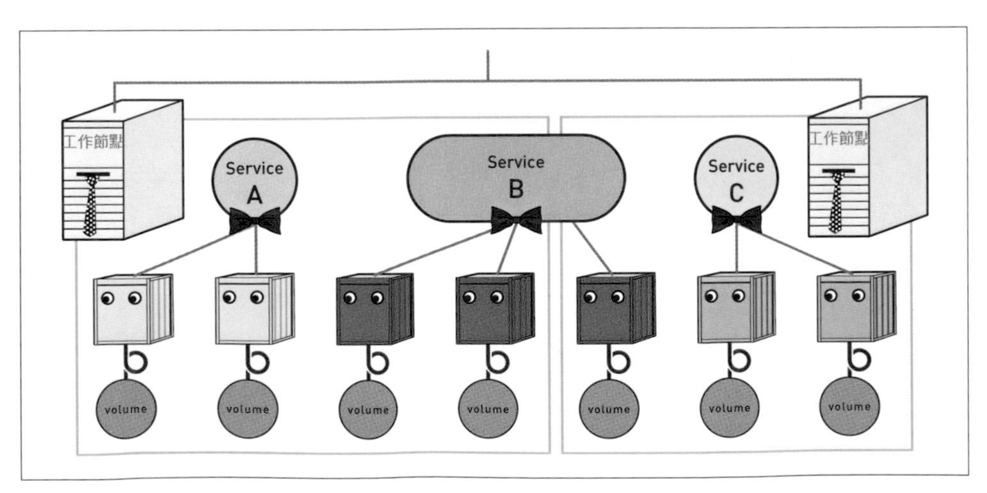

圖 8-3-3　即便分散於多個工作節點，也是由一個 Service 管理同種類的 Pod

Service 班長扮演的角色就是負載平衡器※14（負載分散器），各 Service 會自動分配到固定的 IP 位址（Cluster IP※15），再處理訪問該位址的通訊。換言之，儘管內部存在多個 Pod，外部僅會看到一個 IP 位址（Cluser IP），訪問該位址後，Service 就會適當地分配通訊來存取。

例如，某位班長負責管理 WordPress 的 Pod，當接收到訪問 WordPess 的通訊時，Service 會適當分配存取，以免流量集中於單一 Pod※16。

然而，Service 班長可處理的僅限工作節點內的通訊，對各工作節點的分配還是得交由實體負載平衡器（Load Balancer）或者 Ingress※17，需要準備有別於主要節點、工作節點的實體專用機或者節點。

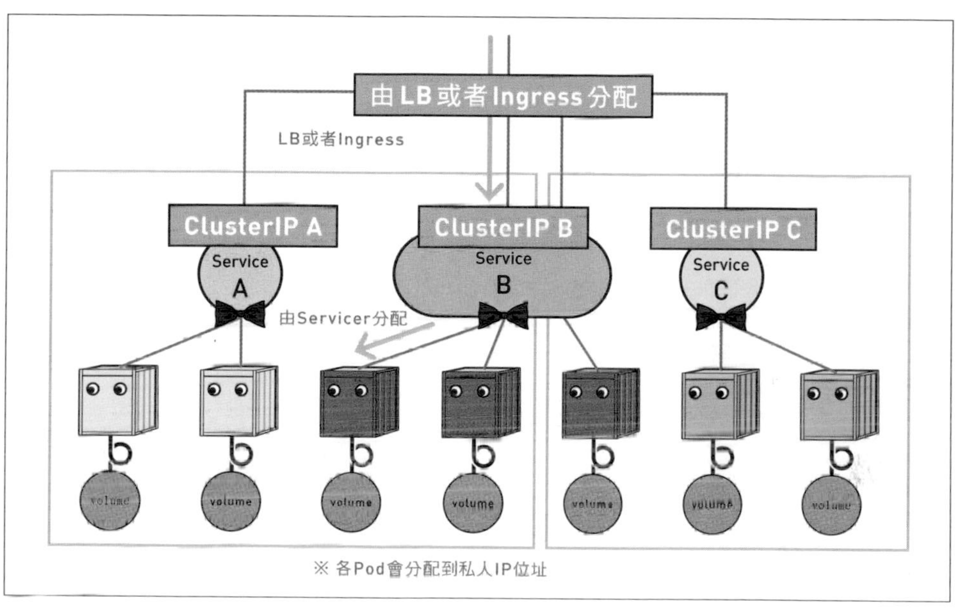

圖 8-3-4　Service 分配訪問 Pod 的通訊

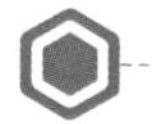

Deployment 與 ReplicaSet

若說 Service 是負責處理通訊的班長，則 ReplicaSet（副本集）就是負責管理 Pod 數量的班長。當 Pod 因故障停用時，增加不足的數量；下修定義檔中的 Pod 數量時，則減少相應的數量。

換言之，Pod 同時受到兩位班長管束。

※14　請見 P.239 的專欄。
※15　只要未刪除 Service，Cluster IP 的值就不改變。
※16　各 Pod 會分配到私人 IP 位址。
※17　在應用層執行的 HTTP/HTTPS 專用反向代理，亦即類似負載平衡器的工具。

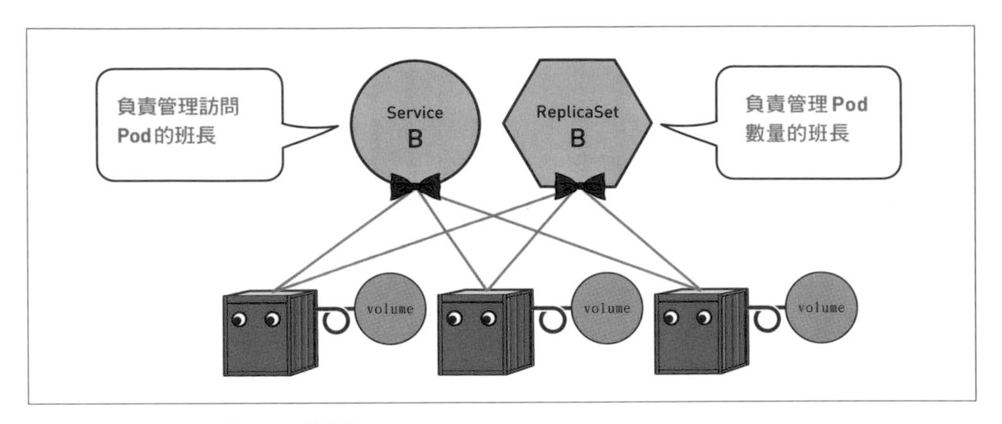

圖 8-3-5　**ReplicaSet 管理 Pod 的數量**

在 ReplicaSet 的管理下，同構成中的 Pod 又可稱為 Replica。Replica 通常譯為複製品、副本。因此，增減 Pod 可說成「增減 Replica」，決定 Pod 的數量也可說成「決定 Replica 的數量」。

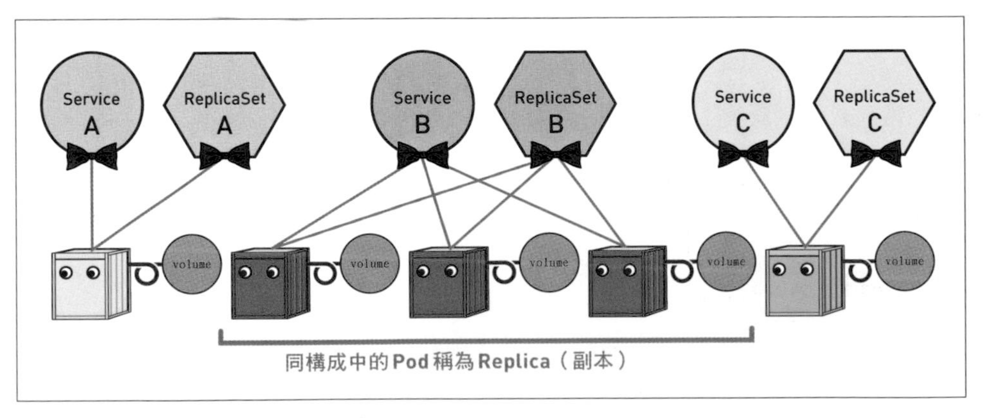

圖 8-3-6　**ReplicaSet 管理下的 Pod 稱為 Replica**

ReplicaSet 鮮少單獨使用，因為用起來不太方便，常會與 Deployment（部署）一併使用。Deployment 用來管理 Pod 的部署（配置、展開），內含是否使用映像檔等與 Pod 有關的資訊。若說 ReplicaSet 是班長的話，則 Deployment 就是其上司。

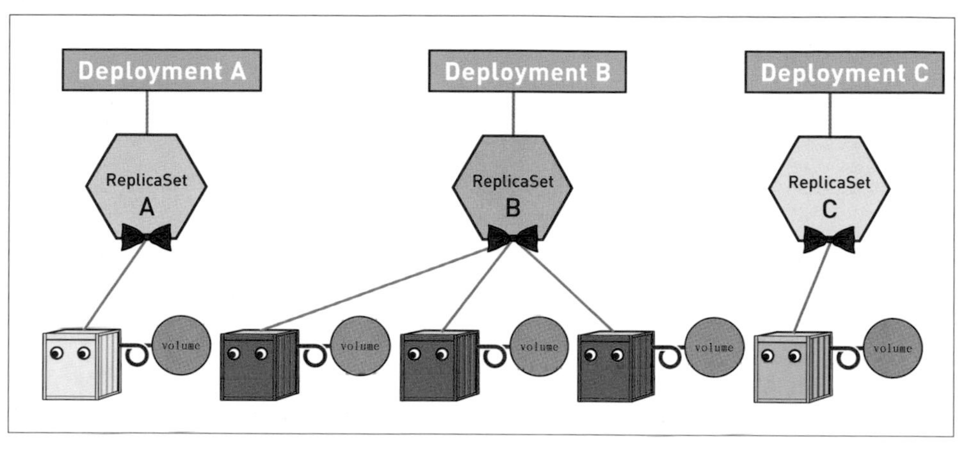

圖 8-3-7 Deployment 管理 Pod 的配置與展開

Kubernetes的其他資源

Pod、Service、Deployment、ReplicaSet 等，稱為 Kubernetes 的資源（resource）。Kubernetes 共約有 50 種的資源，但實際用到的種類卻很少。所以，在新手階段，瞭解前面介紹的 Pod、Service、Deployment 就足夠了。

主要的資源

資源名稱	內容
pods	Pod。成套的容器與卷宗。
podtemplates	部署時的 Pod 模板
replicationcontrllers	複製時的控制器
resourcequotas	設定 Kubernetes 的資源使用量限制
secrets	管理鍵的資訊
serviceaccounts	管理操作的使用者
services	管理對 Pod 的訪問
daemonsets	每個工作節點建立 1 個 Pod
deployments	管理 Pod 的部署
replicasets	管理 Pod 的數量

▶接續下一頁

statefulsets	保持狀態管理Pod的部署
cronjobs	排程執行Pod
jobs	執行1次Pod

Kubernetes的用語統整

看到這麼多用語可能感到有些混亂，不過統整後會發現，大致分成與訪問相關的用語和與數量相關的用語。

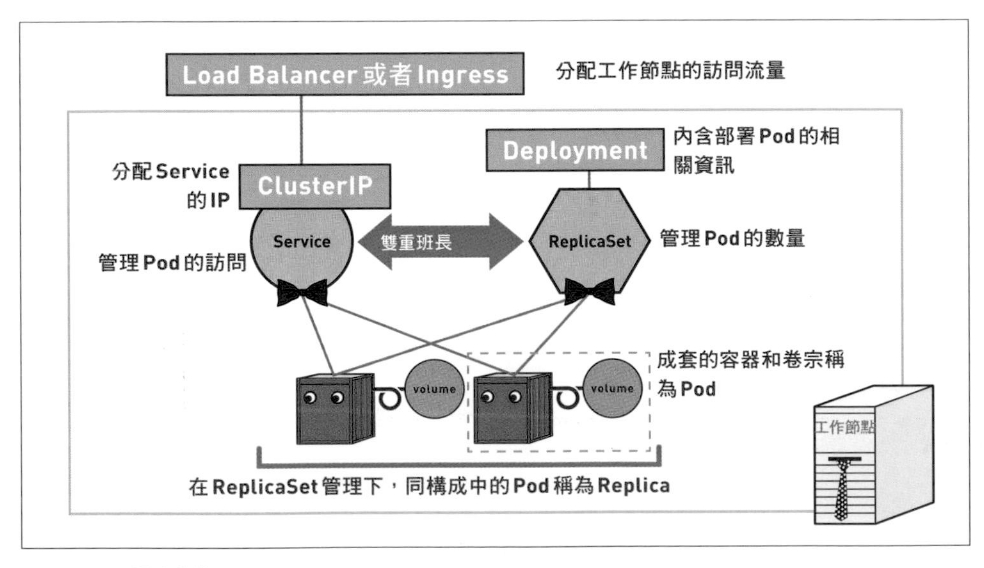

圖 8-3-8　**用語的統整**

與訪問相關的用語有 Service 和 Cluster IP；與數量相關的用語有 ReplicaSet 和 Deployment。當感到混亂的時候，請對照這張圖來釐清。

COLUMN：Level ★★★ 高手專欄

物件與執行個體

如同Pod物件、Service物件的說法，Pod、Service、Replica、Deployment等又可稱為「〇〇物件（Object）」。因為登錄至主要節點的etcd資料庫後，會以「〇〇物件」的形式來管理。

如前所述，定義檔內容會登錄etcd※進行管理，Kubernetes再遵照登錄etcd的內容實際建立Pod、Service。這些實際建立出來的東西，稱為執行個體（Instance）。換言之，Kubernetes的機制就是，根據資料庫中登錄的物件資訊，實際建立執行個體。

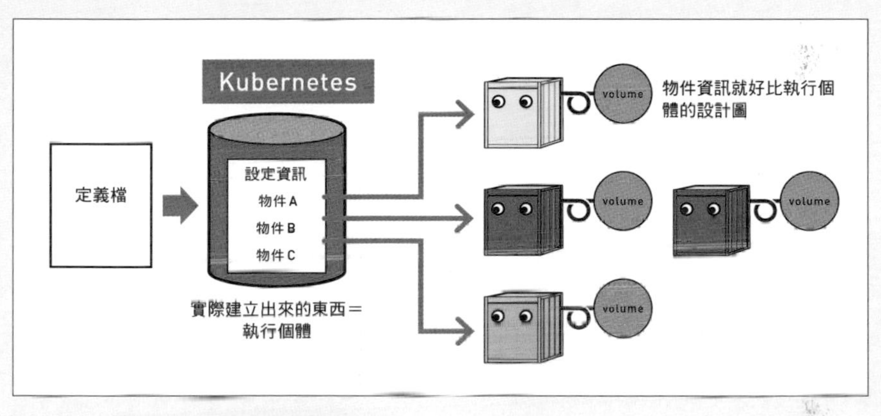

圖 8-3-9　遵照 etcd 的設定資訊建立執行個體

例如，想要建立「企鵝Pod」的時候，需要先將「企鵝Pod」物件登錄etcd，再遵照設定內容於工作節點建立執行個體（實際的Pod）。Service、Replica等也是相同的情況，會先在主要節點的etcd中以「〇〇物件」的形式管理，再遵照定義內容於工作節點建立執行個體（實物）。

同樣的東西又稱為「資源」、「物件」、「執行個體」，著實令人感到混淆，雖然正文中沒有用到，卻是蒐尋資料時常見的字詞，建議順道學習起來。

MEMO

關於登錄etcd，請見P.240的專欄

COLUMN：Level ★★★

1台伺服器也可使用Kubernetes？

Kubernetes常用於運行多台伺服器的大規模系統。由於Docker Compose僅可管理1台伺服器，遇到需要管理多台伺服器時，自然會使用具備調度管理功能的Kubernetes。

那麼，小規模的系統不會用到Kubernetes嗎？也不是這樣。Kubernetes只要經過正確設定後，當Pod因故障等原因毀損時，會自動重新建立，管理起來相當方便。若選擇不自行管理，在雲端使用Kubernetes的話，更能感受到其帶來的方便性。

另外，Kubernetes是經過標準化的容器執行方式，也適用於系統的交貨。若以在Kubernetes上運行的系統來交貨，可一併交付設定資訊等細節，有助於安裝後進行調整。

實務上，已經存在以在Kubernetes上運行為前提的業務系統，必須準備Kubernetes才有辦法利用該業務系統。

Kubernetes 的安裝與用法

SECTION 04

那麼，終於要開始準備 **Kubernetes**，但在準備前必須知道，**Kubernetes** 其實存在許多的種類。

Kubernetees 存在許多的種類

大家差不多想要動手使用 Kubernetes，但在準備安裝軟體時會發現，Kubernetes 其實存在許多的種類，得先決定安裝哪種 Kubernetes。

Kubernetes 的規範標準，是由雲端原生運算基金會（Cloud Native Computing Foundation：CNCF）所制定。雲端原生運算基金會是，為了發展、結合以容器技術為中心的基礎設備所創立的團體。Kubernetes 原本是 Google 的技術，後來捐贈給 Google 等公司創設的雲端原生運算基金會。對外公開原始碼後，Kubernetes 迅速普及開來。

圖 8-4-1
Cloud Native Computing Foundation 官方網站（https://www.cncf.io/）

雲端原生運算基金會本身有開發「Kubernetes」的軟體，但第三方（非雲端原生運算基金會的企業組織）也根據 Kubernetes 的規格，提供許多管理功能更為充實、內容更為精實的軟體。

AWS、Azure、GCP 等雲端供應商，都提供了可自定義的雲端版 Kubernetes 服務。這類軟體彼此相容，官方網站也列舉獲得「Cerficied Kubernetes」的認證且具備相容性的軟體、服務。

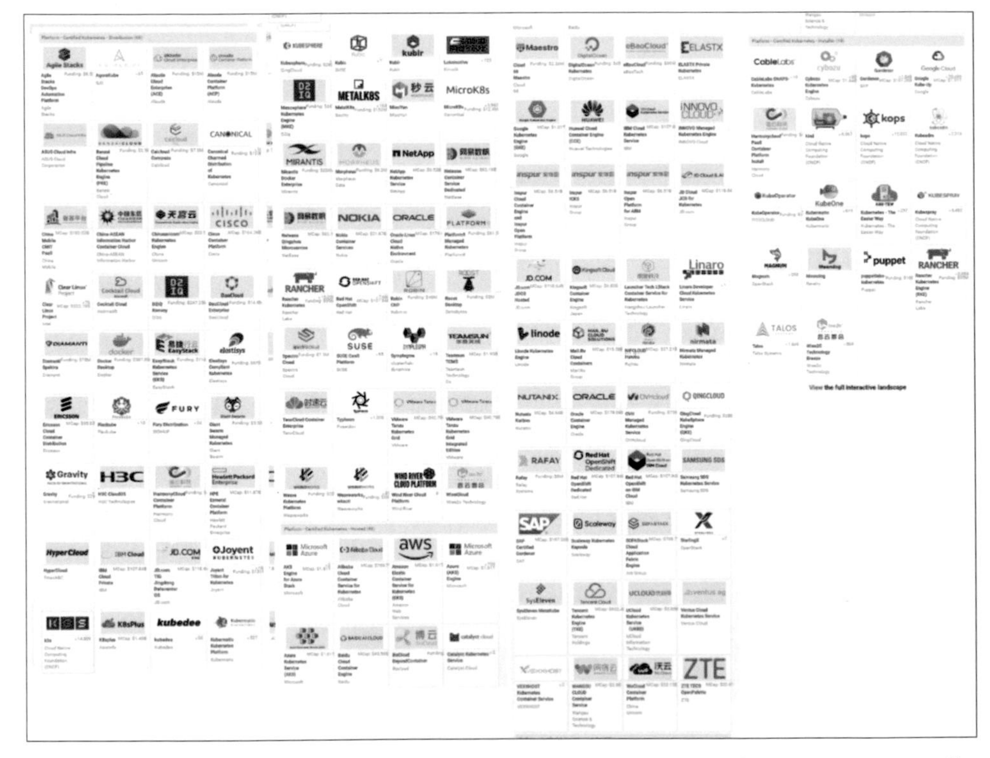

圖 8-4-2　Certified Kubernetes 的頁面（修改自 https://www.cncf.io/certification/software-conformance/）

明明官方有提供的正規軟體，卻又存在眾多第三方軟體，的確有些不可思議，但這跟 Kubernetes 是開源軟體 ※18、伺服器軟體有關。開源的伺服器軟體可由其他人製作「自認最強的工具」來發布，因而造就了 Kubernetes 這般神奇的文化。

※18　可自由散布、可衍伸著作、授權的技術中立等，允許使用者任意利用的軟體。

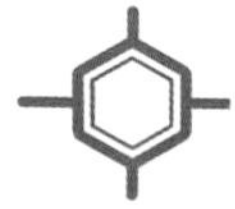

學習上該使用哪種 Kubernetes？

在學習方面，應該使用哪種 Kubernetes 呢？ Kubernetes 有這麼多種類，反而不曉得該怎麼選擇。而且，新手也無法區分各個 Kubernetes 的差異。一般來說，該怎麼選擇呢？

該使用官方的 Kubernetes ？還是使用雲端版的 Kubernetes？

當因種類繁多而不知如何選擇的時候，最先想到的應該會是官方的 Kubernetes。

在尚未清楚瞭解的情況下，容易傾向認為：「既然要使用的話，選擇官方的 Kubernetes 來學習比較好吧。」然而，縱使是稍具規模的企業，也鮮少自己設定官方的 Kubernetes。雖然多數企業是以官方的 Kubernetes 建置系統，但通常「不是自己設定」而是外包給其他組織。

因為想要對各 Service 指派 Cluster IP 來分散負載，除了得準備相應的主機外，還得考慮驅動程式的相容性，需要挑選主機的專業知識，所以大多交由「基礎設備供應商[※19]」來設定。即便順利設定完成，後續的維運保養更是艱難的作業。甚至有專家認為：「如同雲端服務，請他人幫忙不但可降低成本、減少架設時間，還能夠獲得優異的成果，又何必親自自行建置呢？」由此可知，蒐集資訊架設伺服器是多麼艱辛的路程[※20]。

雖然也可要求公司內的技術人員學習，但若非兼任伺服器建置的大廠系統整合員、自家公司頻繁自定義的網路類型企業，負擔明顯大於利益。與其投入查詢資料的成本，建置不穩定的伺服器，不如多花點經費交給基礎建設供應商，更加令人放心。因此，雖然許多人使用官方的 Kubornetes，但自行建置的困難度頗高，不適合初學者用來學習。

一般來說，大多是使用 AWS 等雲端運算服務來建置。雲端版的 Kubernetes 已經完成內部的設定，不需要深入瞭解也能夠使用。

例如，AWS 的建置是以 EC2[※21]、Fargate[※22] 作為工作節點，再以相當於主要節點的 EKS[※23] 進行管理。不過，由於是建置虛擬伺服器，除了 EKS 的基本費用外，需要按台數計算虛擬伺服器的費用（EC2、Fargate）。考慮到只當作學習的教材並未打算實際建置，就「僅為學習之用」、想要輕鬆嘗試而言，費用的確有點高。而且，若不熟悉雲端服務的話，除了 Docker 外還得學習 AWS，多少會讓人想打退堂鼓。

※19 提供整套伺服器、網路的供應商。
※20 讀完同樣覺得「真的很辛苦」的人，已經具備相當程度的知識，而覺得「是這樣嗎？」的人，需要再多學習伺服器的建置。
※21 提供伺服器功能的服務。
※22 容器的執行引擎服務。
※23 Amazon Elastic Kubernetes Service，顧名思義就是 Kubernetes 的服務。

坎坷道路上的救世主！桌面版的 Kubernetes 與 Minikube

在如此坎坷的道路上，為了讓初學者能夠輕鬆嘗試，桌面版 Docker 已經事先綑綁了 Kubernetes，僅需要從 Docker 的設定畫面勾選「Kubernetes」就可使用，也不必另外安裝 etcd、CNI 等套件。「這樣的話，幹嘛不早點說啊！」沒錯，真的有如此方便的 Kubernetes。

那麼，Linux 系統該怎麼辦呢？Linux 系統可簡單使用名為「Minikube」的 Kubernetes，雖然建置上需要一些設定，但沒有官方 Kubernetes 的複雜。

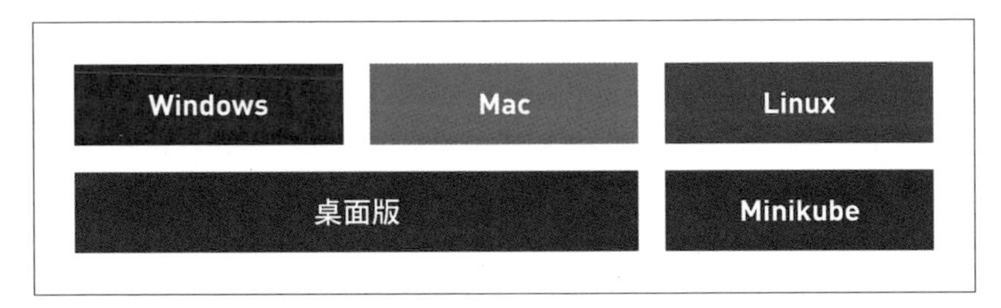

圖 8-4-3　推薦用來學習的 Kubernetes

Kubernetes 本來是用於建置大規模系統，需要在不同的實體主機設定主要節點和工作節點。不過，桌面版、Minikube 可於 1 台主機內建置主要節點和工作節點，不必額外準備多台實體主機。是不是非常方便呢？

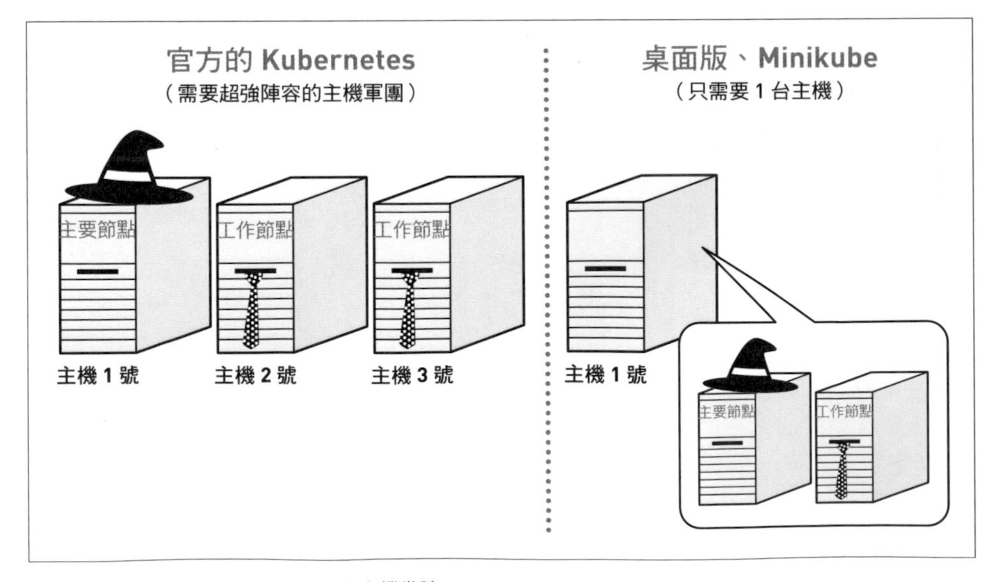

圖 8-4-4　桌面版、Minikube 可用 1 台主機嘗試

前面說得那麼危言聳聽，卻可如此簡單嘗試 Kubernetes，是不是覺得被唬了呢？其實，不一開始就講桌面版、Minikube 是有原因的。

這裡介紹的小規模 Kubernetes 僅供學習之用，可用來練習指令、定義檔（清單檔案），但實際的建置更加錯綜複雜，隨便抱著「我已經瞭解 Kubernetes！」的自負心態，是非常危險的事情。而且，在使用 Kubernetes 的第一線，大多是「絕對不可停機」的系統、「伺服器流量爆多」的系統。待在第一線服務，需要更多 Docker、Kubernetes 以外的知識，絕非僅會輸入指令就代表「會使用 Kubernetes」。因此，筆者才想要先討論「使用官方的 Kubernetes 建置會遇到什麼問題」、「為何大多採用雲端服務來架設」。

Kubernetes 的學習是一條漫長道路，但抱怨漫漫長路也不是辦法，就先從瞭解指令、定義檔（清單檔案）開始。然後，再使用桌面版、Minikube 充分練習，並吸收其他方面的知識打好基礎，這才是最重要的事情。

那麼，就趕緊準備 Kubernetes。

用桌面版 Docker 的 Kubernetes

Windows、Mac 系統可直接於桌面版的 Docker 啟用 Kubernetes，而 Linux 系統使用的 Minikube 請參考附錄的說明。

Step 1 啟用 Kubernetes

點擊工作列中的鯨魚圖示，選擇〔Settings〕開啟 Docker 的設定畫面，點擊〔Kubernetes〕後勾選〔Enable Kubernetes〕※24。

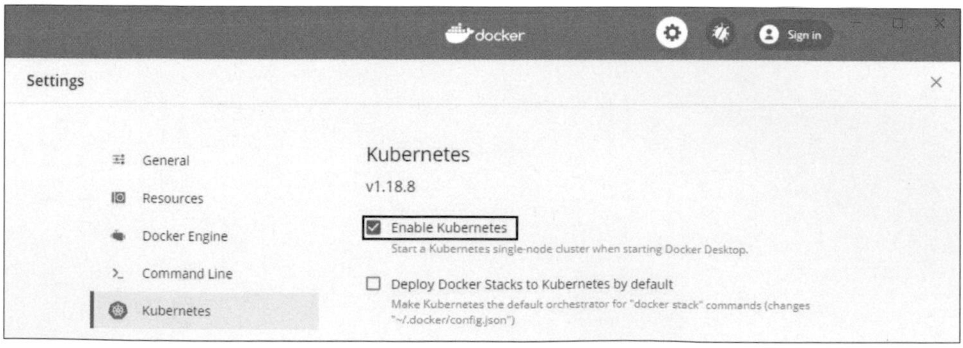

圖 8-4-5 啟用 Kubernetes

※24 使用介面未來可能支援其他語言，非英語介面時請前往官方網站等查詢。

Step 2 安裝 Kubernetes

畫面顯示「Kubernetes Cluster Installation」，詢問是否進行安裝時，請點擊〔Install〕安裝並啟動 Kubernetes（需要花費一點時間）。

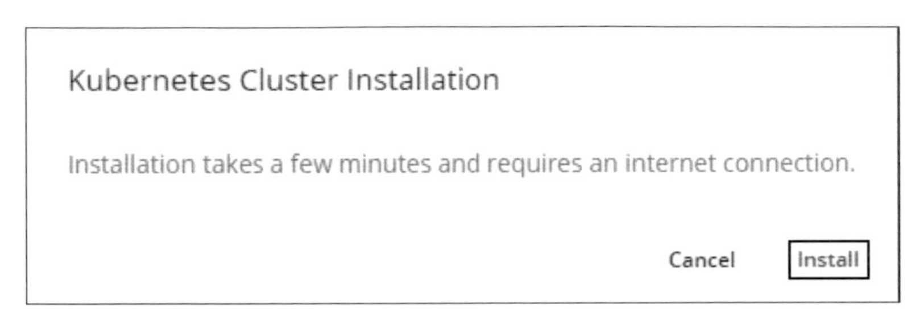

圖 8-4-6　安裝 Kubernetes

Step 3 啟動 Kubernetes

安裝完成後，畫面底部的「Kubernetes」會顯示「running」。

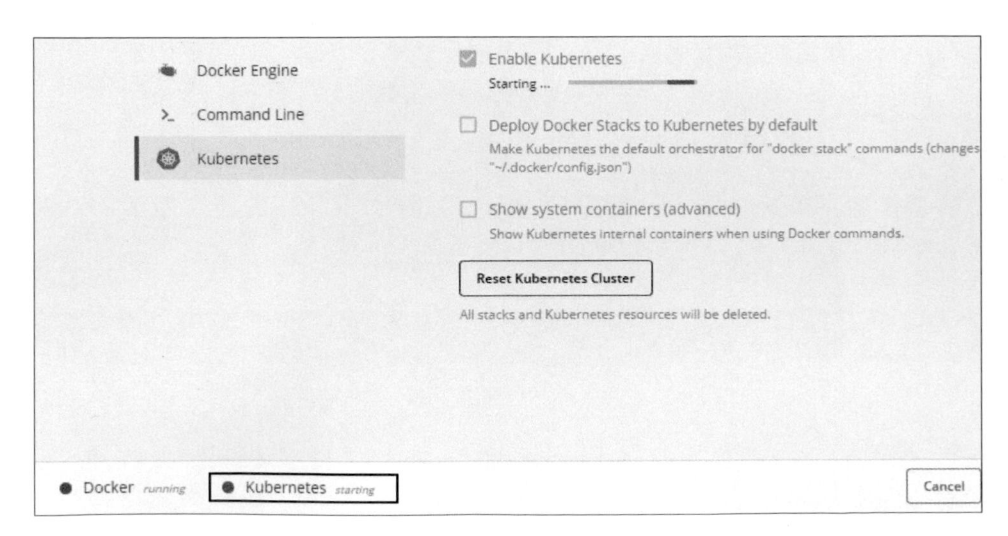

圖 8-4-7　顯示 running 表示安裝完成

COLUMN：Level ★★★ 如果想要刪除／停止Kubernetes

Kubernetes會占據許多的電腦資源，常態啟用可能造成其他作業出現問題。此時，請勾除〔Enable Kubernetes〕來停止Kubernetes。另外，想要重置Kubernetes的時候，可點擊〔Restart Kubernetes Cluster〕按鈕來初始化。

COLUMN：Level ★★★ 高手專欄

實體主機的Kubernetes建置與kubeadm

這次使用可單台主機建置的Minikube、桌面版Docker的Kubernetesa。那麼，該怎麼使用多台實體主機建置正式的Kubernetes呢？

想要使用正式的Kubernetes的話，需要先準備充沛數量（主要節點加上工作節點的台數）的實體主機或者虛擬主機，並且搭載Ubuntu等Linux作業系統。然後，在作為主要節點的主機安裝Kubernetes、CNI和etcd（資料庫），在作為工作節點的主機安裝Docker等容器引擎、Kubernetes和CNI，這些可透過「kubeadm」※的建置工具幫忙完成。

然後，在主要節點和工作節點，分別設定該主機負責什麼功能。在主要節點以kubeadm init完成初期設定，並在工作節點執行kubead，就可連結主要節點和工作節點。除了kubeadm外，還有「conjure-up」、「Tectonic」等安裝工具。

MEMO

kubeadm的細節請見官方網站：
https://kubernetes.io/ja/docs/setup/production-environment/tools/kubeadm/installkubeadm/

定義檔（清單檔案）的格式

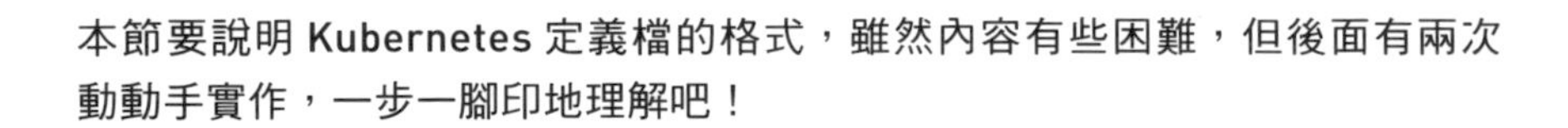

SECTION 05

本節要說明 Kubernetes 定義檔的格式，雖然內容有些困難，但後面有兩次動動手實作，一步一腳印地理解吧！

何謂定義檔（清單檔案）？

Kubernetes 會遵照定義檔（清單檔案）的內容建立 Pod。將定義檔的內容上傳至 Kubernetes 後，該「理想狀態」便會寫進資料庫（etcd），持續維持伺服器的「理想狀態」。接著來說明定義檔的格式。

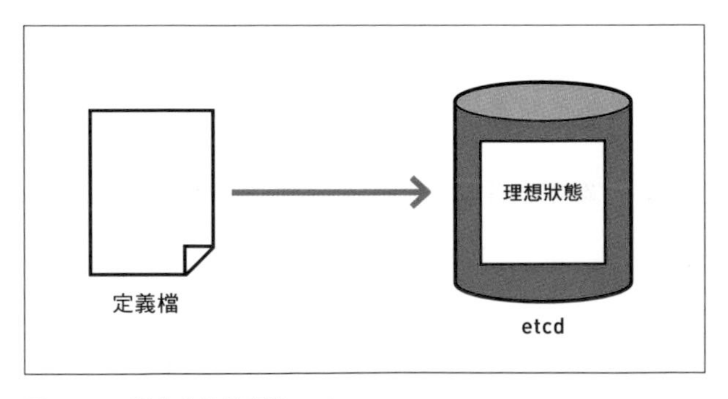

圖 8-5-1　編寫定義檔寫進 etcd

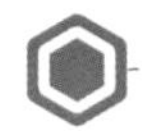

以 YAML 格式編寫定義檔

Kubernetes 會將 Pod、Service 等相關設定稱為清單（manifest），編寫該清單的檔案稱為清單檔案（定義檔）。定義檔需要以 YAML 格式或者 JSON 格式編寫。在第 7 章的 Docker Compose，已經說明過 YAML 格式的檔案。JSON 格式主要用於主機的資料傳輸，人類在讀寫該設定檔案時通常是用 YAML 格式。

與 Docker Compose 的時候不同，Kubernetes 的定義檔名沒有限制。雖然可任意命名，但建議取其他人也能意會的名稱，避免不假思索地加上「Kubernetes」、「test」、「Docker」、「Ogasawara（負責人名稱）」、「zoozooSystem（系統名稱）」、「zoozoo（公司名稱）」等。若是工作上使用的定義檔，請確實與公司討論檔案名稱。

Kubernetes的定義檔

項目	內容
定義檔的格式	YAML 格式（.yml）
定義檔的名稱	任意名稱

以資源為單位編寫定義檔的內容

以 Pod、Service、Deployment、ReplicaSet 等資源為單位編寫定義檔，雖然上一節介紹了四個資源，但初學者通常僅會用到「Service」和「Deployment」，一併編寫這兩個項目。

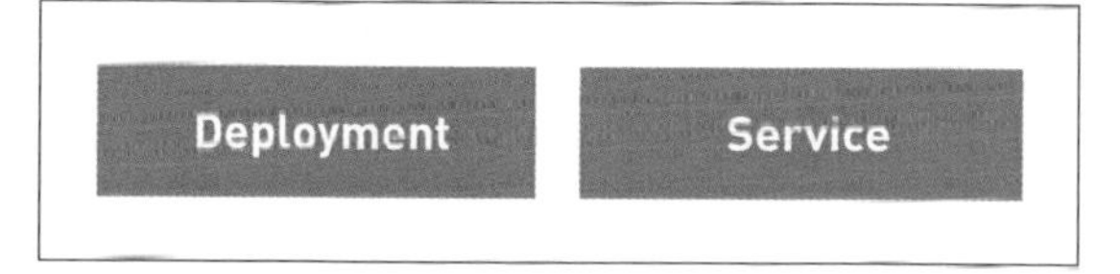

圖 8-5-2　初學者要會編寫的兩個項目

定義檔中不編寫「Pod」項目。明明是要建立 Pod 卻沒有「Pod」項目，可能會感到不可思議，但「Pod」項目用於僅建立 Pod 的時候，本身不具備 Kubernetes 最具特色的「自動維持設定的數量」功能。該功能是由 Deployment 和 ReplicaSet 負責，所以必須編寫的項目是「Deployment」而不是「Pod」。而「ReplicaSet」同樣也不編寫，使用 Deployment 就會自動管理 ReplicaSet。簡言之，「Deployment」項目已經涵蓋了「ReplicaSet」和「Pod」的功能。所以，若想要建立 Apache 的 Pod，只需要編寫「Apache Deployment」和「Apache Service」兩項資源。

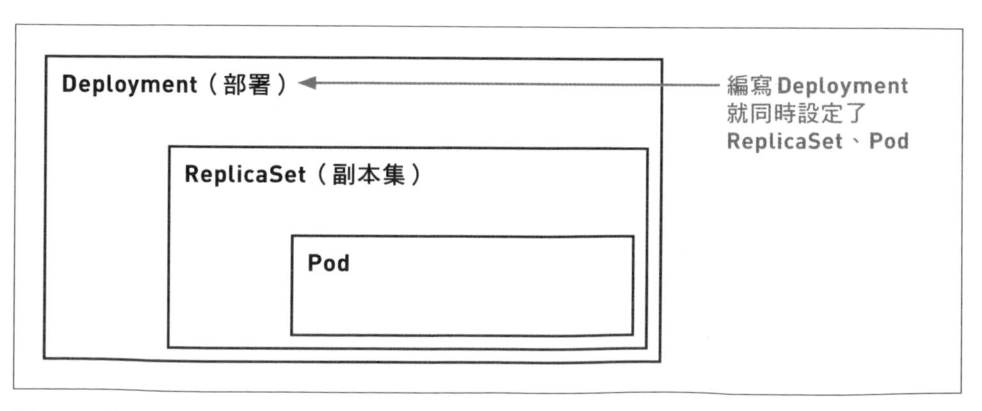

圖 8-5-3　「ReplicaSet」、「Pod」可用「Deployment」來設定

定義檔可拆分開來

定義檔可按資源拆分編寫，也可整合編寫。整合編寫時，各資源得用「---」區隔。按資源拆分編寫時，檔案要取彼此相關聯的名稱。

本書的動手實作是拆分編寫，但想要編寫單一檔案的人，也可挑戰整合編寫。

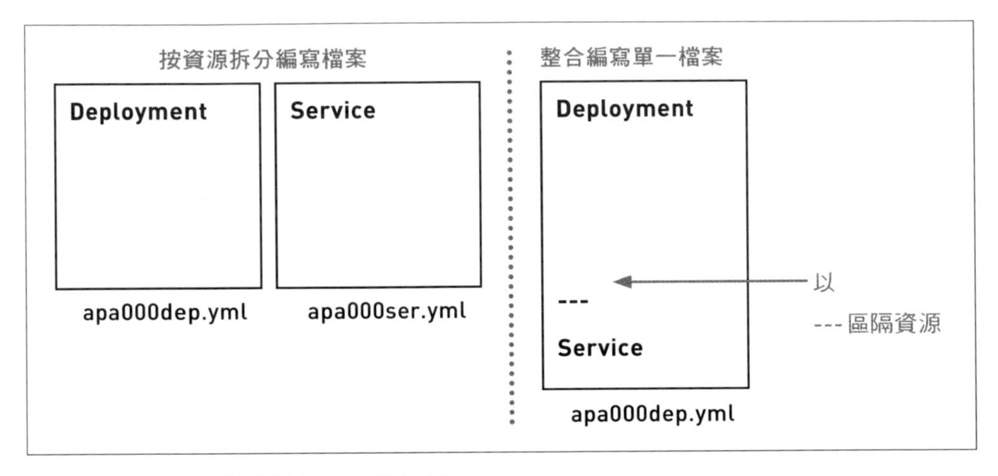

圖 8-5-4　定義檔可按資源拆分編寫也可整合編寫

定義檔的輸入內容

定義檔的輸入內容相當複雜，在實際動手實作之前，先稍微解說一下。遇到不甚瞭解的地方，請繼續閱讀至 P.264 的步驟，實際動手編寫後可能比較容易理解。

與 Docker Compose 的時候相同，Kubernetes 的定義檔也有大項目。大項目分為四個，以「apiVersion:」和「kind:」指定資源；以「metadata:」輸入元資料；以「spec:」輸入資料的內容。

定義檔的輸入範例（僅大項目）

```
apiVersion:        ← API 群組與版本
kind:              ←資源的種類
metadata:          ←元資料
spec:              ←資源的內容
```

指定資源（API 群組與種類）

在指定資源的時候，需要輸入 API 群組[※25]（apiVersion）和種類（kind），參照下表輸入固定的指定內容。群組、版本之後可能變更，建置前請先前往官網等確認。

常用的資源API群組與版本

資源	API群組／版本	種類（kind）
Pod	core/v1（可省略成 v1）	Pod
Service	core/v1（可省略成 v1）	Service
Deployment	apps/v1	Deployment
ReplicaSet	apps/v1	ReplicaSet

細節請見官方說明文件的資源種類[※26]：

https://kubernetes.io/ja/docs/reference/kubectl/overview/#resource-types

元資料與規格

定義檔也要輸入元資料[※27]（metadata）和規格（spec）。

元資料會輸入資源的名稱、標籤（後面詳述），新手僅要瞭解「name（命名名稱）」和「labels（附加標籤）」就足夠了。其他的元資料，等需要時再來瞭解即可。

規格是輸入資源的內容，亦即「建立什麼樣的資源」。規格中的設定項目，會因資源的種類而異，細節請見後面詳述。

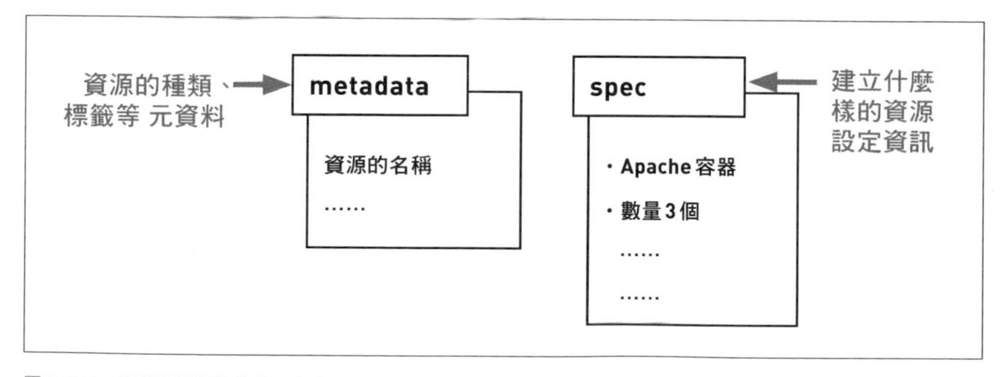

圖 8-5-5　元資料與規格的輸入內容

※25　請先確認群組、版本是否已經變更。

※26　想要知道最新版時，可用 kubectl 指令加上「api-resources」」參數來確認。

※27　meta 意為「高次元的」、「其他維度的」。metadata 衍伸為元資料，用來描述本體以外的其他資訊。

主要的元資料

項目	內容
name	資源的名稱。單一識別的字串
namespace	進一步細分資源的DNS兼容標籤
uid	單一識別的編碼
resourceVersion	資源版本
generation	顯示建立順序的編碼
creationTimestamp	建立的日期時間
deletionTimestamp	刪除的日期時間
labels	任意標籤
anotation	欲對資源設定的值。不作為選擇對象

標籤與選擇器

Pod、Service 等資源可附加任意標籤（Label），標籤是一組鍵（項目）和值，以元資料的形式來設定。附加標籤後，可使用選擇器功能（selector）篩選設置 Pod，如配置附加特定標籤的 Pod 等。

後面動手實作中的 Pod 不多，讀者可能會沒有什麼感覺，但假設有間提供「企鵝 System」、「海象 System」服務的公司，欲將 Pod 分為「金會員」、「銀會員」、「鋁會員」等會員等級。該公司透過標籤管理後，可僅針對與「企鵝 System」相關、僅與「金會員」相關的 Pod 執行動作（**圖 8-5-6**）。

Service 也可附加標籤，只要對同系統中的 Service 設定相同的標籤值，就可透過選擇器功能，對該系統的所有 Service 執行重新建立等操作。

圖 8-5-6　可透過標籤的內容選擇資源

元資料與規格的格式（1）～ Pod

定義檔的 API 群組（apiVersion）、資源種類（kind），輸入的內容在某種程度上是固定的，而元資料（metadata）、規格（spec）項目，輸入的內容會因資源種類、欲設定的構成而異。下面就來解說 Pod、Deployment、Service 的元資料與規格的格式。

本節說明的內容

apiVersion:	
kind:	
metadata:	←這次說明的部分
spec:	←這次說明的部分

如前所述，定義檔鮮少單獨編寫「Pod」項目，通常是內含於 Deployment 當中。因此，Deployment 的定義檔呈現複雜的階層結構，突然就挑戰編寫反而不曉得該怎麼開始。這邊先學習 Pod 的內容，再以內含於 Deployment 的形式來解說。內容先輸入元資料（metadata）、規格（spec）等大項目，再於大項目底下縮排編寫「中項目」、「小項目」。這與 Docker Compose 的格式相同。Pod 包含三個中項目：元資料底下的「name」、「labels」以及規格底下編寫容器構成的「containers」。原本還要編寫「volumes」，但 Pod 通常不建立卷宗，這邊也就省略該項目。然後，在「containers」底下，編寫「name」、「image」、「ports」等小項目。

Pod 元資料與規格的中項目、小項目

metadata:	
name:	←（中項目）Pod 的名稱
labels:	←（中項目）標籤
spec:	
containers:	←（中項目）容器的構成
- name:	←（小項目）容器的名稱
image:	←（小項目）原始映像檔
ports:	←（小項目）使用的連接埠

這是最低限度的內容，實際操作時會有更多的設定項目。

需要留意的是，「containers（容器）」的「name」是容器名稱，而上層「metadata」的「name」是 Pod 名稱。Pod 是成套的「容器＋卷宗」，Pod 好比偶像的團體名稱，而容器就好比偶像的個人名稱。

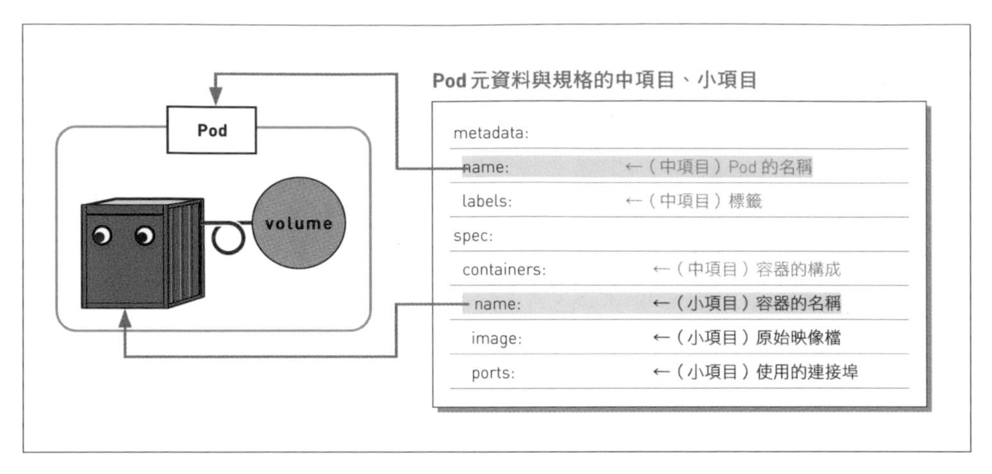

圖 8-5-7 「metadata」的「name」與「containers」的「name」不一樣

Pod 的輸入內容

稍微整理 Pod 的輸入內容：先在大項目下縮排編寫中項目、小項目，再於「containers」底下編寫容器的構成。

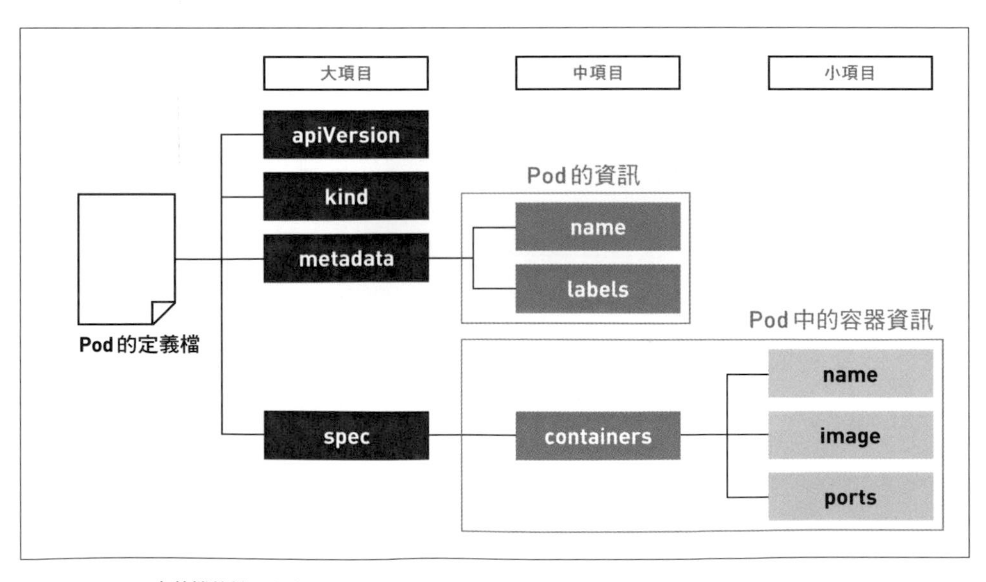

圖 8-5-8 Pod 定義檔的輸入內容

COLUMN：Level ★★★ 高手專欄

Pod中的卷宗

如前所述，容器在Pod裡頭是透過卷宗來共用資料。例如，假設存在輸出日誌的主要程式，與監視該日誌是否有問題的通知程式。此時，將「裝載主要程式的容器」和「裝載日誌監視程式的容器」整合成一個Pod，再建立卷宗作為日誌的輸出位置，兩容器便可藉由該卷宗來共享日誌資訊。

Pod內部的卷宗無法由外部訪問，如同此例主要用於容器間的資料共用。

〔步驟〕編寫定義檔（1）～Pod

實際嘗試編寫 Pod 的定義檔，建立熟悉的 Apache 容器。雖然鮮少單獨編寫 Pod 的定義檔，但之後會直接套用至 Deployment，這邊可先當作打草稿。動手實作的最後會完成 Deployment 和 Service 兩個定義檔，完成 Deployment 的定義檔後，就會刪除 Pod 的草稿定義檔。

檔案採用 YAML 格式，忘記 YAML 格式寫法的人，請見第 7 章的 P.210 內容。尤其，需要特別留意空格的處理方式。

圖 8-5-9　先編寫 Pod 的定義檔

操作流程

Pod 與容器的建立資訊

項目	值
API群組與版本	v1（省略群組）
資源的種類	Pod
Pod的名稱	apa000pod
標籤	app: apa000kube
容器的名稱	apa000ex91
原始映像檔	httpd
容器的連接埠	containerPort: 80

定義檔的檔案名稱與儲存位置

定義檔該怎麼命名呢？這邊示範命名為「apa000pod.yml」。定義檔的儲存位置可自行任意指定，這邊為了方便理解，示範在老位置建立「kube_folder」來儲存。

項目	值
檔案名稱	apa000pod.yml
Windows的儲存位置	C:\Users\使用者\Documents\kube_folder
Mac的儲存位置	/Users/使用者/Documents/kube_folder
Linux的儲存位置	/home/使用者/kube_folder

Step  建立apa000pod.yml

以記事本等文字編輯器建立定義檔，Linux 系統使用 nano 編輯器來編寫[※28]。在老位置建立「kube_folder」資料夾，並將檔案存成「apa000pod.yml」。

※28 參考 Appendix 使用 nano 編輯器建立「apa000pod.yml」。

Step 2 並列編寫大項目

在 apa000pod.yml 中，並列編寫必填的大項目（apiVersion、kind、metadata、spec）。

apa000pod.yml的輸入內容（1）

```
apiVersion:
kind:
metadata:
spec:
```

Step 3 輸入apiVersion、kind的設定值

apiVersion 項目輸入「v1」、kind 項目輸入「Pod」。

apa000pod.yml的輸入內容（2）

```
apiVersion: v1
kind: Pod
metadata:
spec:
```

Step 4 輸入metadata的設定值

在 metadata 項目，將 Pod 的名稱（name）設定為「apa000pod」。然後，在標籤（labels）項目輸入「app: apa000kube」。

apa000pod.yml的輸入內容（3）

```
apiVersion: v1
kind: Pod
metadata:
  name: apa000pod
  labels:
    app: apa000kube
spec:
```

Chapter 1 Chapter 2 Chapter 3 Chapter 4 Chapter 5 Chapter 6 Chapter 7 Chapter 8 附錄

Step 5 輸入spec的設定值

在spec底下，編寫容器的建立資訊（name、image、ports），名稱輸入「apa000ex91」、映像檔輸入「httpd」、連接埠輸入「containerPort: 80」。

apa000pod.yml的輸入內容（4）

```
apiVersion: v1
kind: Pod
metadata:
  name: apa000pod
  labels:
    app: apa000kube
spec:
  containers:
    - name: apa000ex91
      image: httpd
      ports:
      - containerPort: 80
```

Step 6 儲存檔案

對照Step 5和手邊的檔案範例，若沒有問題就儲存檔案[※29]。建議重點檢查容易疏忽的地方，如空格的有無、格數、冒號的有無等。

元資料與規格的格式（2）～ Deployment

現在要編寫Deployment的定義檔。細節會在各個步驟中說明，請先掌握大概的理論。若說Pod好比偶像團體、容器好比偶像個人的話，Deployment就像是偶像所屬的事務所。在Deployment的規格項目底下，會於「template」項目輸入Pod的設定內容。

Deployment的項目

```
apiVersion:
kind:
metadata:
  name:              ←（中項目）Deployment的名稱
spec:
```

※29 若擔心編寫的定義檔有疏失，不妨下載支援網站的範例檔案來對照。

selector:	←（中項目）設定選擇器
matchLabels:	←（小項目）透過選擇器篩選、管理標籤
replicas:	←（中項目）設定副本
template:	←（中項目）模板（記載 Pod 的建立資訊）
metadata:	←（小項目）編寫 Pod 的元資料
spec:	←（小項目）編寫 Pod 的規格

設定選擇器（selector）

Deployment 用來管理附加特定標籤的 Pod，亦即指定管理對象的項目。在「matchLabels:」※30 後面，輸入在「template」底下「metadata」所設定的標籤。

設定副本（Replica）

管理 Pod 的副本，設定「保持多少數量」的 Pod。若設定為零的話，便會消去所有的 Pod。

輸入模板（template）

編寫 Pod 的建立資訊，幾乎就是照抄 Pod 的輸入內容（元資料和規格），但不會輸入在 Pod 所指定的「Pod 名稱」。雖然也可選擇輸入，但數量愈多愈需要標籤管理，所以通常不會輸入 Pod 名稱。若像上面僅並列編寫項目，內容簡潔沒有太大的問題，但實際輸入設定值後，容易遇到「哎，輸入兩次 spec 了！」「這個 name 叫什麼來著？」等情況，感到混亂時請確認**圖 8-5-10**。

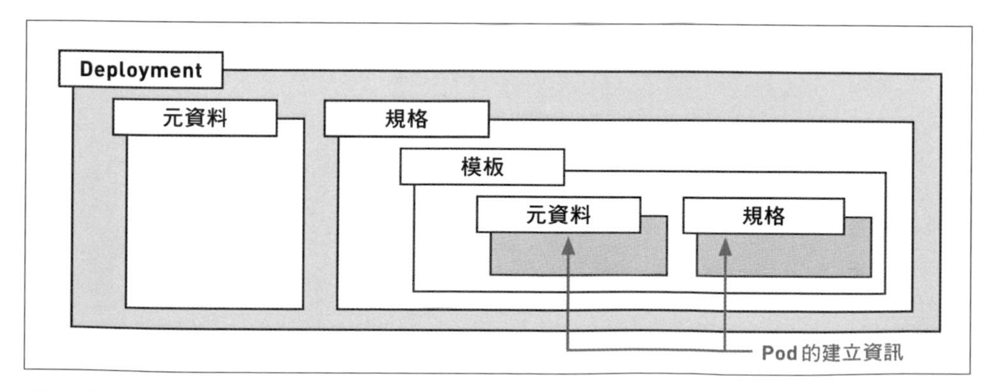

圖 8-5-10　Deployment 的定義檔構成

※30 Deployment 的選擇器默認使用標籤選擇器（LabelSelector），所以必須另外指定「matchLabels」或者「matchExpressions」。後面講解的 Service 默認不使用標籤選擇器，無法使用「matchLabels」，細節請見 P.274 的專欄詳述。

Deployment 的輸入內容

稍微統整 Deployment 的輸入內容。基本上，在大項目底下縮排輸入中項目、小項目，並在「template」底下輸入 Pod 的資訊。

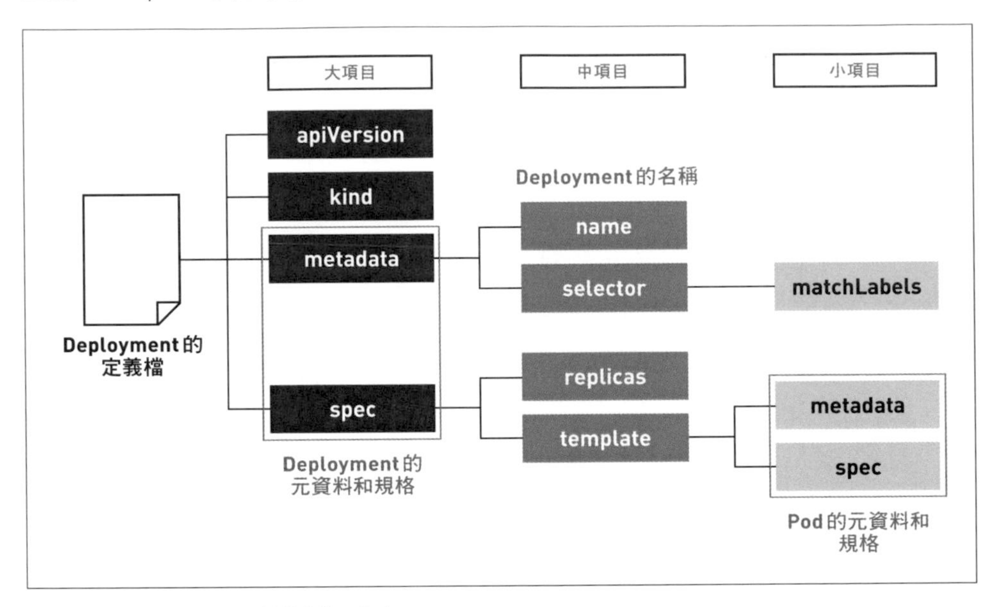

圖 8-5-11　Deployment 定義檔的輸入內容

〔步驟〕編寫定義檔（2）～ Deployment

嘗試編寫 Deployment 的定義檔，這次處理的題材仍舊是 Apache。在 Deployment 的「template」底下，直接整個轉貼前面 Pod 的建立內容。轉貼完成後，可刪除 Pod 的定義檔。這邊打算建立三個容器，所以副本數輸入「3」。

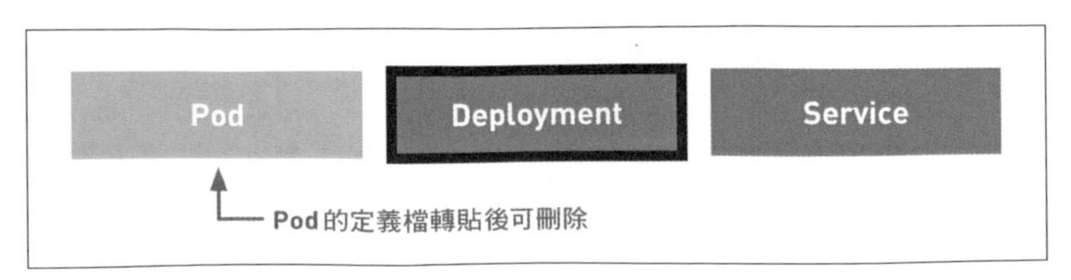

圖 8-5-12　建立 Deployment 定義檔

操作流程

並列編寫大項目 → 輸入元資料 → 輸入規格內容

Deployment 與容器的建立資訊／定義檔的檔案名稱

項目	值
API群組與版本	apps/v1
資源的種類	Deployment
Pod的名稱	apa000dep
作為選擇對象的標籤	app: apa000kube
副本（Pod）的數量	3
容器的名稱	apa000ex91
原始映像檔	httpd

項目	值
容器的連接埠	containerPort: 80
定義檔的名稱	apa000dep.yml

檔案的儲存位置請見P.264的內容。

Step 1 建立apa000dep.yml

以記事本等文字編輯器建立定義檔。在老位置建立「kube_folder」資料夾，並將檔案存成「apa000dep.yml」。

Step 2 並列編寫大項目

並列編寫必填的大項目（apiVersion、kind、metadata、spec）。

apa000dep.yml的輸入內容（1）

```
apiVersion:
kind:
metadata:
spec:
```

Step 3 輸入apiVersion、 kind的設定值

apiVersion 項目輸入「apps/v1」；kind 項目輸入「 Deployment 」。

✎ apa000dep.yml的輸入內容（2）

```
apiVersion: ␣apps/v1
kind: ␣Deployment
metadata:
spec:
```

Step 4 輸入metadata的設定值

在 metadata 項目，將 Deployment 的名稱（name）設定為「apa000dep」。

✎ apa000dep.yml的輸入內容（3）

```
apiVersion: ␣apps/v1
kind: ␣Deployment
metadata:
␣␣name: ␣apa000dep
spec:
```

Step 5 在spec項目輸入選擇器和副本的設定值

在 spec 項目設定 selector 和 replicas，並於 selector 項目的「matchLabels:」底下輸入「app: apa000kube（在 Pod 所設定的標籤）」。這邊打算建立三個容器，所以 replicas 後面輸入「3」。

✎ apa000dep.yml的輸入內容（4）

```
apiVersion: ␣apps/v1
kind: ␣Deployment
metadata:
␣␣name: ␣apa000dep
spec:
␣␣selector:
␣␣␣␣matchLabels:
␣␣␣␣␣␣app: ␣apa000kube
␣␣replicas: ␣3
```

Step 6 在spec的模板項目底下輸入Pod的檔案內容

在 spec 項目的 replicas 下方，並列編寫 template 的內容。在 template 底下，輸入容器的建立資訊，內容幾乎與 P.266 建立的 Pod 定義檔相同，轉貼時注意縮排的格數。另外，在 template 內部的 metadata，不會輸入名稱項目。Pod 定義檔轉貼後可刪除，請留意轉貼時的空格格數。

apa000dep.yml的輸入內容（5）

```
apiVersion:␣apps/v1
kind:␣Deployment
metadata:
  name:␣apa000dep
spec:
␣␣selector:
␣␣␣␣matchLabels:
␣␣␣␣␣␣app:␣apa000kube
␣␣replicas:␣3
␣␣template:
␣␣␣␣metadata:
␣␣␣␣␣␣labels:
␣␣␣␣␣␣␣␣app:␣apa000kube
␣␣␣␣spec:
␣␣␣␣␣␣containers:
␣␣␣␣␣␣- name:␣apa000ex91
␣␣␣␣␣␣␣␣image:␣httpd
␣␣␣␣␣␣␣␣ports:
␣␣␣␣␣␣␣␣- containerPort:␣80
```

Step 7 儲存檔案

對照 Step 6 和手邊的檔案範例，若沒有問題就儲存檔案。建議重點檢查容易疏忽的地方，如空格的有無、格數、冒號的有無等。尤其，請確認 template 底下的縮排格數是否正確。

元資料與規格的格式（3）～ Service

完成 Deployment 的定義檔後，接著編寫 Service 的定義檔，Deployment 和 Service 基本上是一併使用。Service 的定義檔比 Deployment 來得單純，Service 用來管理 Pod 的訪問，所以設定的內容也與通訊有關。

Service 的輸入內容

apiVersion:	
kind:	
metadata:	
name:	←（中項目）Service 的名稱
spec:	
type:	←（中項目）Service 的種類
ports:	←（中項目）設定連接埠
- port:	←（中項目）Service 的連接埠
targetPort:	←（小項目）容器的連接埠
protocol:	←（小項目）通訊使用的協定
nodePort:	←（小項目）工作節點的連接埠
selector:	←（中項目）設定選擇器

設定類型（type）

type 是指 Service 的類型，亦即設定與外部 Service 通訊時，使用哪種 IP 位址（或者 DNS）訪問。

	類型名稱	內容
①	ClusterIP	使用 Cluster IP 訪問 Service（無法由外部存取）
②	NodePort	使用工作節點的 IP 訪問 Service
③	LoadBalancer	使用負載平衡器的 IP 訪問 Service
④	ExternalName	透過 Pod 對外公開 Service

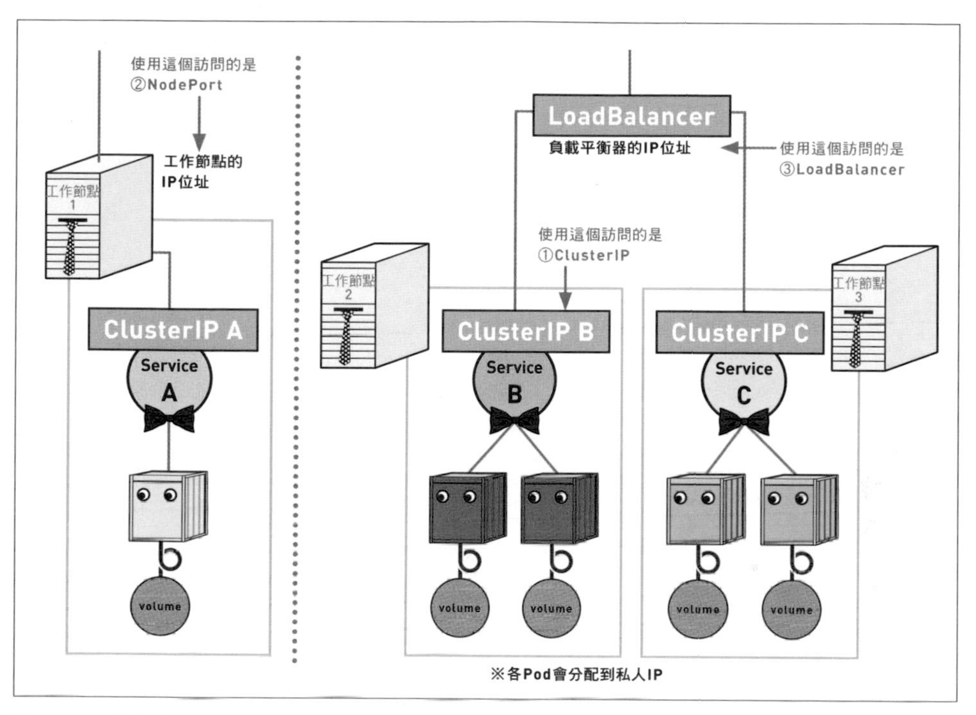

圖 8-5-13　類型項目的設定內容

類型名稱輸入「ClusterIP」時，是使用 ClusterIP 連接 Service。Cluster IP 屬於私人的 IP 位址，僅用於叢集內部的資料傳輸。瀏覽者造訪網站等情況，類型名稱會輸入「LoadBalancer」，使用負載平衡器的 IP 連接 Service。在業務使用上，大部分都是設定「LoadBalancer」。類型名稱輸入「NodePort」，是用於直接訪問工作節點，屬於比較特殊的情況。當必須直接訪問工作節點修改構成、開發的時候，會指定連接該工作節點。

這次的動手實作中，桌面版 Docker、Minikube 皆不使用負載平衡器，而使用此設定（NodePort）。類型名稱輸入「EcternalName」時，不是由外部連接內部，而是由內部的 Pod 對外公開通訊。

設定連接埠（ports）

為了方便理解，連接埠的設定也以圖示來說明。

「port」是設定 Service 的連接埠；「nodePort」是設定工作節點的連接埠；「targetPort」是設定容器的連接埠。NodePort 的設定數值介於 30000 ～ 32767。

「protocol（協定）」是指通訊協定，一般設定為常用的 TCP。

	項目	內容
①	port	Service的連接埠
②	nodePort	工作節點的連接埠
③	targetPort	容器的連接埠

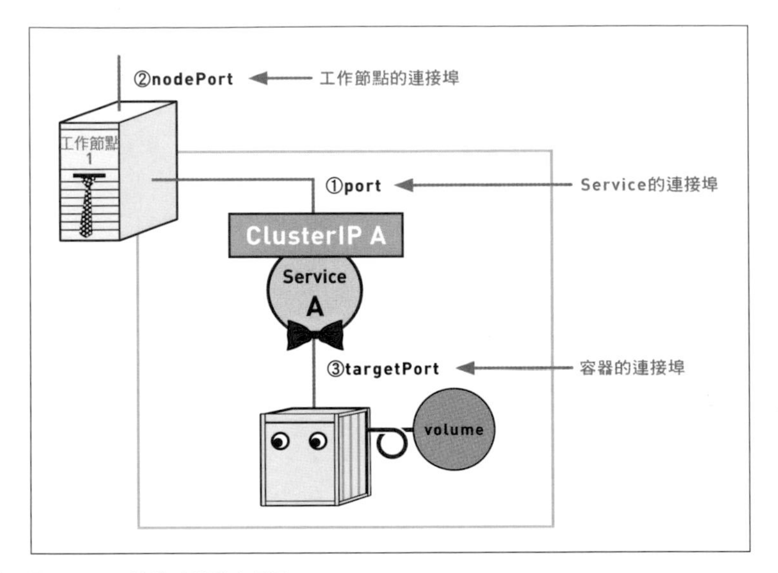

圖 8-5-14 連接埠的設定項目

設定選擇器（selector）

如同在 Deployment 的說明，選擇器的設定是 Service 用來管理附加特定標籤的 Pod，輸入在 Pod、Deployment 的容器部分所設定的標籤。不過，相對於 Deployment 的定義檔，Service 的定義檔不需要編寫「matchLabels:」。

COLUMN：Level ★★★ 選擇器「matchLabels」之謎

Deployment和Service的定義檔同樣要用選擇器（Selector）來指定Pod。不過，兩者的輸入格式不同，Deployment需要編寫「matchLabels:」，Service卻不需要編寫該項目。這是因為雖然同樣要編寫「選擇器」的內容，但內部預設的執行動作不一樣。

Deployment是使用「標籤選擇器」設定「符合條件時」等情況，而Service是直接指定資源、編寫對應的標籤，所以兩者的輸入格式不同。

〔步驟〕編寫定義檔（3）～ Service

嘗試編寫 Service 的定義檔。如前所述，Service 是用來管理 Pod 的訪問，輸入有關連接埠等的通訊內容。

Pod　Deployment　Service

圖 8-5-15　建立 Service 的定義檔

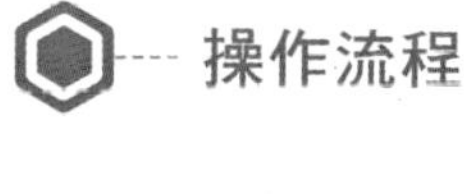

操作流程

Deployment 與容器的建立資訊／定義檔的檔案名稱

項目	值
API 群組與版本	v1
資源的種類	Service
Service 的名稱	apa000ser
作為選擇對象的標籤	app: apa000kube
Service 的類型（type）	NodePort
Service 的連接埠（port）	8099
容器的連接埠（targetPort）	80
節點的連接埠（nodePort）	30080
通訊協定	TCP

項目	值
定義檔的名稱	apa000ser.yml

檔案的儲存位置請見P.264的內容。

Step 1 建立apa000ser.yml

以記事本等文字編輯器建立定義檔。在老位置建立「com_folder」資料夾，並將檔案存成「docker-compose.yml」。

Step 2 並列編寫大項目

並列編寫必填的大項目（apiVersion、kind、metadata、spec）。

apa000ser.yml的輸入內容（1）

```
apiVersion:
kind:
metadata:
spec:
```

Step 3 輸入apiVersion、 kind的設定值

apiVersion 項目輸入「v1」、kind 項目輸入「Service」。

apa000ser.yml的輸入內容（2）

```
apiVersion: v1
kind: Service
metadata:
spec:
```

Step 4 輸入metadata的設定值

在 metadata 項目，將 Service 的名稱（name）設定為「apa000ser」。

✎ apa000ser.yml的輸入內容（3）

```
apiVersion:␣v1
kind:␣Service
metadata:
␣␣name:␣apa000ser
spec:
```

Step 5 輸入spec的設定值

在 spec 底下，編寫 type、ports 和 selector，type 項目輸入「NodePort」；port 項目輸入「8099」；targetPort 項目輸入「80」；protocol 項目輸入「TCP」；nodePort 項目輸入「30080」；selector 項目輸入「app: app000kube（Pod 定義檔所設定的標籤）」。

✎ apa000ser.yml的輸入內容（4）

```
apiVersion:␣v1
kind:␣Service
metadata:
␣␣name:␣apa000ser
spec:
␣␣type:␣NodePort
␣␣ports:
␣␣-␣port:␣8099
␣␣␣␣targetPort:␣80
␣␣␣␣protocol:␣TCP
␣␣␣␣nodePort:␣30080
␣␣selector:
␣␣␣␣app:␣apa000kube
```

Step 6 儲存檔案

對照 Step 5 和手邊的檔案範例，若沒有問題就儲存檔案。建議重點檢查容易疏忽的地方，如空格的有無、格數、冒號的有無等。

Kubernetes 的指令

SECTION 06

然後，說明如何讓 Kubernetes 讀取定義檔。Kubernetes 也是使用指令操作，實際以學完的指令來建立 Pod。

Kubernetes的指令

完成定義檔後，實際讓 Kubernetes 讀取檔案來建立 Pod。Kubernetes 是使用 kubectl 指令操作，Kubernetes 跟 Docker Engine 是不同的軟體，所以指令格式也不一樣。與前面相同，由命令提示字元／終端機來操作，使用下述語法輸入 kubectl 指令。

kubectl 指令的輸入語法

```
kubectl 指令 選項
```

由下表容易發現，使用的指令都是似曾見過的字串，但這並非以 Docker 指令對 Docker Engine 下達命令，而是以 kubectl 指令對 Kubernetes 下達命令，執行的動作、指令非常相似。

主要的kubectl指令

指令	內容
create	建立資源
edit	編輯資源
delete	刪除資源
get	顯示資源的狀態
set	設定資源的值
apply	套用資源的變更
describe	確認詳細資訊

diff	確認「理想狀態」與「當前狀態」的差距
expose	製作建立資源的定義檔
scacle	變更副本數
autoscale	設定自動部署
rollout	操作滾動
exec	以容器執行指令
run	以容器執行指令1次
attach	進入容器
cp	將檔案複製至容器
logs	顯示容器的日誌
cluster-info	顯示叢集的細節
top	確認CPU、記憶體、儲存空間等資源

不過，Kubernetes 不是一條條輸入指令來建立容器，而是一口氣根據定義檔建立容器。然後，在維持「理想狀態」方面，Kubernetes 也鮮少手動操作管理。因此，新手僅需記住「apply」、「delete」等，上表中粗體字的指令即可。等到自己比較熟悉後，再來學習操作容器的指令。

〔步驟〕以定義檔建立 Pod（1）～ Deployment

使用 Deployment 的定義檔建立 Pod，以「apply」指令讀取定義檔，套用裡頭編寫的內容。Deployment 的定義檔僅有建立 Pod，需要等到建立 Service 才可用瀏覽器訪問。然後，使用指令顯示 Pod 的清單，確認其建立情況。

操作流程

讀取、套用定義檔

確認Pod的建立情況

使用的檔案

項目	值
檔案名稱	apa000dep.yml

檔案的儲存位置請見P.264的內容。

使用的指令

指令	內容	選項
apply	套用定義檔	-f
get	顯示資源的狀態	

Step 1 讀取Deployment的定義檔

讓Kubernetes讀取定義檔（apa000dep.yml），套用裡頭編寫的內容。

Windows的情況

```
kubectl apply -f C:\Users\使用者名稱\Documents\kube_folder\apa000dep.yml
```

Mac的情況

```
kubectl apply -f /Users/使用者名稱/Documents/kube_folder/apa000dep.yml
```

Linux的情況

```
kubectl apply -f /home/使用者名稱/kube_folder/apa000dep.yml
```

執行結果

```
deployment.apps/apa000dep created
```

Step 2 確認Pod的建立情況

使用指令顯示 Pod 的清單，確認其建立情況。由執行結果可知存在 3 個 Pod。

輸入的內容

```
kubectl get pods
```

執行結果

```
NAME                          READY  STATUS※31         RESTARTS  AGE
apa000dep-86d48bcfdd-jwp76    0/1    ImagePullBackOff  0         54s
apa000dep-86d48bcfdd-mmjlv    0/1    ImagePullBackOff  0         54s
apa000dep-86d48bcfdd-q2qcb    0/1    ImagePullBackOff  0         54s
```

〔步驟〕以定義檔建立 Pod（2）～Service

使用 Deployment 的定義檔建立 Pod 後，這次換用 Service 的定義檔建立 Service。建立 Service 後，就可用瀏覽器訪問，確認是否為熟悉的 Apache 起始頁面。

操作流程

使用的檔案

項目	值
檔案名稱	apa000ser.yml

檔案的儲存位置請見P.264的內容。

※31 STATUS 也可能顯示「Running」。

使用的指令

指令	內容	選項
apply	讀取、套用定義檔	-f
get	顯示資源的狀態	

Step 1 讀取Service的定義檔

讓 Kubernetes 讀取定義檔（apa000ser.yml），套用裡頭編寫的內容。

Windows的情況

```
kubectl apply -f C:\Users\ 使用者名稱 \Documents\kube_folder\apa000ser.yml
```

Mac的情況

```
kubectl apply -f /Users/ 使用者名稱 /Documents/kube_folder/apa000ser.yml
```

Linux的情況

```
kubectl apply -f /home/ 使用者名稱 /kube_folder/apa000ser.yml
```

執行結果

```
service/apa000ser created
```

Step 2 確認Service的建立情況

使用指令顯示 Service 的清單 ※32，確認其建立情況。由執行結果可知，除了 Kubernetes 原本建立的「kubenetes」外，還存在「apa000ser」的 Service。

輸入的內容

```
kubectl get services
```

※32「kubectl get services」指令也可改成「kubectl get svc」。

執行結果

NAME	TYPE	CLUSTER-IP	EXTERNAL-IP	PORT(S)	AGE
kubernetes	ClusterIP	10.96.0.1	<none>	443/TCP	50m
apa000ser	NodePort	10.96.206.65	<none>	8099:30080/TCP	34m

Step 3 確認運作情況

在網址列輸入「http://localhost:30080/」，確認瀏覽器顯示 Apache 的起始頁面。

It works!

圖 8-6-1

COLUMN：Failed 操作不順利的時候

當遇到主機無法順利訪問，請先刪除所有Pod等，再重新操作一次。使用AWS等雲端環境、虛擬主機的時候，請確認有事先空出30080連接埠。

若結果顯示「The Service "apa000ser" is invalid: spec.ports[0].nodePort: Invalid value: 30080: provided port is already allocated」的話，嘗試將nodePort改為30081、30082等其他連接埠。此時，在瀏覽器輸入的網址得改成「http://localhost:30081」等。

COLUMN：Level ★★☆ 為何定義檔中不編寫IP位址？

Kubernetes是採取管理直屬部下的機制，是否成為部下端看工作節點中的候補情況。因此，Kubernetes早已知道部下的簡歷（IP位址）。

另外，Kubernetes對部下沒有差別待遇，不是「○○君很機敏，多派給他任務！」，而是指派工作給空閒的人。因此，Kubernetes不會對特定IP位址的工作節點下達指示。

練習 Kubernetes 的操作

SECTION 07

在本書的最後一節，來練習幾個 Kubernetes 的操作。這些動手實作皆會用到上一節建立的定義檔，請先準備好檔案再繼續閱讀。

〔步驟〕以定義檔增加 Pod

再練習一下 Kubernetes 的操作。Kubernetes 會將定義檔讀進資料庫（etcd），保持登錄的「理想狀態」。再次讀取定義檔後會覆寫「理想狀態」，只要修改定義檔的內容、重新讀取，就可改變 Pod 的數量、種類等狀態。

這次嘗試修改副本（replica）數，確認 Pod 數量的變化情況。

操作流程

變更副本數 ➡ 讀取、套用定義檔 ➡ 確認 Pod 的建立情況

使用的檔案

項目	值
定義檔的名稱	apa000dep.yml

檔案的儲存位置請見 P.264 的內容。

使用的指令

指令	內容	選項
apply	讀取、套用定義檔	-f
get	顯示資源的狀態	

Step 1 變更Deployment的定義檔

在上一節建立的定義檔（apa000dep.yml）中，將 replicas 數的「3」改成「5」後儲存檔案。

apa000dep.yml

```
apiVersion: apps/v1
kind: Deployment
metadata:
  name: apa000dep
spec:
  selector:
    matchLabels:
      app: apa000kube
  replicas: 5        ←修改這裡
  template:
…（省略）
```

Step 2 讀取、 套用Deployment的定義檔

讓 Kubernetes 讀取定義檔，套用裡頭編寫的內容。

Windows的情況

```
kubectl apply -f C:\Users\使用者名稱\Documents\kube_folder\apa000dep.yml
```

Mac、Linux 系統請修改「-f」後面的檔案路徑。

執行結果

```
deployment.apps/apa000dep configured
```

Step 3 確認Pod的增加情況

使用指令顯示 Pod 的清單，確認其建立情況。由執行結果可知，Pod 的數量變成 5 個。操作成功後，不妨自行額外練習增加、減少 Pod。

輸入的內容

```
kubectl get pods
```

執行結果

```
NAME                          READY  STATUS   RESTARTS  AGE
apa000dep-86d48bcfdd-jwp76    0/1    Running  0         17m
apa000dep-86d48bcfdd-mmjlv    0/1    Running  0         17m
apa000dep-86d48bcfdd-q2qcb    0/1    Running  0         17m
apa000dep-86d48bcfdd-89qfb    0/1    Running  0         54s
apa000dep-86d48bcfdd-23qcu    0/1    Running  0         54s
```

〔步驟〕以定義檔將Apache改為nginx

是否成功增加 Pod 的數量了呢？除了 Pod 的數量外，定義檔也可修改容器的種類。前面都是建立 Apache 的容器，試著將 Apache 改為 nginx。沿用前面動手實作使用的定義檔，只要將映像檔的「httpd」改成「nginx」，非常簡單。

操作流程

變更image的種類 → 讀取、套用定義檔 → 確認是否變成nginx

使用的檔案

項目	值
定義檔的名稱	apa000dep.yml

檔案的儲存位置請見P.264的內容。

使用的指令

指令	內容	選項
apply	讀取、套用定義檔	-f
get	顯示資源的狀態	

Step 1 變更 Deployment 的定義檔

在 8-6 節建立的定義檔（apa000dep.yml）中，將 image 的「httpd」改成「nginx」後儲存檔案。

apa000dep.yml

```
…（省略）
spec:
…（省略）
    spec:
      containers:
      - name: apa000ex91
        image: nginx          ←修改這裡
        ports:
        - containerPort: 80
```

Step 2 讀取、套用 Deployment 的定義檔

讓 Kubernetes 讀取定義檔，套用裡頭編寫的內容。

Windows 的情況

```
kubectl apply -f C:\Users\ 使用者名稱 \Documents\kube_folder\apa000dep.yml
```

Mac、Linux 系統請修改「-f」後面的檔案路徑。

執行結果

```
deployment.apps/apa000dep configured
```

Step 3 確認運行情況

在網址列輸入「http://localhost:30080/」，確認瀏覽器顯示 nginx 的起始頁面。

操作成功後，不妨恢復 Apache 再修改為 nginx，反覆練習直到滿意為止。

Welcome to nginx!

If you see this page, the nginx web server is successfully installed and working. Further configuration is required.

For online documentation and support please refer to nginx.org.
Commercial support is available at nginx.com.

Thank you for using nginx.

圖 8-7-1

〔步驟〕手動刪除 Pod 後，確認自動恢復的情況

這次來驗證 Kubernetes 維持「理想狀態」的特性。手動刪除 Pod 後，Kubernetes 會自動建立 Pod 來保持數量，確認數量是否符合編寫的內容。

操作流程

使用的指令

項目	值
定義檔的名稱	apa000dep.yml

檔案的儲存位置請見 P.264 的內容。

使用的指令

指令	內容	選項
delete	刪除資源	-f
get	顯示資源的狀態	

Step 1 以 get 指令顯示 Pod 的清單

使用指令顯示 Pod 的清單，任意抄寫一個 Pod 的 ID（清單中「NAME」欄位的內容）。這邊示範使用第一個 Pod 的 ID。

✎ 輸入的內容

```
kubectl get pods
```

執行結果

```
NAME                            READY   STATUS             RESTARTS   AGE
apa000dep-86d48bcfdd-jwp76      0/1     ImagePullBackOff   0          25m
apa000dep-86d48bcfdd-mmjlv      0/1     ImagePullBackOff   0          25m
apa000dep-86d48bcfdd-q2qcb      0/1     ImagePullBackOff   0          25m
apa000dep-86d48bcfdd-89qfb      0/1     ImagePullBackOff   0          10m
apa000dep-86d48bcfdd-23qcu      0/1     ImagePullBackOff   0          10m
```

Step 2 手動執行 delete 指令刪除一個 Pod

使用 delete 指令刪除抄寫 ID 的 Pod。下述的「apa000dep-86d48bcfdd-jwp76」為 ID 的內容，請改成各自抄寫的 ID。

✎ 輸入的內容

```
kubectl delete pod apa000dep-86d48bcfdd-jwp76
```

執行結果

```
pod "apa000dep-86d48bcfdd-jwp76" deleted
```

Step 3 確認刪除後新增其他的Pod

使用指令顯示Pod的清單，確認已刪除前面操作的Pod、新增不同ID的Pod。「AGE」欄位的時間也會改變，且執行結果的Pod順序可能不同。

輸入的內容

```
kubectl get pods
```

執行結果

NAME	READY	STATUS	RESTARTS	AGE
apa000dep-86d48bcfdd-zh187	0/1	Running	0	44s
apa000dep-86d48bcfdd-mmjlv	0/1	Running	0	25m
apa000dep-86d48bcfdd-q2qcb	0/1	Running	0	25m
apa000dep-86d48bcfdd-89qfb	0/1	Running	0	10m
apa000dep-86d48bcfdd-23qcu	0/1	Running	0	10m

COLUMN：Level ★★★ 刪除容器後Pod會如何？

基本上，Kubernetes是以Pod為單位來管理，當Pod內部的容器因故毀損、刪除，不僅只重建該容器，也會整個重新建立Pod。

刪除建立的Deployment與Service

操作成功後要善後處理，將副本數改為0可刪除Pod，但會殘留Deployment和Service。本章的最後就來刪除Deployment和Service。

操作流程

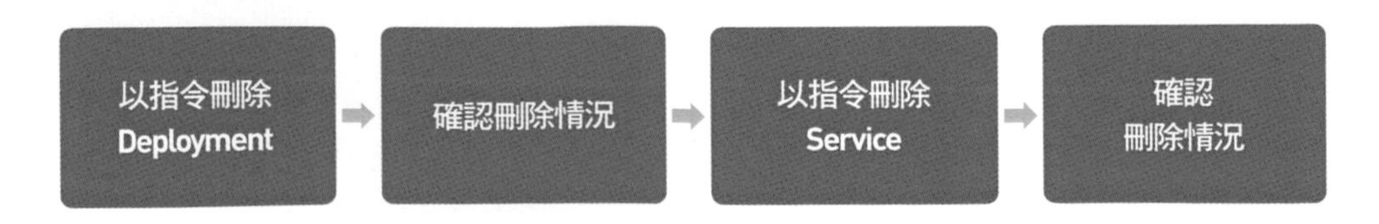

使用的指令

指令	內容	選項
delete	刪除資源	-f
get	顯示資源的狀態	

Step 1 以delete指令刪除Deployment

使用 delete 指令，讀取、刪除 Deployment 的定義檔（apa000dep.yml）。

Windows的情況

```
kubectl delete -f C:\Users\ 使用者名稱 \Documents\kube_folder\apa000dep.yml
```

Mac的情況

```
kubectl delete -f /Users/ 使用者名稱 /Documents/kube_folder/apa000dep.yml
```

Linux的情況

```
kubectl delete -f /home/ 使用者名稱 /kube_folder/apa000dep.yml
```

執行結果

```
deployment.apps "apa000dep " deleted
```

Step 2 確認Deployment的刪除情況

使用指令顯示 Deployment 的清單，確認其刪除情況。

輸入的內容

```
kubectl get deployment
```

執行結果

```
No resources found in default namespace.
```

STEP 3 以delete指令刪除Service

執行 delete 指令，讀取、刪除 Service 的定義檔（apa000ser.yml）。

Windows的情況

```
kubectl delete -f C:\Users\ 使用者名稱 \Documents\kube_folder\apa000ser.yml
```

Mac、Linux 系統請修改「-f」後面的檔案路徑。

STEP 4 確認Service的刪除情況

使用指令顯示 Service 的清單，確認刪除自建的 Service（apa000ser）。

輸入的內容

```
kubectl get service
```

執行結果

```
NAME        TYPE       CLUSTER-IP   EXTERNAL-IP   PORT(S)   AGE
kubernetes  ClusterIP  10.96.0.1    <none>        443/TCP   73m
```

是否順利操作呢？本書的學習就到這邊結束。

即便「看懂了」本書的內容，仍要多加練習才能夠達到「可運用」的境界。經過前面各種動手實作後，自己也差不多有「修改這邊會如何？」的想法，務必挑戰看看自己的發想。

Postscript

結語／今後的學習方針

最後，筆者想要談談讀完本書後的學習方式。首先，理解本書的內容後，就掌握了Docker的基礎知識。尤其，若能夠確實理解高手專欄的內容，相當於已經具備中級者的程度。

有些人可能認為如本書的入門書籍「不切合實際」，但這是理所當然的感受。入門書籍本來就是講解理論、基本操作方式的讀物，並非立即學會工作技術的書刊。「入門書籍」的預設讀者是不瞭解該技術的「初學者」，而非已經熟練使用的中級者。

如同英文的學習，即便學會怎麼書寫ABC，應該也沒有人能夠馬上進行英文商務會話。除了基本的文法外，還要學習對話的語法、累積商務經驗。想要光靠一本基礎書籍，就從新手變成精明幹練的高階工程師，可說是天方夜譚。若真的能夠做到這樣的偉業，小學畢業後應該馬上就可活躍於全世界，但現實是大部分的人都無法做到。

同理，學習新技術分為不同的階段。本書學習的是基礎知識，可大致應付Docker的基本使用。僅需要操作Docker的人員，能夠活用本書的內容於工作上，但建置Docker的人員、管理伺服器的人員、建立映像檔的人員，就需要更加專業的知識。尤其，若不太瞭解Linux指令、操作的話，比起Docker更需要學習Linux。

有些讀者可能想要知道有關Docker的建置範例，請先思考自己想要知道的是伺服器的建置範例，還是使用Docker的建置範例。若原本就有豐富伺服器建置經驗的人，僅需要透過本書學習Docker的基礎，應該就能夠大致掌握如何建置，剩下只需要大量觀摩書籍、網路中的實例即可。另一方面，對使用Docker建置完全沒有概念的人，可能本身沒有充沛的伺服器建置知識。在進一步增加Docker的知識之前，建議先學習伺服器的建置再回來深造Docker。

在準備成為伺服器工程師的人當中，應該也有人相當關心Kubernetes。這樣的人務必閱讀Kubernetes的專業書籍來精進學習。

下面會提出今後的學習方針，提供給各位讀者參考。

①使用公開映像檔的開發人員、設計人員等

若是使用既存的Docker映像檔，本書的內容就足以應付處理，建議反覆練習執行指令、建立刪除容器等操作。重點是掌握卷宗掛載，理解卷宗的概念、學習如何以容器自由查看Windows、Mac系統等的資料夾。

②想要稍微改造容器的開發人員

想要稍微修改既存容器的內容，這樣的人可另外學習以「docker exec -it 容器名稱 /bin/bash」進入容器內部操作的方式。進入容器後需要使用Linux指令操作，除了Dcoker也得學習Linux的知識。

③必須建立映像檔的人員

首席工程師等必須建立Docker映像檔的人員，需要學習Docker檔案的編寫格式，掌握自定義內容的技能。除了學習Linux的基礎知識，以「apt-get install」等添加應用程式外，也要學習Docker Hub等Docker Registry的使用方式，以便發布建立的映像檔。

④在CI/CD環境中使用Docker

最近流行「CI/CD」的開發手法，自動測試開發完成的程式，再上傳至正式主機。在CI/CD環境中使用Docker的情況愈發常見，開發人員需要關注CI/CD上的Docker用法。

⑤想要理解以Docker ／ Kubernetes為前提的開發

開發人員需要關心以Docker ／ Kubernetes為前提的開發。當Docker沒有掛載儲存空間，捨棄容器時會一併刪除資料，比起分散不可刪除的資料，存於相同位置更有利於開發程式。然後，開發時也得以可自動管理的Kubernetes為前提。除此之外，根據環境變數完成各種設定等，開發時也要瞭解沿用Docker的慣例。

⑥從事接近實際運用的人員

基礎設備技術人員等從事接近實際運用的人員，除了Windows、Mac系統外，也得嘗試使用Linux系統的Docker，並且更深入學習Kubernetes。

在Linux系統使用Docker的方法，除了在自家電腦安裝VirtualBox等虛擬軟體外，還有利用AWS等雲端服務啟動Linux伺服器等。另外，由於Docker、Kubernetes等技術日新月異，使用前需要確認最新的資訊。別固執己見「應該要這樣」，前往官網查詢自己的知識是否偏誤。身為工程師務必確認官方的原始資源，切勿盲從「書本這樣教的」、「部落格這樣寫的」，請親自閱讀官網中的說明事項。

Docker熟練使用後是非常便利的技術，盼讀者今後也持續精進，沉浸享受Docker的世界。

2021年1月 小笠原種高

附錄

附錄將會介紹Mac、Linux系統下的安裝方式，以及正文中未提及的指令。部分內容可能與自身的系統環境不相關，請參考下述目錄選擇閱讀。

01 〔Windows 系統〕安裝時的輔助資訊

〔步驟〕確認 Windows 系統是否為 64bit 版本／確認作業系統的版本

確認正在使用的電腦是否為 64bit 版本。在同一畫面下，也可確認作業系統的版本。

STEP 1 點擊開始選單中的〔設定〕

STEP 2 點擊〔設定〕畫面中的〔系統〕

STEP 3 選擇〔關於〕來確認〔系統類型〕

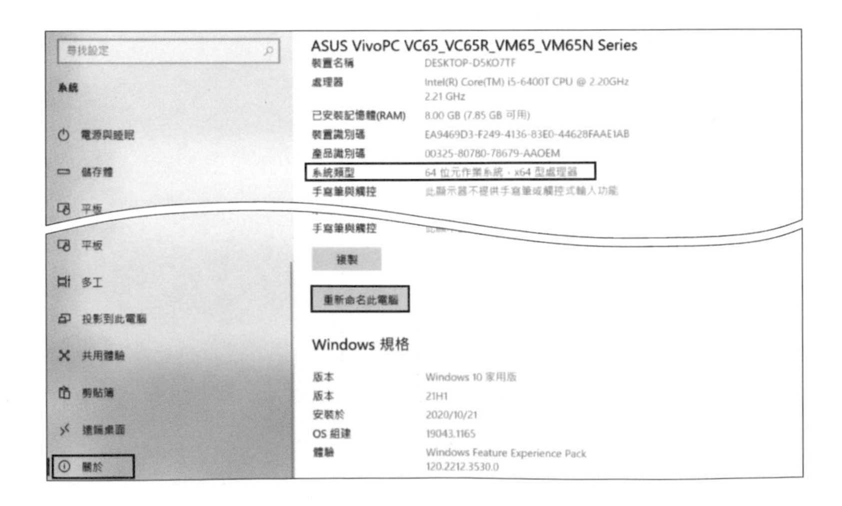

若〔關於〕顯示「64 位元作業系統，x64 型處理器」的話，則該電腦是 64bit 版本。在〔Windows 規格〕中的「版本」，可確認作業系統的版本（如 21H1）。

02 〔Mac 系統〕安裝 Dcoker Desktop

〔步驟〕在 Mac 系統安裝 Docker Desktop

下面介紹 Mac 版 Docker Desktop 的安裝步驟。

STEP 1 下載 Docker Desktop for Mac

在網址列輸入下述 URL，下載 Docker Desktop for Mac。

- **Docker Desktop for Mac**

  https://docs.docker.com/docker-for-mac/install/

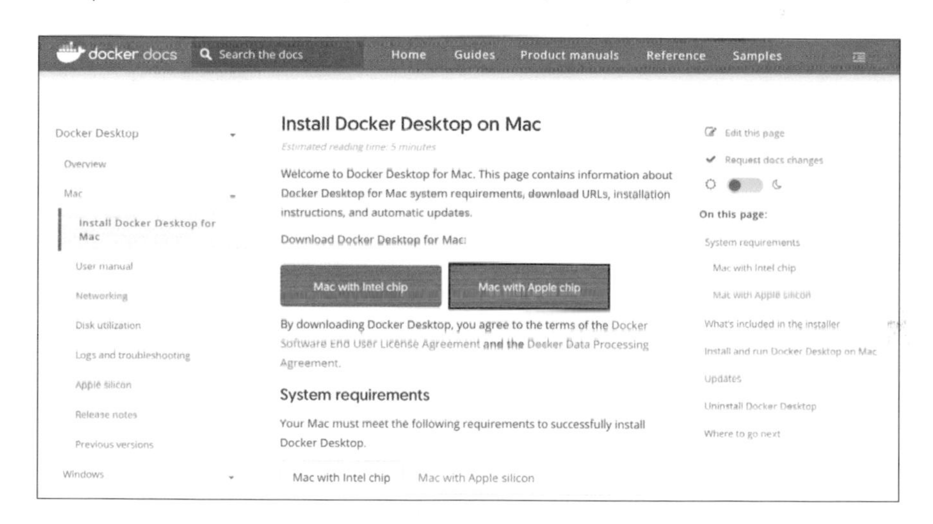

STEP 2 執行安裝檔

雙擊下載完成的 Docker.dmg，將 Docker 的圖示拖放至〔應用程式〕檔案夾，拷貝結束後即安裝完成。

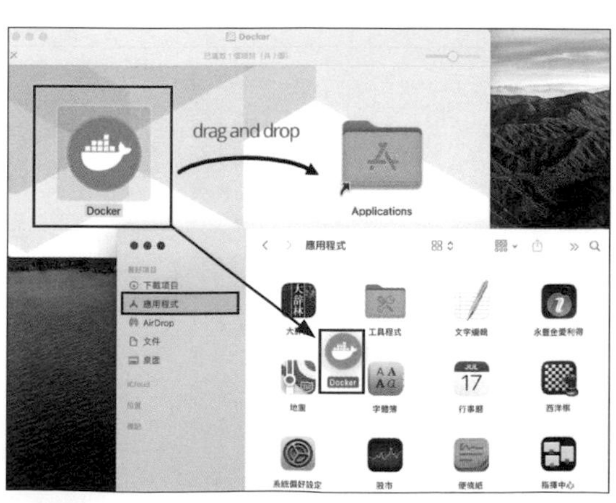

STEP 3 初次啟動桌面版 Docker

雙擊〔應用程式〕檔案夾中的 Docker.app，在詢問是否打開的對話框，點擊〔打開〕按鈕。

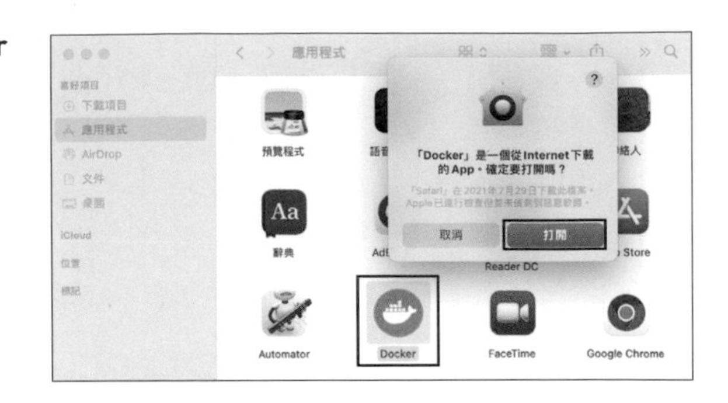

STEP 4 允許輔助使用 App 取用 Mac

在「Docker Desktop needs privileged access.」的對話框，點擊「OK」按鈕並輸入 Mac 的使用者帳密。

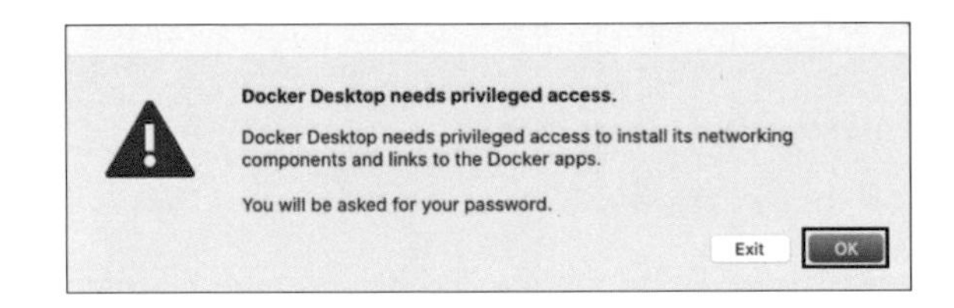

STEP 5 確認頂部狀態列

確認頂部狀態列新增鯨魚圖示。

STEP 6 開啟控制畫面

想要開啟 Docker 的控制畫面時，點擊頂部狀態列的鯨魚圖示，選取〔Dashboard〕。

03 〔Linux 系統〕安裝 Docker

Linux 存在多種發行版，下面示範安裝 Ubuntu。Ubuntu 是開源軟體，不是某廠商批發至家電量販店販售，而是在網際網路上公開下載。Ubuntu 的檔案會存放於複數網站來分散負載流量。像這樣公開下載的複數網站，稱為「鏡像網站（mirror site）」。任意鏡像網站皆可下載相同的檔案。

本書是解說 Docker 的書籍，不多加著墨 Linux 的內容，僅簡單介紹如何安裝 Linux，供各位讀者參考。關於 Linux 詳細的安裝與操作方式，請見其他參考書、網站等詳述。

〔步驟〕Linux 的安裝

Ubuntu 分為可如一般電腦以滑鼠、視窗介面操作的「Ubuntu Desktop」，與僅用於伺服器、主要以指令操作的「Ubuntu Server」。這邊示範伺服器版的「Ubuntu Server」，安裝本書執筆時的最新版本「20.04.1 LTS」。

STEP 0 下載檔案

以瀏覽器造訪 Ubuntu 的下載頁面，取得 ISO 鏡像檔。ISO 鏡像檔是收錄光碟媒體內容的檔案。

- **Ubuntu 的下載頁面**

  https://www.ubuntu-tw.org/modules/tinyd0/

在如右圖所示的畫面中進行選取，然後點選「開始下載」，依畫面指示完成下載。

下載 Ubuntu
發行版
Ubuntu 桌面版本
Ubuntu 伺服器版本
不同發行版具備不同的圖形環境與配套軟體，如果您不知道如何選擇，請選擇 Ubuntu 桌面版本。
版本
20.10（半年支援）
20.04 LTS（5 年支援）
18.04 LTS（5 年支援）
16.04 LTS（5 年支援）
20.04 LTS（2020/04 - 2025/04）為最新 LTS 版（長期支援，穩定，五年支援），16.04（及之前版本）的預設桌面為經典 Unity，18.04 開始為 Gnome 3，但您仍可手動安裝 Unity 並進行切換。
詳細資訊請參考 Release End of Life
電腦架構
32 位元版本
64 位元版本
目前一般電腦大多使用 64 位元架構，故從 18.04 開始，桌面版也將不再提供 32 位元版本。另外，目前在下載區無 Mac 版本可下載。
下載選項
下載 BitTorrent 種子
開始下載
或是 至此瀏覽所有版本及檔案

STEP 1 燒錄成 DVD

以下載完成的 ISO 映像檔製作 DVD。

右鍵點擊下載完成的 ISO 映像檔，選取〔燒錄光碟映像〕，啟動「Windows 光碟映像燒錄程式」。

將空白的 DVD-R 光碟片放入 DVD 光碟機，點擊〔燒錄〕按鈕將 Ubuntu 燒錄至 DVD-R 光碟片。

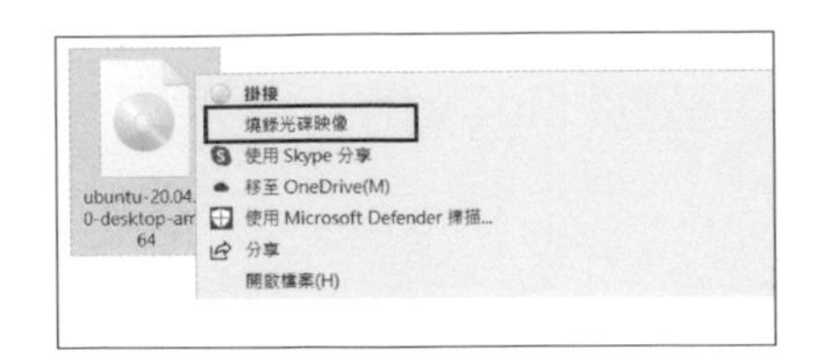

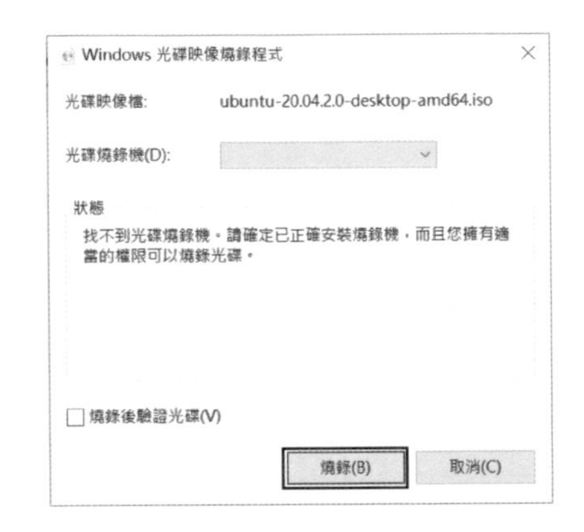

STEP 2 放入 DVD 進行安裝

將 Step 1 燒錄的 DVD-R 光碟片，放入想要安裝的電腦中，開啟電源就會執行 Ubuntu 的安裝檔，顯示安裝畫面。請直接按下〔Enter〕鍵選擇預設的〔English〕，進入下一個畫面。

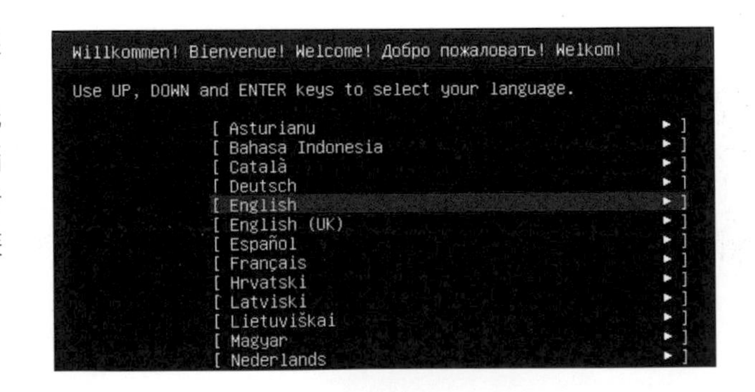

STEP 3 確認最新的版本

當網路有發布最新版的安裝檔，畫面會顯示下述訊息。為了方便說明，請按下〔Enter〕鍵直接跳過升級進行安裝（即便挑過升級，也可於安裝 Ubuntu 本體的最後再來升級）。

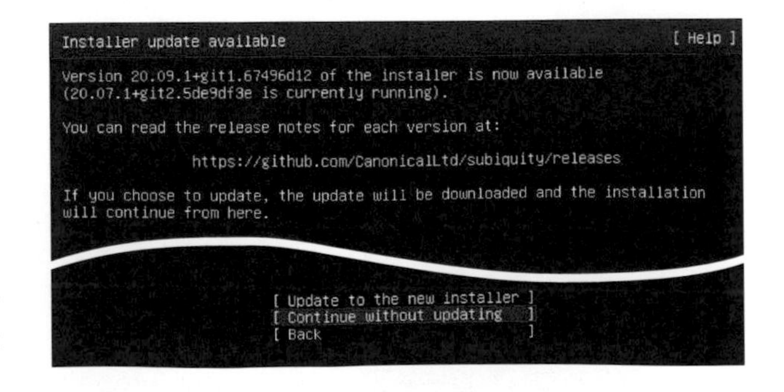

STEP 4 決定鍵盤配置

決定鍵盤配置。〔Layout〕和〔Variant〕都選擇〔English (US)〕再點擊〔Done〕。

※使用上下鍵移動項目，按下〔Enter〕鍵顯示選項內容，再以上下鍵移動選擇，按下〔Enter〕鍵確定內容。

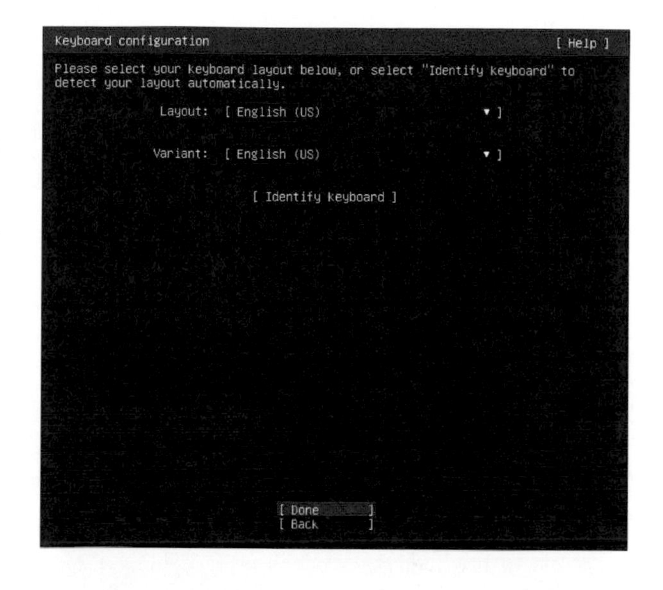

STEP 5 設定 IP 位址

設定 IP 位址。請直接按下〔Enter〕鍵，程式會經由 DHCP 自動分配 IP 位址。

```
Configure at least one interface this server can use to talk to other machines,
and which preferably provides sufficient access for updates.

  NAME    TYPE  NOTES
[ enp0s3  eth   -                    ▸ ]
  DHCPv4  10.0.2.15/24
  08:00:27:f5:63:19 / Intel Corporation / 82540EM Gigabit Ethernet Controller
(PRO/1000 MT Desktop Adapter)

[ Create bond ▸ ]
```

STEP 6 設定代理伺服器

若需要經由代理伺服器連接網路，請輸入代理伺服器的 IP 位址。主要用於公司 LAN 等資安強化的內網環境，大多數環境不需要設定，請直接按下〔Enter〕鍵。

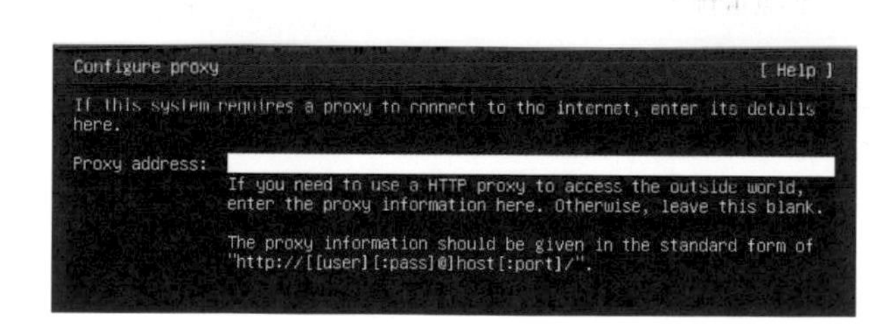

STEP 7 選擇鏡像網站

指定從哪個網站下載所需的檔案，畫面通常已經輸入最近的網站，請直接按下〔Enter〕鍵。

```
Configure Ubuntu archive mirror                                    [ Help ]

If you use an alternative mirror for Ubuntu, enter its details here.

Mirror address: http://jp.archive.ubuntu.com/ubuntu
                You may provide an archive mirror that will be used instead of
                the default.
```

STEP 8 選擇安裝目的地的磁碟

選擇安裝目的地。若想使用整個磁碟安裝（如重灌成Linux電腦），請直接按下〔Enter〕鍵。

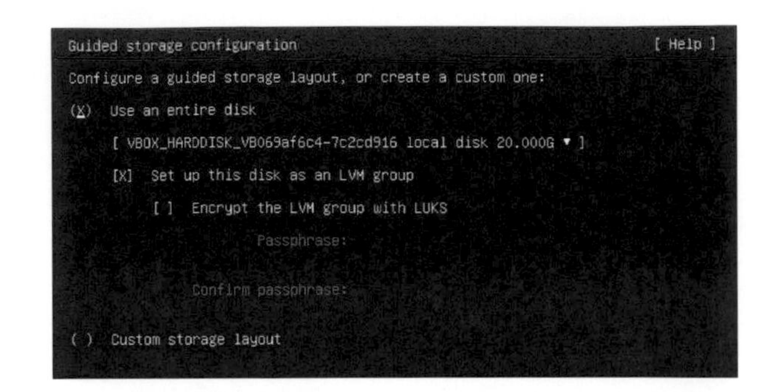

STEP 9 選擇磁碟配置

設定怎麼分割磁碟。畫面會顯示預設的最佳配置，請直接按下〔Enter〕鍵。

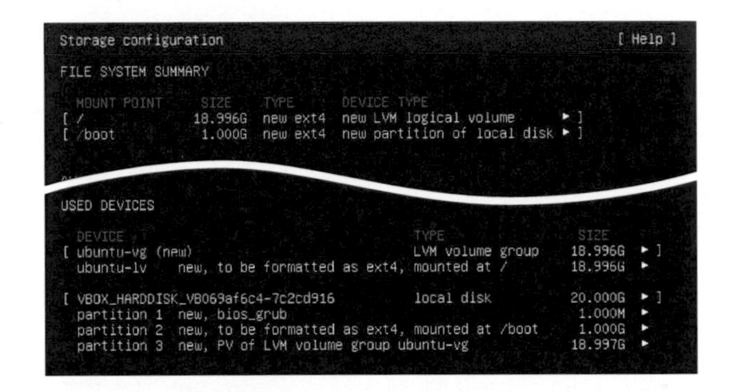

STEP 10 再次確認

分割配置後將刪除磁碟中的內容，會顯示再次確認的畫面。以上下鍵選擇〔Continue〕，再按下〔Enter〕鍵。

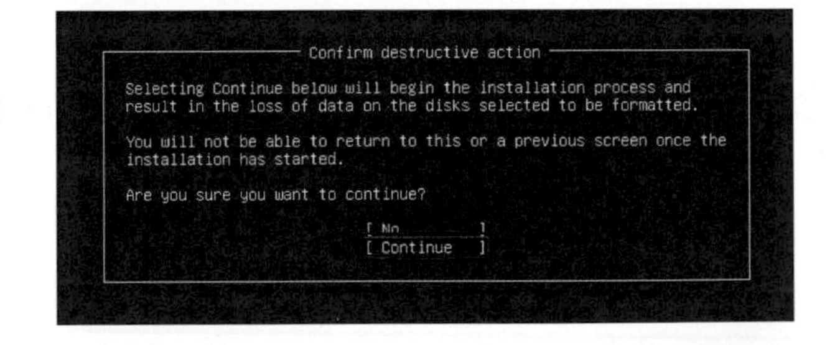

STEP 11 設定使用者名稱、伺服器名稱、密碼

設定使用者名稱、伺服器名稱、密碼。以上下鍵移動項目，使用鍵盤輸入內容。全部輸入完成後，移動至〔Done〕再按下〔Eneter〕鍵。

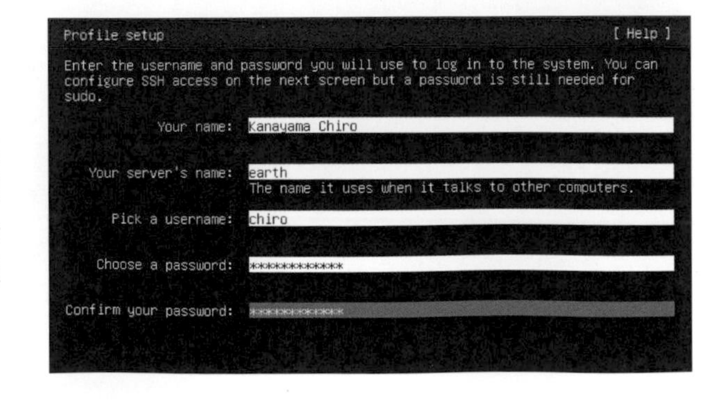

各項目的意思如下：

項目	意思	示範的設定值
Your name	全名	Kanayama Chiro
Your server's name	伺服器名稱	earth
Pick a username	登入時的名稱	chiro
Choose a password	密碼	任意，如12345678pass
Confirm your password	同上	同上

STEP 12 設定是否啟用 SSH

設定是否啟用遠距操作的 SSH 功能。雖然並未強制要求開啟功能，但啟用後可透過網路操作 Tera Term 等軟體，這邊示範移動到〔Install Open SSH server〕項目，按下〔Enter〕鍵選擇〔X〕來啟用。完成後，移動至〔Done〕按下〔Enter〕鍵。

※ 啟用後，可用 Step 11 設定的使用者名稱和密碼登入。經由網路連接的時候，請注意伺服器的資安防護。

STEP 13 選擇欲安裝的軟體

選擇欲安裝的軟體。軟體可之後再來新增，這邊不做任何選擇，請直接按下〔Enter〕鍵。

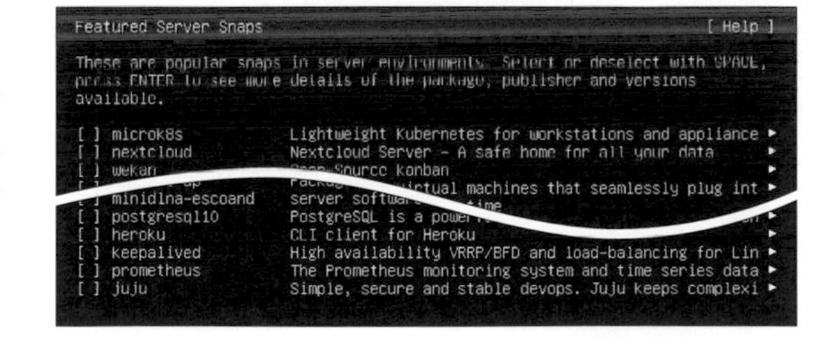

STEP 14 開始安裝

開始安裝。請稍等片刻，直到安裝完成。當網路有發布最新版的時候，會自動更新下載，套用最新版本。

```
Install complete!                                        [ Help ]

    running '/snap/bin/subiquity.subiquity-configure-run'
    running '/snap/bin/subiquity.subiquity-configure-apt
/snap/subiquity/1966/usr/bin/python3 true'
      curtin command apt-config
        updating packages on
        configuring pollinate user-agen
        updating initramfs configuration
        configuring target system bootloader
        installing grub to target devices
    finalizing installation
      running 'curtin hook'
        curtin command hook
    executing late commands
final system configuration
  configuring cloud-init
  installing openssh-server
  restoring apt configuration /
```

STEP 15 重新開機

完成所有安裝後，請選擇最底下顯示的〔Reboot〕項目重新開機。

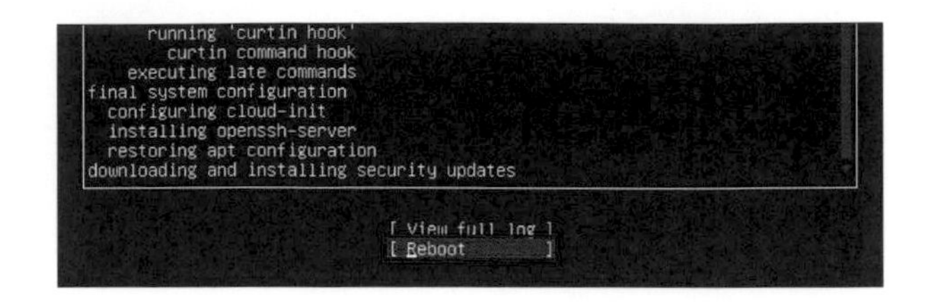

這樣就安裝完成，請退出 DVD 光碟。若電腦未取出 DVD 光碟，開機時會再次啟動安裝程式。此時，請先退出 DVD 光碟，再按下電源鍵重新開機。

Ubuntu 的基本操作

重新開機後，就可使用 Ubuntu 系統。當畫面不斷顯示文字訊息，最後出現「login」的字樣，就可進行操作（若未顯示 login 的字樣，請按下幾次〔Enter〕鍵）。

下面僅會介紹 Linux 的基本操作指令，想要完整學習的人請翻閱專門的參考書籍。

登入

輸入安裝時設定的「登入名稱」和「密碼」。

```
-----END SSH HOST KEY KEYS-----
[   26.288870] cloud-init[1706]: Cloud-init v. 20.2-45-g5f7825e2-0ubuntu
inal' at Fri, 20 Nov 2020 18:43:04 +0000. Up 26.22 seconds.
[   26.288938] cloud-init[1706]: ci-info: no authorized SSH keys fingerp
[   26.288979] cloud-init[1706]: Cloud-init v. 20.2-45-g5f7825e2-0ubuntu
0 Nov 2020 18:43:04 +0000. Datasource DataSourceNone.  Up 26.28 seconds
[   26.290025] cloud-init[1706]: 2020-11-20 18:43:04,109 - cc_final_mess
ck datasource

earth login: chiro
Password:
```

輸入正確的登入名稱和密碼後，會跑出一大串文字訊息。

```
使用者名稱 @ 伺服器名稱 :~$
```

看到上述訊息後，就可輸入 Linux的外殼指令。

```
The programs included with the Ubuntu system are free software;
the exact distribution terms for each program are described in the
individual files in /usr/share/doc/*/copyright.

Ubuntu comes with ABSOLUTELY NO WARRANTY, to the extent permitted by
applicable law.

To run a command as administrator (user "root"), use "sudo <command>".
See "man sudo_root" for details.

chiro@earth:~$ _
```

提示字元、一般使用者與管理員使用者

像這樣等待指令的文字訊息，稱為「提示字元（prompt）」。雖然本書未詳加著墨，但使用者分為具備全部權限的「管理員使用者」（root），與權限有所限制的「一般使用者」。

管理員使用者的提示字元是「#」；一般使用者的提示字元是「$」。換言之，由提示字元「$」可知，現在是一般使用者。

由於以管理員使用者操作，出錯時會造成嚴重的問題，平常是以一般使用者操作，僅必要時才換成管理員使用者或者使用管理員權限。不過，學習時為了避免碰到麻煩，會以管理員使用者來操作。

Ubuntu 通常是先建立一般使用者，再使用「sudo（以管理員權限執行的指令）」進行安裝等操作。本書也是採用此方式。

現行目錄與層級移動

安裝 Ubuntu 後，會自動建立「etc」、「home」、「root」等階層式目錄。Ubuntu 的目錄就是 Windows、Mac 中的「資料夾」，用來收納檔案、其他資料夾。Ubuntu 的目錄形式是，「/（根）」的父目錄底下存在多個子目錄、孫目錄。

Windows、Mac 系統登入後，畫面會直接顯示桌面，但伺服器登入後，不會以圖像介面顯示「哪個目錄」，操作時得在提示字元等確認當前位置。

當前操作中的目錄，稱為「現行目錄」。由目錄移動至其他目錄時，不是從清單中點擊捷徑圖示，而是如「移動至 /etc 目錄）」指定移動的目錄名稱。想要改變現行目錄（移動至其他目錄）時，使用「cd」指令。

變更現行目錄

```
cd [移動目的地的目錄名稱]
```

想要查詢當前的目錄時，使用「pwd」指令。

查詢當前的目錄

```
pwd
```

想要查看目錄的內容時，使用「ls」指令。

查看當前目錄的內容

```
ls [欲查看的目錄名稱]
```

登出

想要結束操作時，在提示字元輸入「exit」。執行後，會再次詢問登入名稱。

當然，重新輸入正確的登入名稱和密碼後，就可再次進行操作。

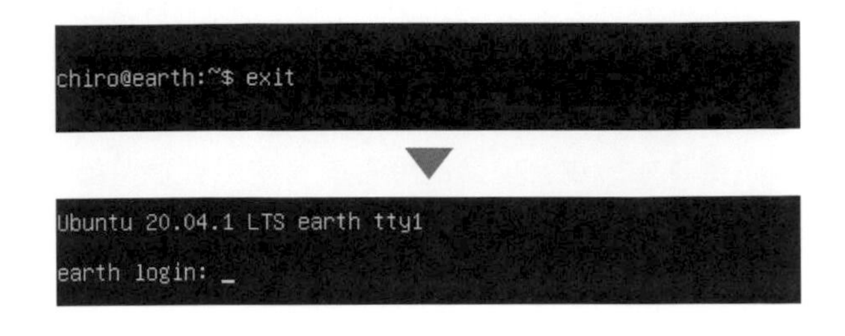

關閉電腦的電源

想要結束關閉電源時，在提示字元輸入下述指令碼：

關閉電源

```
sudo shutdown -h now
```

「sudo」是以管理員權限執行的指令；shutdown是關閉電源的指令。

執行後會要求輸入密碼。輸入密碼後，畫面跑出幾串文字訊息後，就會關閉電源。

```
76 updates can be installed immediately.
0 of these updates are security updates.
To see these additional updates run: apt list --upgradable

Last login: Fri Nov 20 18:48:46 UTC 2020 on tty1
To run a command as administrator (user "root"), use "sudo <command>".
See "man sudo_root" for details.

chiro@earth:~$ sudo shutdown -h now
[sudo] password for chiro:
```

※ 前面添加sudo的指令，執行後會要求輸入密碼。執行指令遇到「Do you want to continue? [Y/N]」時，請按下「Y」、「Enter」鍵。

〔步驟〕安裝 Docker

Linux 系統想要安裝 Docker 時，在提示字元依序輸入下述指令。

本書示範安裝 Ubuntu，其他 Linux 發行版請見 Docker 的官網詳述。另外，當本書的內容與最新版不符時，想要使用最新版的人也請參考官網的說明。

- **Docker官網的安裝說明**

  https://docs.docker.com/engine/install/

- **Ubuntu的安裝方式**

  https://docs.docker.com/engine/install/ubuntu/

STEP 1 安裝需要的軟體

安裝需要的軟體。在「apt-get install」後指定五個軟體，注意「\」符號前面要插入空格。

✎ 輸入的內容

```
sudo apt-get install \
  apt-transport-https \
  ca-certificates \
  curl \
  gnupg-agent \
  software-properties-common
```

指定的軟體

項目	內容
apt-transport-https	進行 HTTPS 通訊的模組
ca-certificates	憑證相關的模組
curl	在 HTTP 等下載檔案
gnupg-agent	數位簽章的模組
software-properties-common	虛擬化 apt 儲存庫

STEP 2 新增 PGP 密鑰

新增簽署用的 PGP 密鑰，完成後會顯示「OK」字樣。

✎ 輸入的內容

```
curl -fsSL https://download.docker.com/linux/ubuntu/gpg | sudo apt-key add -
```

STEP 3 確認密鑰指紋

以密鑰指紋確認是否正確簽署，不正確時顯示「do not seem to be installed」的錯誤訊息。

✎ 輸入的內容

```
sudo apt-key fingerprint 0EBFCD88
```

執行結果

```
pub   rsa4096 2017-02-22 [SCEA]
      9DC8 5822 9FC7 DD38 854A  E2D8 8D81 803C 0EBF CD88
uid           [ unknown] Docker Release (CE deb) <docker@docker.com>
sub   rsa4096 2017-02-22 [S]
```

STEP 4 新增儲存庫

新增 Docker 的儲存庫。

輸入的內容

```
sudo add-apt-repository \
  "deb [arch=amd64] https://download.docker.com/linux/debian \
  $(lsb_release -cs) \
  stable"
```

執行結果

```
Hit:1 http://jp.archive.ubuntu.com/ubuntu focal InRelease
…省略…
```

STEP 5 更新儲存庫

更新儲存庫。

輸入的內容

```
sudo apt-get update
```

執行結果

```
Hit:1 http://jp.archive.ubuntu.com/ubuntu focal InRelease
…省略…
```

※ 中途可能跑出404 Not Found的錯誤訊息，但不需理會。

STEP 6 安裝 Docker 的本體

安裝 Docker 的本體。

✎ 輸入的內容

```
sudo apt-get install docker-ce docker-ce-cli containerd.io
```

執行結果

```
Reading package lists... Done
…省略…
```

STEP 7 設定管理員以外的使用者

設定為管理員以外的人也可使用 Docker。

✎ 輸入的內容

```
sudo usermod -aG docker $USER
```

上述設定需要重新登入才會生效，請先輸入「exit」暫且登出，再輸入使用者名稱和密碼重新登入。

STEP 8 確認安裝情況

輸入下述指令，若有顯示版本號，表示安裝成功。另外，執行結果是顯示安裝時的版本，文字訊息可能跑出更新的版本。

✎ 輸入的內容

```
docker --version
```

執行結果

```
Docker version 19.03.13, build 4484c46d9d
```

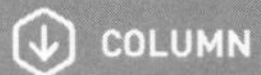

Column Linux主機連接SSH

在Linux主機的終端裝置（或者VirtualBox的視窗），若因無法複製貼上而覺得不好操作的話，不妨考慮利用SSH的方式。

準備Tera Term等SSH軟體，輸入主機的IP位址來連接SSH（關於Tera Term的用法，請見本書支援網站發布的PDF檔P.11）。使用者名稱和密碼輸入安裝時的設定（本書的範例為「chiro」）。IP位址可輸入「ip addr」來確認（非「lo」的部分）。

輸入的內容

```
ip addr
```

執行結果

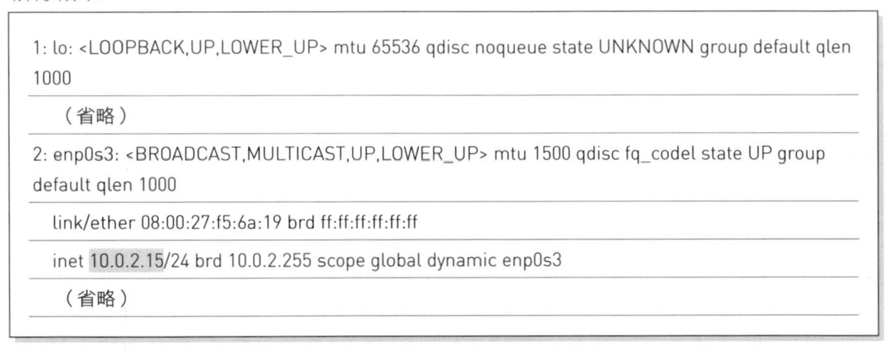

```
1: lo: <LOOPBACK,UP,LOWER_UP> mtu 65536 qdisc noqueue state UNKNOWN group default qlen 1000
  （省略）
2: enp0s3: <BROADCAST,MULTICAST,UP,LOWER_UP> mtu 1500 qdisc fq_codel state UP group default qlen 1000
  link/ether 08:00:27:f5:6a:19 brd ff:ff:ff:ff:ff:ff
  inet 10.0.2.15/24 brd 10.0.2.255 scope global dynamic enp0s3
  （省略）
```

如果使用VirtualBox執行的話，無法連至這個IP位址，需要將連接埠轉送設定為連接埠22（參見P.311），並將連接對象設定為「localhost」。

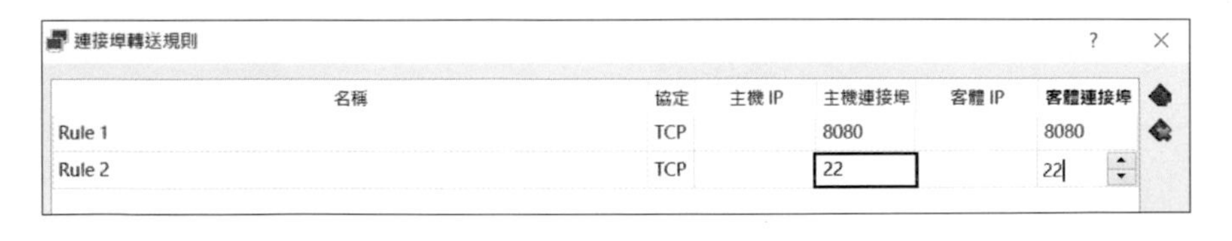

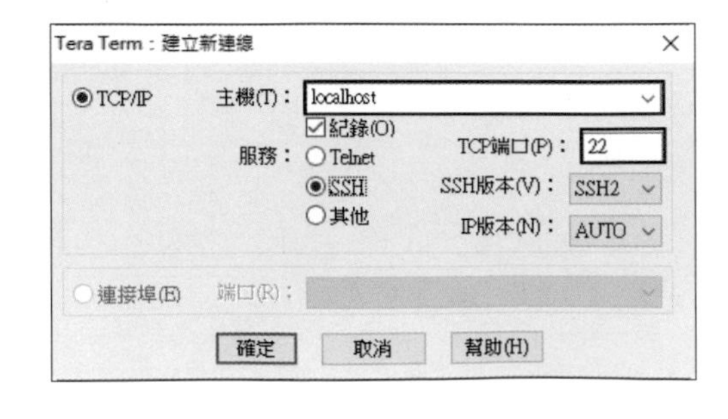

04 設定 VirtualBox 的連接埠轉送

本書是在啟用 Docker 的狀態下，以瀏覽器連接「http://localhost:8080/」等確認運行情況，但 VirtualBox 的預設狀態無法如此確認情況。

想要像這樣以 localhost 連接，得對主要連接埠（如連接埠 8080）設定連接埠轉送。即便虛擬主機處於啟動狀態，隨時都可變更連接埠轉送的設定。

STEP 1 開啟連接埠轉送的設定畫面

啟動 VirtualBox，選取畫面左側的虛擬主機，再點擊〔設定〕按鈕開啟設定畫面。在〔網路〕的項目中展開〔進階〕，再點擊〔連接埠轉送〕按鈕。

STEP 2 新增連接埠的設定

在連接埠的設定畫面，點擊右側的〔＋〕按鈕。

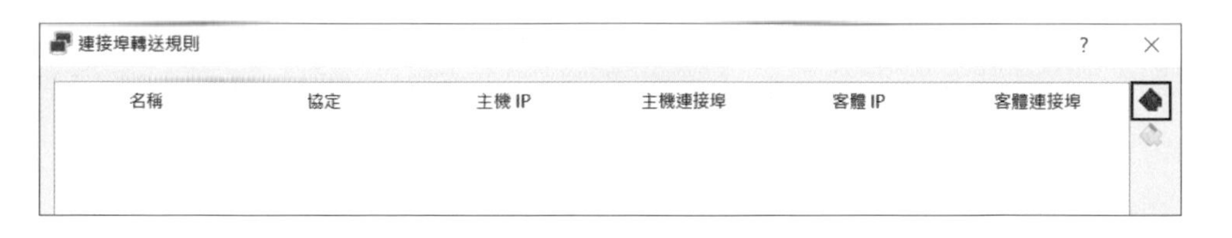

STEP 3 設定連接埠

設定在 Docker 使用的埠號。若使用 -p 選項指定 8080 的話，則在「主機連接埠」和「客體連接埠」分別輸入 8080，再點擊〔確定〕按鈕。

※　請根據實際情況，設定所需數量的連接埠。

連接埠轉送規則

名稱	協定	主機 IP	主機連接埠	客體 IP	客體連接埠
Rule 1	TCP		8080		8080

Chapter 1 Chapter 2 Chapter 3 Chapter 4 Chapter 5 Chapter 6 Chapter 7 Chapter 8 附錄

05 〔Linux 系統〕nano 編輯器的使用方式

在 Linux 系統編輯檔案時，會使用 nano 編輯器或者以遠距方式存取複製。這邊解說如何在 Linux 上啟動編輯器，來建立、編輯、儲存檔案。Linux 內建的「vi 編輯器」不太好使用，下面示範 Ubuntu 附屬的 nano 文字編輯器。

STEP 1 啟動 nano 編輯器

輸入以 nano 編輯器開啟現行目錄中「index.html」檔案的指令。檔案不存在時會自動建立，實質上就是新增檔案的指令。

輸入的內容

```
nano index.html
```

STEP 2 輸入 HTML 檔案的內容

輸入 HTML 檔案的內容。下面示範輸入本書第 6 章的 index.html 內容。

index.html

```
<html>
<meta charset="utf-8"/>
<body>
<div> メザシおいしい！ </div>
</body>
</html>
```

STEP 3 儲存檔案

編輯結束後，按下〔Ctrl〕+〔X〕鍵會詢問是否儲存，再按下〔Y〕鍵會進一步詢問檔案名稱，直接按下〔Enter〕鍵儲存檔案。

06 〔Linux系統〕安裝 Kubernetes

〔步驟〕安裝 kubectl

在安裝 Kubernetes 之前，得先安裝用來初期設定、調整 Kubernetes 的工具 kubetcl。以下步驟修改自 Kubernetes 的「安裝與更新 kubectl」頁面（https://kubernetes.io/ja/docs/tasks/tools/install-kubectl/），最新版的安裝方式請見官方的説明文件。

STEP 1 安裝需要的套件

安裝執行 kubectl 時所需的套件。在 Ubuntu 環境下，執行下述指令來安裝「apt-transport-https」和「gnupg2」。

輸入的內容

```
sudo apt update && sudo apt install -y apt-transport-https gnupg2
```

STEP 2 新增 kubectl 套件

輸入下述的指令碼，新增 kubectl 套件。

輸入的內容

```
curl -s https://packages.cloud.google.com/apt/doc/apt-key.gpg | sudo apt-key add -
echo "deb https://apt.kubernetes.io/ kubernetes-xenial main" | sudo tee -a /etc/apt/sources.list.d/
kubernetes.list
```

STEP 3 安裝 kubectl

安裝 kubectl。

輸入的內容

```
sudo apt update
sudo apt install -y kubectl
```

STEP 4 確認安裝情況

輸入下述指令確認安裝情況，若有顯示版本號，表示安裝成功（實際顯示的版本號可能不同）。

輸入的內容

```
kubectl version --client
```

執行結果

```
Client Version: version.Info{Major:"1", Minor:"19", GitVersion:"v1.19.3", GitCommit:"1e11e4a2108024935ecfcb2912226cedeafd99df", GitTreeState:"clean", BuildDate:"2020-10-14T12:50:19Z", GoVersion:"go1.15.2", Compiler:"gc", Platform:"linux/amd64"}
```

〔步驟〕安裝 Minikube

以 Linux 系統學習 Kubernetes 時，會安裝簡易版的 Minikube。若本書內容與最新版不符，請前往官網確認最新資訊。

- **Minikube 官方網站**
  https://minikube.sigs.k8s.io/docs/start/

STEP 1 安裝 conntrack

在安裝 Minikube 之前，輸入下述指令安裝 conntrack。

輸入的內容

```
sudo apt update
sudo apt install -y conntrack
```

STEP 2 下載 Minikube 的二進制檔案

下載 Minikube 的二進制檔案。

輸入的內容

```
curl -Lo minikube https://storage.googleapis.com/minikube/releases/latest/minikube-linux-amd64
```

STEP 3 將二進制檔案移至 /usr/local/bin

對下載完成的二進制檔案賦予執行權限，移動至 /usr/local/bin。

✎ 輸入的內容

```
chmod +x minikube
sudo mv minikube /usr/local/bin/
```

STEP 4 確認安裝情況

輸入下述指令確認安裝情況，若有顯示版本號，表示安裝成功（實際顯示的版本號可能不同）。

✎ 輸入的內容

```
minikube version
```

執行結果

```
minikube version: v1.9.2
commit: 93af9c1e43cab9618e301bc9fa720c63d5efa393
```

STEP 5 啟動 Minikube 建立 Kubernetes 叢集

安裝完成後，啟動 Minikube。

✎ 輸入的內容

```
sudo minikube start --vm-driver=none
```

初次啟動會下載需要的檔案、進行各種初始化，需要一段時間才會完成啟動。當執行結果顯示下述訊息，啟動命令提示字元，就表示成功啟動 Minikube，可建立 Kubernetes 叢集。

執行結果

```
…省略…
* This can also be done automatically by setting the env var CHANGE_MINIKUBE_NONE_USER=true
```

▶接續下一頁

```
* Done! kubectl is now configured to use "minikube"
* For best results, install kubectl: https://kubernetes.io/docs/tasks/tools/install-kubectl/
```

STEP 6 調整環境設定檔

執行 Minikube 後，使用 kubectl 指令建立連接 Minikube 的設定檔。由於該檔案的擁有者為管理員使用者，需要如下將設定檔移至自己的家目錄，並將擁有者改為自己。為此，得先將設定檔移至自己的家目錄（.kube 目錄）。根據執行的伺服器，有可能顯示「…are the same file」，但不需理會。

輸入的內容

```
sudo mv /home/ubuntu/.kube /home/ubuntu/.minikube $HOME
```

STEP 7 變更擁有者

輸入下述指令，將擁有者改為自己。

輸入的內容

```
sudo chown -R $USER $HOME/.kube $HOME/.minikube
```

07 桌面版 Docker 的控制畫面

使用桌面版 Docker 時，控制畫面會顯示存活的容器清單、映像檔清單。即便不一一輸入指令，也可透過圖像介面確認情況，進行啟動、停用、刪除等操作。

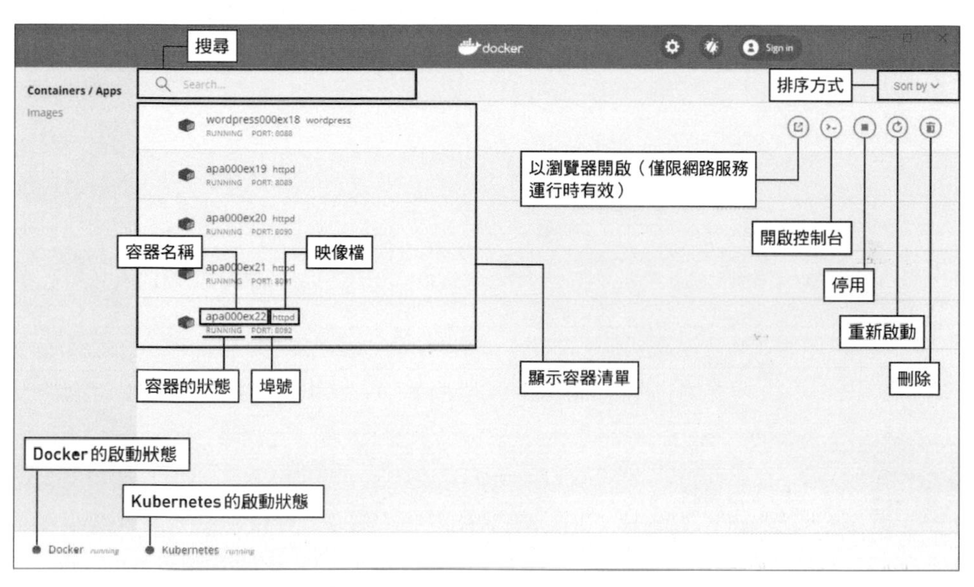

〔Containers ／ Apps〕畫面（容器清單）

然後，切換控制台左側的項目，可如下頁圖示查看映像檔的清單。在映像檔的清單，可確認映像檔的名稱、以該映像檔建立的容器是否運行、映像檔的版本、ID、大小等。

除此之外，在該畫面也可執行 docker run、下載映像檔（pull）、刪除映像檔（remove）等。

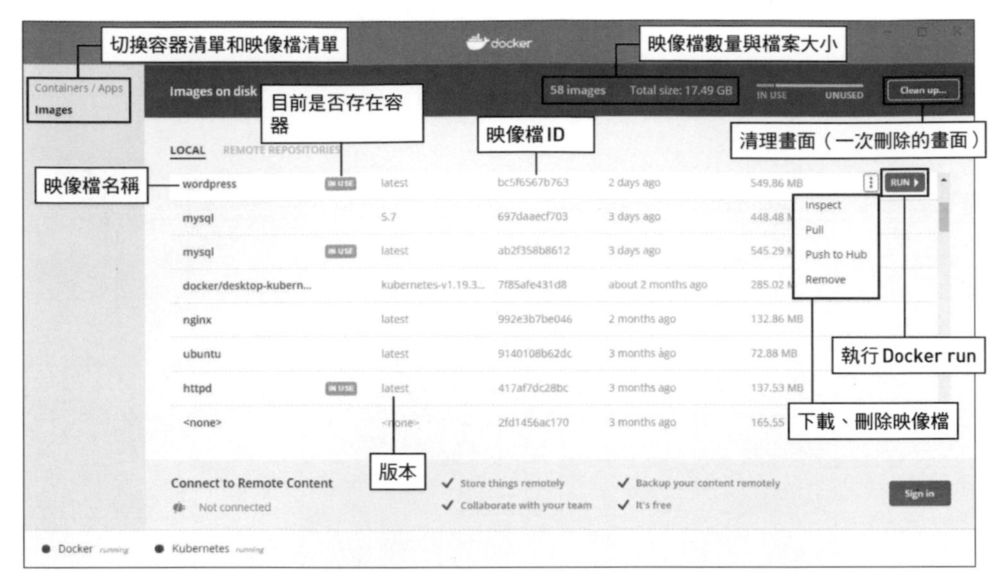

〔Images〕畫面（映像檔清單）

COLUMN　一次刪除映像檔

沒有刪除的映像檔會不斷累積，可能使用Docker一陣子後，不知不覺就忘記有哪些映像檔。此時，一次刪除映像檔的功能非常方便。在控制畫面的映像檔清單中，點擊右上角的〔Clran up〕進入一次刪除的畫面，就可輕鬆刪除映像檔。

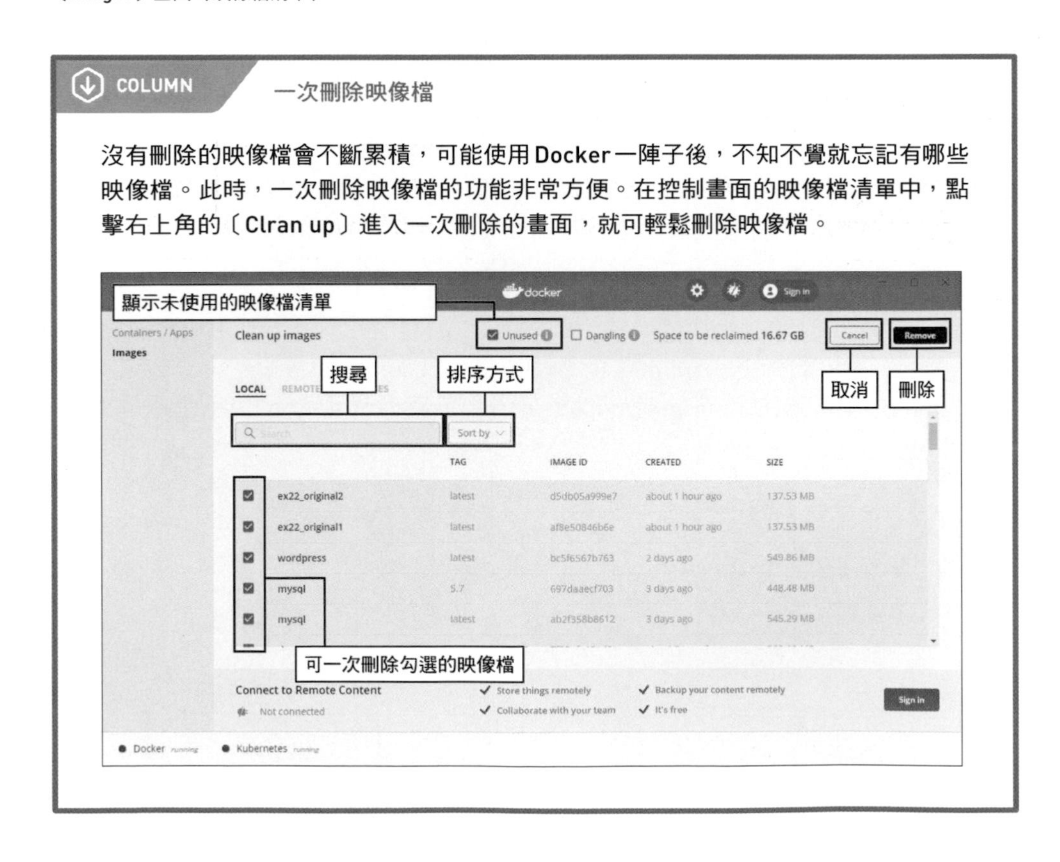

08 Docker 的指令

Docker 自 1.13 以後重新編列指令，額外增加指令並修改指令語法，請見下面的新舊指定對應表。

舊指令	新指令	概要
attach	container attach	將在背景運行的容器帶回前景，執行輸出入等操作
commit	container commit	以運行中容器建立映像檔
cp	container cp	在主機端與容器間複製檔案、資料夾
create	container create	以映像檔建立容器
diff	container diff	顯示容器運行後有變更的檔案、資料夾
exec	container exec	進入運行中的容器執行操作
export	container export	以指定的Docker容器建立其他Docker讀取的tar檔案。以檔案系統形式（目錄樹狀結構形式）建立，但僅目錄和檔案統整為tar檔，失去元資料（映像檔履歷、疊層資訊等）
inspect	container inspect	顯示容器的詳細資訊
kill	container kill	強制結束容器
logs	container logs	顯示容器的日誌
ps	container ls	顯示Docker內運行中的容器。docker container ls -a會顯示包含停用的所有容器
pause	container pause	暫時停用一個（或者多個）指定容器的所有排程
port	container port	顯示Docker主機端埠號和容器端埠號的對應清單
-	container prune	一併刪除停用狀態的容器
rename	container rename	變更容器的名稱
restart	container restart	重新啟動一個或者多個容器
rm	container rm	刪除一個或者多個容器
run	container run	執行以container create建立的容器，若容器未建立則自動建立並執行
start	container start	重新運行終止（Exit）狀態的容器
stats	container stats	即時顯示指定容器的CPU使用率、網路通訊量等
stop	container stop	終止運行中的容器
top	container top	顯示指定容器中的當前排程
unpause	container unpause	解除指定容器的暫時停用狀態
update	container update	更新指定容器的設定。主要用於新建設定、變更設定，如記憶體的使用上限、CPU的使用限制等
wait	container wait	容器終止時不結束容器，並顯示停用代碼

▶接續下一頁

舊指令	新指令	概要
-	network connect	連接運行中容器和network create建立的網路
-	network create	建立Docker內容器間傳輸資料的網路
-	network disconnect	切斷指定容器連接網路
-	network inspect	顯示指定網路的詳細資料。顯示該網路分配到的網路位址、IP位址、連接的容器資訊等
-	network ls	顯示Docker建立的網路清單
-	network prune	刪除所有未使用的網路
-	network rm	刪除指定的網路
build	image build	以Dockerfile建立映像檔
history	image history	顯示指定映像檔的建立履歷
import	image import	映像檔匯入container export建立的tar檔
-	image inspect	顯示指定映像檔的詳細資訊
load	image load	映像檔載入image save建立的tar檔
images	image ls	顯示Docker中的映像檔清單
-	image prune	刪除所有未使用的映像檔
pull	image pull	由已登錄的儲存庫（Docker Hub等）下載映像檔至主機
push	image push	由主機上傳映像檔至已登錄的儲存庫（Docker Hub等）
rmi	image rm	刪除指定的映像檔
save	image save	以指定的映像檔建立其他Docker讀取的tar檔。可將映像檔、元資料直接移轉至其他Docker
tag	image tag	對指定的映像檔附加其他標籤
-	volume create	建立Docker容器使用的資料空間（資料卷宗）。相較於存於容器內部的資料會隨容器消滅，由容器輸出至卷宗的資料可不隨容器消滅，長久留存
-	volume inspect	顯示指定資料卷宗的詳細資訊
-	volume ls	顯示Docker內部的資料卷宗
-	volume prune	刪除所有未使用的資料卷宗
-	volume rm	刪除指定的資料卷宗
events	system events	即時顯示Docker內部的系統活動
info	system info	顯示Docker引擎、主機的OS資訊、核心程式等的系統構成資訊
login	login	登入Docker Registry
logout	logout	登出Docker Registry
search	search	搜尋Docker Registry
version	version	顯示Docker Engine與指令的版本

【英文、筆劃】

A～D

E～L

M～R

S～Y

14劃

15劃

16劃

19劃

23劃

【Docker 的指令與 Dockerfile 的定義】

● 符號

●A～D

●E～P

●R ～ Y

【Docker 的定義與指令】

【Kubernetes 的定義與指令】

PROFILE

小笠原種高（おがさわら しげたか）

愛稱為喵羅陛下，從事科技寫手、插畫師。
著手系統開發的同時，執筆有關資料庫、伺服器、資料管理的雜誌與書籍，習慣穿插大量圖示簡單解說內容。本身是位日式棉襖愛好家，最近喜歡黑豹、小銀綠鰭魚等動物。
〔Twitter〕@shigetaka256
〔Website〕Mofukabur http://www.mofukabur.com

主要著作與網路文章

『図解即戦力AWSのしくみと技術がこれ1冊でわかる教科書』（技術評論社）
『Automation Anywhere A2019シリーズではじめるRPA超入門』（日経BP）
『なぜ？がわかるデータベース』（翔泳社）
『256（ニャゴロー）将軍と学ぶWebサーバ』『MariaDBガイドブック』（工学社）
『ミニプロジェクトこそ管理せよ！』（日経 xTECH Active他）
『RPAツールで業務改善！UiPath入門 基本編・アプリ操作編』（秀和システム）
等。

圖解 Docker & Kubernetes 的知識與使用方法

作　　者：小笠原種高
譯　　者：衛宮紘
企劃編輯：莊吳行世
文字編輯：江雅鈴
設計裝幀：張寶莉
發 行 人：廖文良

發 行 所：碁峰資訊股份有限公司
地　　址：台北市南港區三重路 66 號 7 樓之 6
電　　話：(02)2788-2408
傳　　真：(02)8192-4433
網　　站：www.gotop.com.tw
書　　號：ACA026900
版　　次：2021 年 12 月初版
　　　　　2024 年 09 月初版六刷
建議售價：NT$620

國家圖書館出版品預行編目資料

圖解 Docker & Kubernetes 的知識與使用方法 / 小笠原種高原著；衛宮紘譯. -- 初版. -- 臺北市：碁峰資訊, 2021.12
　面；　公分
ISBN 978-986-476-550-8(平裝)
1.作業系統
312.54　　110017500